아파야 산다

Survival of the Sickest
by Sharon Moalem

아파야 산다

Survival of The Sickest

샤론 모알렘

김소영 옮김

김영사

아파야 산다

저자_ 샤론 모알렘
역자_ 김소영

1판 1쇄 발행_ 2010. 9. 15.
1판 16쇄 발행_ 2023. 10. 4.

발행처_ 김영사
발행인_ 고세규

등록번호_ 제406-2003-036호
등록일자_ 1979. 5. 17.

경기도 파주시 문발로 197(문발동) 우편번호 10881
마케팅부 031)955-3100, 편집부 031)955-3200, 팩스 031)955-3111

값은 뒤표지에 있습니다.
ISBN 978-89-349-4143-9 03470

홈페이지_ www.gimmyoung.com 블로그_ blog.naver.com/gybook
인스타그램_ instagram.com/gimmyoung 이메일_ bestbook@gimmyoung.com

좋은 독자가 좋은 책을 만듭니다.
김영사는 독자 여러분의 의견에 항상 귀 기울이고 있습니다.

당신들의 인생을 통해

생존의 복잡성을 가르쳐주신

나의 조부모님

티비 와이스, 조세피나 엘리자베스 와이스께

차례

들어가는 글

이 책은 신비와 기적에 관한 책이다. 의학과 잘못된 통념에 관한 책이며, 철분과 적혈구 이야기가 나오고 얼음 이야기도 끝없이 나오는 책이기도 하다. 이 책은 생존과 창조에 관한 책이다. '왜 그렇지?' 하고 물음을 던지고 '그럼 왜 안 된다는 거지?' 하고 반문하기도 하는 책이다. 질서와 사랑에 빠져 있으면서도 약간의 무질서를 갈망하는 책이다.

무엇보다 이 책은 생명에 관한 책이다. 여러분의 생명, 우리들의 생명, 그리고 태양 아래 살아 있는 모든 것들의 생명에 관한 책이다. 우리가 어떻게 여기에 있게 되었으며 지금 어디로 가고 있는지, 그리고 이에 대해 무엇을 할 수 있는지 이야기하는 책이다.

자, 그럼 마법 같은 의학 미스터리 여행을 떠나보자.

내가 열다섯 살 때 우리 할아버지께서는 알츠하이머병에 걸렸다. 당시 일흔한 살이셨다. 삼척동자도 알다시피 알츠하이머병을 지켜보기란 정말 못할 짓이다. 정정하고 다정다감하시던 분이 바로 눈앞에서 돌변하는 것을 열다섯 살 소년은 납득하지 못한다. 이런 일이 도대체 왜 일어나는지 알아내지 않고는 못 배기는 나이다.

어쨌든 우리 할아버지는 항상 좀 희한했던 게, 헌혈을 좋아하셨다. 그야말로 밥 먹듯이 하셨다. 헌혈하면 기분이 좋아지고 힘이 솟는다면서. 사람들은 보통 타인을 위해 뭔가 좋은 일을 한다는 기분에 헌혈을 하지만 우리 할아버지는 아니셨다. 헌혈을 하면 기분이 좋을 뿐만 아니라 실제로 몸도 가뿐해지셨다. 어디가 편찮으시든 간에 피만 좀 뽑고 나면 쑤시고 아프던 것이 싹 낫는다 하셨다. 없으면 죽는 피를 한 바가지 뽑아내는데 어찌하여 기분이 좋아진다는 것인지 도무지 이해가 가지 않았다. 다니던 고등학교 생물 선생님이랑 주치의께 여쭤봤지만 아무도 대답해주지 않았다. 그래서 내가 직접 알아내야 하나 보다 싶었다.

아버지께 데려다달라고 졸라 의학 도서관에 갔다. 거기서 숱한 시간을 보내며 해답을 찾아 헤맸다. 수백만 권이나 되는 책 중에서 어떻게 찾았는지 모르겠지만 아무튼 무언가 나를 그곳으로 인도해주었다. 직감적으로 철분에 관한 책을 모조리 뒤져보기도 한 것이다. 할아버지가 헌혈을 할 때마다 가장 많이 없어지는 것 중의 하나가 철분이라는 것 정도는 알았기 때문이다. 그 순간! 짜잔~! 찾아냈다. 그다지 알려지지 않은 혈색소침착증이라는 유전병이었다. 혈색소침착증, 줄여서 혈색증이란 쉽게 말해 몸속에 철분이 쌓이는 병이다. 철분이 쌓이고 쌓이다가 결국 췌장이나 간 등의 내장을 해치는 수준에 이르기에 '철분 과적iron overload'이라고도 한다. 과잉 철분이 피부에 침착되면 배우 조지 해밀턴처럼 1년 내내 선탠한 것처럼 보이기도 한다. 곧 살펴보겠지만, 헌혈은 체내 철분도를 낮추는 데 안성맞춤이다. 할아버지는 헌혈을 했지만 알고 보면 혈색증을 치료하고 계셨던 셈이다!

좌우지간, 우리 할아버지가 알츠하이머병에 걸리셨을 때 나는 그 병과 혈색증이 서로 관계가 있음에 틀림없다고 생각했다. 해로운 철분이 쌓여 다른 장기가 손상되는 병이 혈색증이고 보면, 뇌가 손상되지 말란 법도 없지 않겠는가? 물론 내 말에 신경 쓰는 사람은 아무도 없었다. 나는 겨우 열다섯 살이었으니까.

몇 년 후 대학에 들어가 자연스럽게 생물학을 전공했고 알츠하이머병과 혈색증의 관계를 계속 연구했다. 졸업 직후, 혈색증을 일으키는 유전자가 발견되었음을 알고 나서 이제야말로 내 직감이 옳은지 본격적으로 연구할 때라고 느꼈다. 의대 진학을 미루고 신경유전학 전문 박사과정에 들어갔다. 여러 연구소의 연구원, 의사들과 협력 연구를 진행한 지 불과 2년 만에 해답을 찾아냈다. 혈색증과 특정 유형의 알츠하이머병이 유전적으로 복잡하게 얽혀 있었는데, 어쨌든 그 둘 사이에 연관관계가 있음을 밝힌 것이다.

이 발견은 쾌거였지만 한편으로는 씁쓸했다. 고등학생 때 떠오른 직감이 맞았다는 것을 증명했고 그 덕에 박사학위까지 받았지만 우리 할아버지에게는 아무 소용이 없었다. 5년이라는 긴 시간 동안 알츠하이머병과 싸우다가 일흔여섯을 일기로 돌아가신 지 벌써 12년이나 흐른 뒤였기 때문이다. 물론 나의 발견으로 많은 사람의 목숨을 건질 수 있을 것이다. 사실 그래서 의사 겸 과학자가 되고 싶었다.

다음 장에서 자세히 다루겠지만, 과학적인 발견이란 그렇지 못한 경우가 많음에도 불구하고, 나의 발견은 당장 써먹을 가능성이 있었다. 혈색증은 조상이 서유럽계인 사람들에게 아주 흔한 유전병이다. 이들 중 30퍼센트가 이 유전자를 보유하고 있다. 혈색증이 있다는 것을 안다면 몇 가지 간단한 방법을 통해 혈중 철분 양을 낮춤으로써 장기 손상을 예방할 수 있다. 그중 한 가지 방법은 우리 할아버지가 스스로 터득하신 방법인 피 뽑기이다. 혈색증은 몇 가지 간단한 혈액검사를 받아보면 확인할 수 있다. 그뿐이다. 결과가 양성이면 정기적으로 헌혈을 하고 식습관을 바꿔야 하지만 그럭저럭 살 만하다. 나도 그렇게 살고 있다.

내가 열여덟 살쯤 되었을 때 난생 처음 '쑤시기' 시작했다. 그때 든 생각은 '나도 할아버지처럼 철분 과적인가'였다. 검사를 해보니 아니나 다를까 양성 반응이 나왔다. 그러다 보니 자연스럽게 이런 생각이 들었다. 그러면 이건 나에게 무엇을 의미할까? 어쩌다 내가 이런 병에 걸렸을까? 그중에서도 가장 큰 의문은, 왜 이렇게 해를 끼칠 개연성이 높은 유전자를 물려받은 사람이 많은 걸까? 사람의 진화 과정에서 해로운 특성은 없어지고 요긴한 특성은 살아남는다는데, 왜 이따위 유전자는 내버려둔 채 진화가 된 걸까?

이 질문이 바로 이 책의 주제이다.

연구에 파고들수록 질문이 꼬리에 꼬리를 물었다. 이 책은 내 질문들에 답하기 위한 연구를 진행하면서 알게 된, 생명체의 얽히고설킨 상관관계를 제시한 것이다. 이 책이 우리가 살고 있는 이 놀라운 세계의 생명체가 얼마나 아름답고 다양하며 서로 연결되어 있는지 들여다볼 수 있는 창문이 되길 바란다.

도대체 뭐가 잘못되었고 해결책은 무엇인지 묻기 전에, 진화의 장막 뒤를 들여다보고, 왜 이러한 질병이 생기고 저러한 감염이 시작되는지 질문해보기 바란다. 그에 대한 답변을 들으면 깜짝 놀라고 눈을 뜰 것이다. 나아가 더 건강하게 장수할 기회를 얻을 것이다.

그럼 먼저 몇 가지 유전병을 살펴보겠다. 유전병은 나처럼 진화와 의학을 모두 공부하는 사람들에게 매우 흥미로운 주제이다. 왜냐하면 오직 유전으로 발생하는 일반적인 질병은 대부분 진화가 진행되면서 사라져야 하기 때문이다.

진화는 우리가 생존하여 번식하는 데 유리한 유전형질을 좋아한다. 우리를 허약하게 하거나 건강을 위협하는(특히 번식이 가능해지기 전에 건강을 위협하는 경우) 형질은 싫어한다. 생존이나 번식에 유리한 유전자를 선호하는 것을 자연선택이라고 부른다. 기초 내용을 설명하면 이렇다. 어떤 유전자가 한 생명체의 생존, 번식 확률을 낮추는 형질을 만들어낸다면, 그 유전자(따라서 그 형질)는 자손들이 물려받지 못한다. 물려받더라도 오래가지 못한다. 그 유전자를 가진 개체의 생존 확률이 낮기 때문이다. 반대로, 한 생명체에 환경에 적응하여 자손을 남길 가능성이 높은 형질을 만들어내는 유전자가 있다면 그 유전자(따라서 그 형질)는 자손들이 물려받을 확률이 높아진다. 어떤 형질이 우세할수록 그것을 만들어내는 유전자의 경우 유전자 풀pool에 퍼지는 속도가 빨라진다.

즉 진화의 관점에서 보면 유전병은 말이 되지 않는다. 사람들을 아프게 하는 유전자가 왜 수백만 년이 지난 후에도 유전자 풀에 남아 있는 것일까? 이 질문에 대한 해답은 곧 알게 될 것이다. 그런 다음, 조상들이 살았던 환경에 따라 어떻게 우리 유전자가 만들어졌는지 살펴보겠다.

식물과 동물들도 살펴보고 동식물의 진화에서 배울 점을 알아본다. 또한 동식물의 진화가 우리 인간의 진화에 미친 영향도 알아보겠다. 이 세상에 존재하는 벌레, 박테리아, 균류, 원생동물, 심지어 준생물체, 우리가 트랜스포존, 레트로트랜스포존이라고 부르는 그 방대한 기생 바이러스와 유전자 역시 살펴보겠다.

이 일을 다 마칠 때쯤이면 이 경이로운 지구에 살고 있는 그 모든 생명체가 새롭게 보일 것이다. 더불어, 우리가 어디에서 왔는지, 누구와 함께 살고 있는지, 그들은 어디서 왔는지를 더 많이 알수록 우리가 원하는 방향으로 더 수월하게 나아갈 수 있다는 깨달음을 얻길 바란다.

본격적으로 시작하기에 앞서, 이 책을 접하기 전에 이런저런 이유로 갖게 된 편견을 버렸으면 한다.

먼저, 우리는 혼자가 아니라는 점이다. 지금 침대에 누워 있든, 해변에 앉아 있든 간에 박테리아, 벌레, 균류 등등 수천 가지 생명체와 함께하고 있다. 이들 중 일부는 우리 몸속에 있다. 소화기관에는 음식의 소화를 돕는 중요한 역할을 하는 수백만 마리의 박테리아로 가득 차 있다. 실험실 같은 특수한 경우가 아니라면 모든 생명체 곁에 항상 누군가 있으며 그들은 서로 영향을 주고받는다. 서로 도움을 주기도 하고 해를 끼치기도 하는데, 이런 과정이 동시에 일어나기도 한다.

두 번째, 진화는 스스로 일어나는 것이 아니다. 이 세상에는 경이로운 생명체가 모여 있다. 교과서에 나오는 아메바처럼 아주 간단한 놈에서부터 인간처럼 아주 복잡한 존재에 이르기까지, 생명체란 생명체는 모두 두 가지 명령의 지배를 받는다. 바로 생존과 번식이다. 진화는 생명체가 생존과 번식 확률을 높이기 위해 애쓰는 가운데 일어난다. 한 생명체의 생존이 곧 다른 생명체에겐 사형선고이기도 하다. 따라서, 어느 한 생물 종에서 일어나는 진화로 다른 수십만 생물 종에 진화 압력이 발생한다.

이뿐만이 아니다. 생물체들이 서로 영향을 미치는 것 이외에도 진화에 영향을 주는 요소는 많다. 이들 생물체가 지구와 영향을 주고받는 것도 이에 못지않게 중요하다. 열대 늪지에서 잘 자라는 식물은 빙하가 밀려들면 변하거나 죽을 수밖에 없다. 우리의 보금자리인 이 지구에 생명이 처음 나타난 이후 지난 35억 년(몇 억 년 오차는 있을 것이다) 동안 지구 환경에 일어난 크고 작은 변화도 모두 진화에 영향을 미쳤다.

자, 그럼 이제 이 세상 모든 것은 서로 진화에 영향을 준다는 것을 확실히 해두자. 박테리아, 바이러스, 기생충은 인간의 몸에서 병을 일으키는데 인간이 그에 대처하여 적응하다 보면 결국 진화에 영향을 미치는 것이다. 반대로 그들 역시 진화하며, 이런 과정이 반복된다. 기상 패턴의 변화에서 식량 공급의 변화, 심지어 문화적 요소가 크게 작용하는 선호 식품에 이르기까지 각종 환경 인자도 인간의 진화에 영향을 미쳤다. 마치 복잡다단한 춤을 출 때 모든 파트너가 이끌기도 하고 따라가기도 하지만 결국 서로의 움직임에 항상 영향을 주고받는 것에 비유할 수 있다. 전 세계적인 진화의 다카리나 춤이라고나 할까?

세 번째, 돌연변이가 꼭 나쁜 것만은 아니다. 돌연변이가 엑스맨에게만 좋은 것은 아니라는 뜻이다. 돌연변이란 단순히 변화함을 의미한다. 돌연변이가 나쁘면 살아남지 못하고 좋으면 새 형질의 진화로 이어진다. 이렇게 서로 걸러주는 체계가 자연선택이다. 어떤 유전자의 돌연변이가 생물체의 생존, 번식에 도움이 되는 방향으로 진행된다면, 그 유전자는 유전자 풀 내에 퍼진다. 반대로 생명체의 생존, 번식에 손해를 끼치는 유전자는 없어진다. (물론, 좋다 나쁘다는 관점에 따라 다른 문제다. 항생제 내성을 길러주는 박테리아의 돌연변이는 인간에게는 좋지 않지만 박테리아의 관점에서는 좋다.)

마지막으로, DNA는 운명이 아니라 지나간 역사를 보여주는 것이다. 우리 삶은 유전암호에 따라 결정되는 것이 아니다. 물론 유전암호에 따라 삶의 모습이 표현되기는 하지만, 정확히 어떻게 표현되느냐는 각자의 부모님, 환경, 선택에 따라 좌우된다. 이전에 살았던 모든 생명체, 즉 부모님부터 시작해서 태초까지 거슬러 올라가는 그 모든 생명체가 어떻게 진화해왔는지 보여주는 유산이 유전자인 셈이다. 우리 유전암호 어딘가에는 그동안 조상이 겪고 어떻게든 이겨낸 모든 역병과 천적, 기생충, 기타 지구상의 격변의 역사가 담겨 있다. 우리 조상이 환경에 잘 적응할 수 있도록 도움을 준 모든 돌연변이와 변화가 거기에 적혀 있다.

아일랜드 출신의 위대한 시인 세이머스 히니는 평생 한 번 희망과 역사가 운을 맞출 수 있다고 쓴 바 있다. 진화란 역사와 변화가 운을 맞출 때 일어난다.

산에 불이 난다면
아니면 번개와 폭풍이 친다면
그리고 신이 하늘에서 말을 한다면
그것은 누군가 듣고 있는 게지
새로운 생명체의 절규와 탄생의 울음을

제 1 장

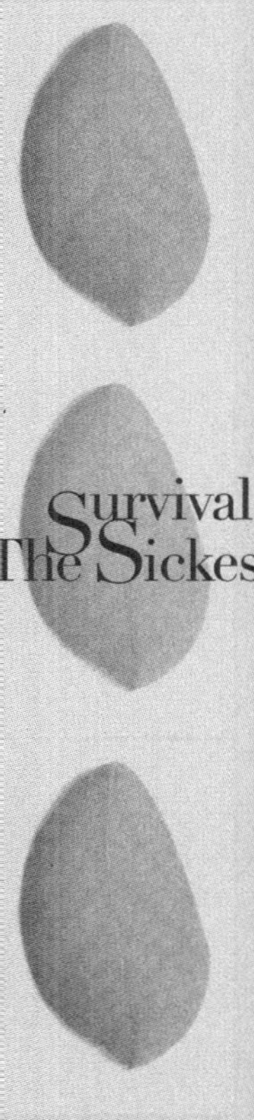

철鐵 들면 죽는 병

SURVIVAL OF THE SICKEST

아
파
야
산
다

애런 고든Aran Gordon은 승부사 기질을 타고난 사람이다. 현재 재무 담당 최고 임원이지만 여섯 살 때부터 수영 경주를 시작했고 장거리 육상에도 천부적인 소질이 있다. 1984년 처음 마라톤에 참가했으며 10여 년 후에는 마라톤의 최고봉이라 할 수 있는 사블 마라톤Marathon des Sables 완주를 목표로 삼을 정도였다. 사블 마라톤은 인정사정없는 무더위와 끝없이 펼쳐진 모래 속에서 인내심을 시험받으며 사하라 사막을 가로질러 240여 킬로미터를 달려야 하는 경주이다.

사블 마라톤 참가를 위해 훈련을 시작한 고든은 예전과 달리 왠지 힘든 느낌이 들었다. 늘 피로했고 관절이 아팠다. 심장박동도 심상치 않았다. 달리기 파트너에게 마라톤은 고사하고 훈련이나 계속할 수 있을지 모르겠다고 털어놓았다. 그리고 의사를 찾아갔다.

사실 찾아간 의사는 한두 명이 아니었지만 다들 그의 증상을 제대로 설명하지 못하거나 잘못된 진단을 내렸다. 그가 아픔에 시달리다 우울증에 걸리자 의사들은 스트레스가 원인이니 치료 전문가와 상담해보라고 했다. 혈액검사로 간에 문제가 있음이 드러나자 과음 때문이라는 말을 들었다. 3년이 지나서야 담당 의사들은 겨우 진짜 문제를 알아냈다. 새로 검사를 실시한 결과 정상 수치를 크게 웃도는 다량의 철분이 혈액과 간에서 발견되었다.

고든은 녹슬어 죽어가고 있었던 것이다.

혈색소침착증(다른 말로 혈색증)은 인체 철분대사를 저해하는 유전병이다. 정상일 때, 즉 혈중 철분 양이 충분할 때 우리 몸은 이를 알아채고 음식에서 내장으로 흡수되는 철분 양을 알아서 줄인다. 따라서 철분 보조제를 과다 복용하더라도 철분 과잉 상태에 빠지지 않는다. 체내 철분 보유량이 최적 상태일 때는 남는 철분이 흡수되지 않고 빠져나간다. 하지만 혈색증에 걸리면 철분이 항상 부족한 것으로 인식되어 거침없이 체내로 흡수된다. 이같이 철분이 계속 쌓이다 보면 치명적인 결과를 낳는다. 몸 구석구석에 잉여 철분이 침전되면서 결국 관절과 주요 장기가 손상될 뿐만 아니라 나아가 몸 전체의 화학작용이 망가진다. 혈색증을 치료하지 않으면 간부전, 신부전, 당뇨, 관절염, 불임, 정신질환, 심지어 암으로 악화될 수 있고 계속 방치하면 사망에 이른다.

혈색증은 1865년 아르망 트루소Armand Trousseau가 처음 기록을 남긴 후 125년간 희귀병으로 여겨졌다. 1996년 이 병의 원인인 1차 유전자가 최초로 분리되었다. 그후 혈색증 유전자는 서유럽 후손들에게 가장 흔한 변이유전자로 밝혀졌다. 서유럽 후손은 확률상 세네 명 중 한 명꼴로 혈색증 유전자 복제본을 하나 이상 보유하고 있다. 그러나 실제로 여러 증상을 동반한 혈색증에 걸리는 사람은 서유럽 후손 200명당 한 명에 불과하다. 어느 개인에게 특정 유전자가 발현되는 정도를 유전학 전문 용어로 침투도라고 한다. 예를 들어, 어떤 유전자 한 개를 갖고 있기만 하면 무조건 보조개가 생긴다고 할 때 이 유전자는 침투도가 높거나 완벽하다고 할 수 있다. 반면, 혈색증 유전자처럼 여러 조건이 갖춰져야 발현되는 유전자는 침투도가 낮다고 본다.

고든에겐 혈색증이 있었다. 그의 몸은 철분을 30년 이상 축적해왔다. 이 병을 치료하지 않으면 5년 안에 죽는다고 의사가 경고했다. 다행히도 인류에게 알려진 가장 오래된 치료법 가운데 하나로 고든은 건강을 되찾게 된다. 그의 사연을 들어보려면 일단 과거로 돌아가야 한다.

그토록 치명적인 질병이 인간의 유전암호에 자리 잡은 이유는 무엇일까? 혈색증은 말라리아 같은 전염병도 아니고, 흡연을 비롯한 나쁜 생활습관 때문에 걸리는 폐암 같은 병도 아니며, 천연두처럼 바이러스가 침투해서 걸리는 병도 아니다. 혈색증은 부모에게 물려받는 것이고 혈색증 유전자는 특정 개체군에서 흔히 찾아볼 수 있다. 진화론적인 관점에서 보자면 우리가 자초했다는 뜻이다.

자연선택이 어떻게 진행되는지 떠올려보자. (특히 아이를 갖기 전에) 몸을 튼튼하게 해주는 유전형질을 갖고 있다면 그 사람이 생존·번식하여 그 형질을 자식에게 물려줄 확률이 훨씬 높아진다. 반대로 몸을 허약하게 하는 유전형질을 갖고 있다면 그 반대다. 시간이 흐를수록 해당 생물 종은 몸을 튼튼하게 해주는 형질을 '선택'하는 반면 몸을 허약하게 하는 형질은 없애버린다.

그렇다면 혈색증 같은 타고난 살인마가 인간의 유전자 풀에서 유유히 헤엄치고 있는 것은 대체 무슨 영문일까? 이 질문에 대한 답을 얻으려면 생명(인간의 생명뿐만 아니라 모든 생명)이 철분과 어떤 관계가 있는지 살펴볼 필요가 있다. 그전에 이 점을 한번 생각해보자. 어떤 약을 먹으면 40년 안에 반드시 죽는다. 그런데도 그 약을 먹어야 한다면 어떤 상황일까? 맞다. 그걸 안 먹으면 내일 죽는 상황이다.

모든 생명체는 철분을 매우 좋아한다. 인간의 신진대사치고 철분이 필요 없는 기능은 거의 없다. 철분은 혈관을 통해 허파로부터 산소를 운반하여 몸 구석구석 필요한 곳까지 전달한다. 또 몸속에서 화학적인 중노동을 도맡는 효소를 만드는 주원료로서, 해독작용은 물론 당분을 에너지로 전환하는 작용을 돕는다. 철분 결핍은 빈혈의 주범인데, 이 경우 적혈구가 부족해 쉽게 피로를 느끼고 숨이 차며 심부전이 일어나기도 한다. (가임 여성 약 20퍼센트가 철분 관련 빈혈증이 있다. 매달 월경을 통해 혈액이 손실되기 때문이다. 임신부는 월경을 하지 않는 대신 배 속의 손님에게 철분이 필요한 관계로 절반가량이 빈혈을 일으킨다.) 철분이 부족하면 면역 체계가 제대로 작동하지 않는다. 따라서 피부가 창백해지고 혼동감, 어지럼증, 오한, 극심한 피로감 등을 겪는다.

지구상의 어떤 바다는 아주 투명한 청색인데 생명체를 찾아볼 수 없다. 반면 다른 어떤 바다는 밝은 녹색을 띠고 생명체로 가득하다. 이 역시 철분으로 설명할 수 있다. 육지의 먼지가 바람을 타고 바다를 건너면서 철분의 씨를 뿌린다. 태평양 일부 지역 등 어떤 바다에서는 이렇게 철분을 품은 바람이 지나가지 않아 식물성 플랑크톤 군락이 제대로 발달할 수 없다. 식물성 플랑크톤은 바다 먹이사슬 맨 아래에 있는 단세포생물이다. 식물성 플랑크톤이 없으면 동물성 플랑크톤도 없다. 동물성 플랑크톤이 없으면 멸치도 없다. 멸치가 없으면 참치도 없다. 반면, 북대서양 같은 바다 위에는 사하라 사막에서 철분이 풍부한 먼지바람이 불어오는 관계로 녹색 수상도시가 형성된다. (어떤 이는 이에 착안해 지구온난화 해결책으로 제리톨 솔루션[Geritol Solution: 'solution'이라는 단어에는 해결책이라는 뜻이 있고 용액이라는 뜻도 있다—옮긴이]을 내놓았다. 인간이 화석연료를 태워 대기중에 방출하는 이산화탄소를 빨아들일 수 있도록 철분 용액을 수십억 톤씩 바다에 쏟아부어 식물 생장을 엄청나게 촉진하자는 발상이었다. 1995년 갈라파고스 군도 인근 바다에서 이 이론의 실험에 착수했다. 그랬더니 철분 때문에 식물성 플랑크톤이 다량 생장하여 반짝반짝 빛나던 파란 바다가 하룻밤 사이에 탁한 녹색으로 변해버렸다.)

철분의 중요성이 인식되면서 의학 연구는 주로 철분이 결핍된 개체군을 중심으로 진행되었다. 의료계와 영양학계 일각에서는 철분이라면 다다익선이라고 보았다. 식품업계에서도 밀가루에서 시리얼, 유아식에 이르기까지 모든 식품에 철분을 첨가한다.

그러나 과유불급이라는 말도 있지 않은가.

사실 인체와 철분의 관계는 전통적으로 인식해온 것보다 훨씬 복잡하다. 필수 성분임에는 분명하지만, 철분은 사실 생명을 위협하는 일에도 거의 빠지지 않고 한몫 거든다. 철분 대신 다른 금속 성분을 사용하는 희귀한 박테리아도 있지만 지구상에 철분이 없어도 살아남을 수 있는 생물체는 거의 없다. 기생충은 인체의 철분을 노린다. 암세포는 인체의 철분을 먹고 자란다. 이떻게 철분을 찾아 통제하고 활용할 것인가, 여기에 인생의 승부가 달려 있다. 박테리아나 균류, 원생동물에게 인간의 혈액과 조직은 철분 노다지이다. 몸속에 철분을 너무 많이 공급하는 것은 이들에게 잔칫상을 차려주는 거나 마찬가지이다.

1952년 유진 D. 와인버그Eugene D. Weinberg라는 재능 있고 호기심 왕성한 미생물학자가 있었다. 그의 부인이 좀 아팠는데 경미한 감염이라는 진단을 받고 항생제의 일종인 테트라시클린을 처방받았다. 와인버그는 부인이 먹는 어떤 음식 때문에 항생제가 듣지 않을 수도 있지 않을까 생각했다. 오늘날에도 박테리아 감염에 대한 인류의 이해는 겨우 수박 겉핥기 수준이니, 1952년이라면 수박 껍질에 혓바닥도

닿지 못한 지경이었을 것이다. 와인버그는 자신이 이런 문제에 대해 별반 아는 게 없을 뿐만 아니라 박테리아가 얼마나 예측불허인지도 알고 있었다. 이에 아내가 먹는 음식을 통해 몸속에 들어가는 특정 화학물질이 있고 없고에 따라 항생제가 어떻게 반응하는지 실험해보기로 했다.

인디애나 대학교 실험실 조교는 와인버그 교수의 지시에 따라 세균 배양용 접시에 테트라사이클린, 박테리아, 그리고 유기 영양소나 원소 영양소를 넣었다. 테트라사이클린, 박테리아는 똑같이 넣고 각기 다른 영양소를 조합해 접시 수십 개를 만들었다. 며칠 후에 살펴보니 한 접시에는 항생제 넣는 것을 깜빡했나 싶을 정도로 박테리아가 우글댔다. 그래서 거기 넣었던 영양소로 다시 실험해보았으나 결과는 똑같았다. 박테리아가 다량 생장한 것이다. 이 시료의 영양소는 박테리아 증식을 지나치게 촉진한 나머지 항생제가 전혀 듣지 않았다. 눈치챘겠지만 이 영양소는 바로 철분이었다.

와인버그는 연구를 계속했다. 그 결과 철분이 공급되면 박테리아는 거의 예외 없이 쑥쑥 증식한다는 사실을 밝혀냈다. 그후 와인버그는 철분 과다 섭취가 인체에 어떤 부정적인 영향을 미치는지, 이것과 다른 생명체는 어떤 관계가 있는지 규명하는 연구에 평생을 바쳤다.

몸속에서 철분을 조절하려면 인체의 온갖 부위를 다 동원해야 할 정도로 복잡한 과정을 거쳐야 한다. 건강한 성인의 몸속에는 대개 철분이 3~4그램 함유되어 있다. 이중 대부분은 혈류의 헤모글로빈 안에서 산소를 운반하지만, 철분은 몸 전체에 분포되어 있다. 철분은 생존의 필수 성분이지만 치명적으로 작용할 개연성도 있다. 따라서 인체에 철분과 관련한 방어기제가 구축되어 있다고 해도 놀랄 일은 아니다.

인간의 몸에서 감염에 가장 취약한 곳은 뚫려 있는 부분이다. 상처나 찢어진 피부를 통해서도 감염되지만, 건강한 성인이라면 입, 눈, 코, 귀, 생식기 등도 감염 통로라고 볼 수 있다. 감염인자는 철분이 있어야만 살아남을 수 있기 때문에 인체 출입 통로는 철분 출입금지 지역으로 선포되었다. 그것도 모자라 킬레이터가 순찰을 돌고 있다. 킬레이터는 철 분자를 고정시켜 못 쓰게 만드는 단백질이다. 눈물, 침, 점액 등 체내 출입구의 모든 체액에는 킬레이터가 풍부하게 들어 있다.

인체 철분 방어체계의 기능은 이뿐만이 아니다. 몸이 처음 질병의 공격을 받으면 면역 체계는 즉시 고단 기어로 전환하여 급성기반응이라는 무기로 대항한다. 혈류에 질병 대항 단백질을 내보내는 동시에 철분을 고정함으로써 침입자가 우리를 해치는 데 사용할 철분 공급을 차단한다. 감옥에서 비상시에 복도에 간수를 배치하고 무기를 확보하는 것과 비슷하다고 할 수 있다.

세포가 암세포로 변해 걷잡을 수 없이 퍼져나갈 때도 이런 반응이 일어난다. 인체는 암세포 생장에 필요한 철분 공급을 차단하려는 움직임을 보인다. 이 원리를 이용, 철분 공급을 차단함으로써 암과 감염을 치료할 수 있는 약물 개발이 연구되고 있다.

철분이 박테리아 생장에 필수라는 점을 이해하면서 다시 각광받게 된 민간요법도 있다. 옛날엔 사람이 다치면 상처가 덧나지 말라고 달걀흰자에 담근 짚으로 덮었다. 알고 보니 괜찮은 방법이었다. 달걀흰자에 감염 예방 성분이 들어 있기 때문이다. 달걀껍질에는 병아리 태아가 '숨을 쉴' 수 있도록 미세한 구멍이 많이 나 있다. 문제는 이 미세한 구멍을 통해 공기뿐만 아니라 몹쓸 세균들까지 들어간다는 점이다. 이때 세균 침투를 막는 것이 바로 달걀흰자이다. 달걀흰자는 강장제의 일종인 오보페린ovoferrin 같은 킬레이터로 빼곡하다. 덕분에 병아리 태아, 즉 달걀노른자의 세균 감염을 막을 수 있다.

철분과 감염의 관계를 살펴보면 왜 모유 수유가 신생아의 감염 예방에 도움이 되는지도 알 수 있다. 모유에 포함된 락토페린이라는 킬레이터 단백질이 철분과 결합해 박테리아가 먹고살 철분을 빼앗아버린다.

고든과 혈색증 얘기로 돌아가기 전에 샛길로 빠져서 이번에는 14세기 중반 유럽(별로 좋은 시기는 아니지만)으로 가보자.

1347년부터 몇 년에 걸쳐 가래톳흑사병이 유럽 전역을 휩쓸어 사람들이 죽고, 죽고, 또 죽어나갔다. 전 인구의 3분의 1에서 절반이 죽었으니 사망자는 2500만 명이 넘었다. 흑사병 같은 재앙에 근접한 유행병은 전무후무하다. 앞으로도 없길 바랄 뿐이다.

이 병은 아주 끔찍하다. 흑사병을 일으킨다고 여겨진 세균(1894년 이를 최초로 분리해낸 세균학자 가운데 한 명인 알렉산더 예르신Alexander Yersin의 이름을 따 여르시니아 페스티스Yersinia pestis라고 한다)이 인체의 임파계를 찾아들어 가는 게 가장 흔한 방식이다. 일단 세균이 침투하면 겨드랑이와 사타구니의 임파절이 통증을 일으키며 점점 부어올라 마침내 살갗을 터뜨려버린다. 치료하지 않으면 생존율은 3분의 1 정도이다(임파계를 감염시키는 임파선종일 때 이야기이다. 예르시니아 페스티스가 폐에 침투해서 풍매성이 되면 열에 아홉은 죽는다. 치사율이 높을 뿐 아니라 공기를 통해 전염도 빨라진다!).

유럽을 강타한 흑사병의 가장 유력한 근원으로는 1347년 가을 이탈리아 메시나에 정박했던 제노바 무역 선단이 지목된다. 이 선박들이 항구에 도달했을 무렵에는 이미 선원 대부분이 사망했거나 죽음을 눈앞에 둔 상태였다. 살아남은 마지막 선원도 배를 몰지 못할 정도로 병세가 악화되어 배는 해변 주위를 맴돌 뿐 항구에 들어오지도 못했다. 난파선을 노략질했던 자들이 생각지도 못한 수난을 당했고, 뭍으로 전염병을 끌어들이는 바람에 이들과 마주친 모든 사람이 같은 운명에 처했다.

1348년 가브리엘 드무시Gabriele de'Mussi라는 시칠리아 공증인은, 이 병이 어떻게 배에서 해안 주민에게로 그리고 대륙 전체로 퍼졌는지를 읊었다.

> 맙소사! 우리 배가 입항하는데, 선원은 1000명인데 이중 살아남은 자는 열 명도 안 되는구나. 우리가 집에 도착하는데, 일가친척들이 (……) 전국 각지에서 우리를 보러 오는구나. 그들에게 죽음의 화살을 쏘는 우리에게 저주가 있으리라! (……) 그들이 자기 집으로 돌아가

니 식구에게도 금세 병이 옮는구나. (……) 이들은 사흘 만에 쓰러져 무덤 하나에 다 묻혔더라.

병이 방방곡곡 퍼져나가자 사람들은 공황 상태에 빠졌다. 철야 기도회가 열렸고 모닥불이 피어올랐으며 교회에 사람이 몰렸다. 누군가 원망할 대상을 찾는 수밖에 없었다. 처음에는 유대인을 탓하다가 나중에는 마녀를 원망했다. 이들을 잡아다 산 채로 불태웠지만 역병이 몰고 온 죽음의 행진을 멈출 수는 없는 노릇이었다.

한편 유대인들은 유월절을 지키는 와중에 부지불식간에 역병을 피하기도 했다는 점이 흥미롭다. 유월절이란 유대인들이 이집트에서 노예로 살다 해방된 사건을 일주일간 기념하는 절기이다. 이때 유대인은 누룩이 든 빵을 먹지 않고 그 흔적을 남김없이 집에서 쓸어버린다. 특히 유럽을 비롯 세계 곳곳의 유대인은 유월절 중에 소맥류, 곡류, 심지어 콩류까지 손도 대지 말아야 한다. 뉴욕 대학 의료원 내과 교수인 마틴 제이 블레이저Martin J. Blaser 박사는 이러한 곡물 창고 '봄맞이 대청소' 덕분에 유대인이 역병에 걸리지 않은 게 아닌가 짐작한다. 즉 곡식을 없애다 보니 먹을 것을 찾아다니는 쥐, 그러니까 역병을 옮기는 장본인과 접촉하는 기회가 자연스럽게 줄었다는 것이다.

병자나 의사나 병의 원인이 무엇인지 전혀 감을 잡지 못했다. 동네 사람들은 매장할 시체가 산처럼 쌓여가는 것을 보고는 그만 질려버렸다. 병이 퍼지는 데 시체도 한몫했다. 시체를 쥐가 갉아먹고, 쥐의 피를 벼룩이 빨아먹었으며, 이 벼룩에 물려 감염된 사람이 늘어났다. 1348년 아뇰로 디 투라Agnolo di Tura라는 시에나인은 다음과 같이 적었다.

> 아버지는 자식을 버리고, 아내는 남편을 버리고, 형이 아우를 버렸다. 이 질병은 마치 숨결과 시력을 빼앗아간 듯했기 때문이다. 그래서 이들은 죽었다. 수고비나 친분 때문에라도 죽은 자를 묻어줄 사람은 아무도 없었다. 가족들은 최선을 다해 죽은 사람을 도랑으로 끌고 갔다. 성직자도 성무일도도 없이 (……) 큼지막한 구덩이에 시체 여러 구가 깊이 파묻혔다. 밤낮으로 수백 명이 죽어나갔다. (……) 도랑은 메워지자마자 더 많이 생겼다. (……) 이 비곗덩어리인 나 아뇰로 디 투라는 자식 다섯 명을 내 손으로 묻었다. 도시 곳곳에서 흙을 제대로 덮지 않은 시체는 개가 끌고 나와 부지기수로 먹어치웠다. 누가 죽었다고 우는 사람은 아무도 없었다. 다들 죽기를 기다리는 신세였기 때문이다. 죽는 사람이 너무 많아서 다들 세상의 종말이 왔다고 믿었다.

사실 세상의 종말은 아니었다. 세상 사람, 아니 유럽 사람들조차 다 죽은 건 아니었다. 감염되었다고 다 죽은 것도 아니었다. 왜? 왜 누구는 죽고 누구는 살아남았을까?

이 질문에 대한 해답은 고든이 마침내 건강 문제를 해결한 데에서 찾을 수 있다. 바로 철분이다. 최근 연구에 따르면 철분이 많은 개체군일수록 역병에 더 취약하다. 과거에는 건강한 성인 남자들이 오히려 다른 사람들보다 더 위험했다. 아이들과 노인들은 대체로 영양 상태가 불량하여 철분이 결핍돼 있었고 성인 여자들은 월경·임신·수유 등으로 정기적으로 철분을 잃었기 때문이다. "철분 상태는 사망률의 거울이(었)다. 이를 근거로 볼 때 성인 남성들이 더 위험했고 (월경을 통해 철분이 손실되는) 여성과 아이들, 노인들은 상대적으로 목숨을 건졌다"라고 쓴 미국 아이오와 대학 스티븐 엘Stephen Ell 교수의 말이 맞는지도 모르겠다.

14세기 사망률 기록치고 그다지 믿을 만한 것은 별로 없지만, 그래도 한창 때인 남자가 가장 취약했다고 보는 학자들이 적지 않다. 가래톳흑사병의 경우 신뢰할 만한 사망률 기록이 남아 있다. 이는 건강한 성인 남성이 가장 취약했음을 생생히 보여준다. 1625년 보톨프 교구의 역병 연구에 따르면 15~44세 남성은 같은 연령대 여성에 비해 두 배 더 많이 병사한 것으로 나타난다.

자, 이제 혈색증 이야기로 돌아가보자. 혈색증 환자는 몸속에 철분이 그렇게 많으니 전반적으로 쉽게 감염될 뿐 아니라 특히 전염병에 더 잘 걸리지 않겠는가?

그렇지 않다.

병에 걸리면 인체가 철분 고정 반응을 보인다고 했던 것을 떠올려 보자. 혈색증이 있는 사람에게는 이러한 철분 고정이 영구적으로 일어난다. 체내에 들어온 여분의 철분은 몸 전체로 퍼져 대부분의 세포에서는 철분이 너무 많아진다. 하지만 철분이 정상 수준보다 오히려 낮아지는 세포도 있다. 혈색증 환자에게는 대식세포라는 일종의 백혈구가 그런 세포이다. 대식세포는 면역계의 죄수호송차이다. 몸속을 돌아다니면서 무슨 문제가 없나 살펴보다 말썽꾼을 발견하면 포위하여 제압하거나 죽인다. 그런 다음 임파절에 있는 경찰서로 후송한다.

혈색증이 없는 사람은 대식세포에 철분이 아주 풍부하다. 바로 이 철분을 먹고 결핵 등 여러 전염인자가 자라난다(인체는 바로 이러한 세균의 증식을 막고자 철분 고정 반응을 동원하는 것이다). 정상 대식세포는 몸을 보호하려고 전염인자들을 잡아들이지만, 이것은 전염인자들이 보약인 철분을 손에 넣을 수 있도록 놈들을 트로이 목마에 태우는 것이나 마찬가지다. 이 대식세포가 임파절에 도달할 때쯤이면, 죄수호송차에 타고 있던 침입자는 무장한 위험분자로 변신해 임파계를 타고 온몸을 돌아다닐 수 있게 된다. 이것이 바로 가래톳흑사병에서 나타나는 현상이다. 가래톳흑사병의 특징은 임파절이 붓고 터지는 것이다. 이는 박테리아가 자신들의 목표를 위해 인체의 면역계를 전복한 결과이다.

세포 간 감염이 치명적이냐 아니냐는 결국 대식세포 안에 있는 철분을 손에 넣을 수 있느냐에 좌우된다. 감염되더라도 퍼지지 못하게 억제할 수 있으면 그사이에 감염을 물리칠 항체 등을 개발할 수 있다. 혈색증 환자의 대식세포처럼 철분이 부족한 대식세포는 장점이 또 하나 있다. 전염인자를 고립시켜 다른 데 못 가도록 차단해버릴 뿐만 아니라 아예 굶겨 죽여버린다.

철분이 결핍된 대식세포야말로 면역계의 이소룡이라는 새로운 연구결과가 있다. 이들 세포의 살상 능력을 시험해보기 위해 혈색증 환자의 대식세포와 혈색증이 없는 사람의 대식세포를 서로 다른 접시에 놓고 세균과 결투를 시켜보았다. 그랬더니 혈색증 대식세포는 박테리아를 박살냈다. 혈색증 대식세포의 철분 공급 차단을 통한 세균 제압 능력은 일반 대식세포에 비해 월등히 뛰어난 것으로 여겨진다.

결국 앞서 하던 얘기로 되돌아왔다. 먹으면 40년 안에 죽는 알약을 왜 먹는가? 먹으면 내일 안 죽고 살 수 있으니까! 현대 나이로 중년즈음이면 철분 과적으로 사망할 유전자를 왜 선택할까? 그보다 훨씬 전에 죽는 질병에 걸리지 않게 해주기 때문이다.

혈색증은 유전적 돌연변이 때문에 생긴다. 물론 유전적 돌연변이는 역병보다 먼저 생겼다. 혈색증은 바이킹에게서 처음 생겨났는데, 바이킹이 유럽 해안선을 식민지로 만들면서 이 병이 북유럽 전체로 퍼져나갔다는 주장이 최근 연구에서 제기되었다. 원래 이 유전적 돌연변이는 척박한 환경에 거주하여 영양이 불량한 개체군의 철분 결핍을 최대한 방지하는 쪽으로 진화했을 개연성이 있다(만약 그랬다면 철분이 부족한 환경에 거주하는 모든 개체군에서 혈색증이 발견되어야겠지만 사실은 그렇지 않다). 혈색증이 있던 여성은 월경에 따른 빈혈에 잘 걸리지 않는 이점이 있었으리라 추측하기도 한다. 음식에서 철분을 더 많이 흡수하기 때문이다. 따라서 아이도 더 많이 낳았을 것이고, 이 아이들은 다시 혈색증 돌연변이를 타고났을 거라는 얘기다. 한 술 더 떠서, 바이킹 전사인 남성들은 전쟁중에 피를 많이 흘려 혈색증의 부정적인 영향이 상쇄되었을 거라는 주장도 나왔다.

바이킹이 유럽 연안에 정착하면서 유전학에서 말하는 창시자 효과 founder effect를 통해 돌연변이 횟수가 늘어났을 것이다. 아무도 살지 않거나 고립된 지역에 소규모 집단이 군체를 만들면 몇 대에 걸쳐 동종번식이 많이 일어난다. 동종번식을 하면 돌연변이가 개체군 내에서 계속 큰 몫을 차지하는 것은 기정사실이다. 단, 돌연변이가 초기에 치명적이라면 그렇지 않다.

1347년이 되자 흑사병이 유럽 전역에서 행진을 개시한다. 혈색증 돌연변이가 있는 사람들은 대식세포에 철분이 결핍되어 있기 때문에 쉽게 병에 걸리지 않는다. 비록 수십 년 후에는 혈색증 때문에 죽게 될지언정 혈색증이 없는 사람에 비해 전염병에 걸리지 않고 살아남아 자식을 낳고 그 자식에게 돌연변이를 물려줄 가능성이 훨씬 높은 것이다. 어차피 대개 중년까지 살아남지도 못하는 집단에서라면, 어느 시점에 이르면 사람을 죽게 하지만 그때까지는 생존 확률을 높이는 유전형질은 탐낼 만하다.

가래톳흑사병 중에서 대표적으로 흑사병이 가장 유명하고 치명적이었다. 그러나 역사학계와 과학계의 견해에 따르면 가래톳흑사병은 유럽에서 18~19세기까지 거의 한 세대도 빼놓지 않고 유행하였다. 혈색증 보인자 제1세대가 흑사병에 걸리지 않고 살아남자 개체군 전체에서 혈색증 빈도수가 늘어났다면, 흑사병이 계속 유행함에 따라 혈색증의 진가는 더욱 빛을 발했을 것이다. 따라서 향후 300년간 병마가 고개를 들 때마다 북유럽 및 서유럽 개체군에 돌연변이가 더욱 늘어났을 가능성이 있다. 혈색증 보인자, 즉 역병을 피할 수 있는 잠재력을 지닌 사람의 비율이 높아졌기 때문에, 그 이후에는 1347~50년에 비해 유행병 피해 규모가 줄어들었다.

이처럼 혈색증과 감염, 철분의 상관관계를 새 시각으로 이해하면서 오랫동안 확고하게 자리 잡았던 두 가지 의료법을 재평가하는 전기가 마련되었다. 하나는 그 역사가 오래되었으나 인정받지 못한 방혈이고, 다른 하나는 이보다 최근 방식이지만 권위와는 거리가 먼 철분 투약이다. 앞서 소개한 방혈은 재등장했고 철분 투약은 특히 빈혈 환자와 관련해 여러 상황에서 재검토되고 있다.

방혈은 역사가 가장 오래된 의료 행위로서, 기록의 양이나 복잡성 면에서 타의 추종을 불허한다. 3000년 전 이집트의 기록에 최초로 나타나고 19세기에 이르러 최고로 성행했다. 그러나 최근 300년 동안에는 야만적인 시술로 여겨져 철저히 무시당했다. 2000년 전에 시리아 의사들이 거머리를 방혈에 이용했다는 기록이 남아 있으며, 12세기에는 위대한 유대인 학자인 마이모니데스가 이집트 살라딘 황제의 궁정 주치의로 일하며 방혈을 이용했다는 이야기도 전해진다. 아시아에서 유럽, 미주까지 세계 곳곳에서 의사와 무속인들은 뾰족한 막대기와 상어 이빨, 미니어처 활과 화살 등 다양한 기구로 환자를 찔러 피를 냈다.

서양 의학에서 이 같은 행위의 근원은 그리스 의사 갈레노스Galenos의 사상이다. 갈레노스는 혈액, 흑담즙, 황담즙, 가래 등 4대 체액 이론을 실행에 옮긴 사람이다. 갈레노스와 그의 사상을 이어받은 후계자들에 따르면, 모든 질환은 4대 체액의 균형이 깨질 때 생긴다. 따라서 금식, 불순물 제거, 방혈 등을 통해 이들 체액의 균형을 맞추는 것이 의사들이 할 일이었다.

방혈법과 적정 방혈량을 전문적으로 다룬 고대 의료 교과서의 분량은 실로 방대하다. 1506년 한 의학책 삽화에는 방혈에 이용될 수 있는 인체 부위가 자그마치 마흔세 군데 표시돼 있는데, 그중 머리에만 열네 군데나 있다.

수백 년 동안 서방에서 방혈이 필요할 때 가는 곳은 이발소였다. 아닌 게 아니라 이발소 앞에 세워놓은 기둥은 사실 방혈을 상징했다. 꼭대기 주발은 거머리를 보관하던 사발을, 밑바닥 주발은 피를 담던 사발을 나타냈다. 적색과 백색 나선은 중세 때 붕대를 세탁한 후 기둥에 널어 말리던 데서 비롯되었다. 기둥에 널어놓은 붕대가 바람에 날리다 꼬여 기둥 주위에 나선형으로 휘감기곤 했던 것이다. 당시에 왜 이발사들이 외과의사 노릇까지 했을까? 면도날을 다루었기 때문이다.

방혈은 18~19세기에 전성기를 누렸다. 당시 의학 교과서에 따르자면 열병이나 고혈압, 수종 등의 환자는 피를 흘려야 했다. 염증이나 졸중, 신경성 장애 등도 마찬가지였다. 기침, 어지럼증, 두통, 만취, 중풍, 류머티즘, 호흡곤란 등을 앓아도 피를 흘리게 했다. 어이없게도 출혈중인 환자까지 피를 흘리게 했다.

현대 의학은 방혈에 여전히 회의적이다. 그 이유는 여러 가지가 있겠지만 최소 몇 가지 이유는 타당하다. 첫째, 18~19세기에는 온갖 질환을 죄다 방혈에 의존해 치료했다.

조지 워싱턴 미국 대통령이 인후염으로 고생할 당시 의사들은 불과 24시간 내에 4리터에 이르는 피를 뽑아냈다. 전체 혈액 공급의 3분의 2에 해당하는 양이다. 워싱턴의 사망 원인이 과연 감염인지 아니면 혈액 손실에 따른 쇼크인지 지금으로서는 명확지 않다. 19세기 의사들은 방혈을 정기적으로 시행하다가 환자들이 기절하면 혈액이 적정량 뽑힌 거라고 생각했다

이처럼 1000년 동안 시행해오던 방혈은 20세기 초엽에 극심한 냉대를 받게 된다. 의학계는 물론 일반인들조차 방혈을 과학이 발달하기 전 시행된 야만적 의료 행위의 상징으로 보았다. 그러나 오늘날 새로운 연구결과를 보면 너무 성급한 판단이 아니었나 싶다. 이것 말고도 성급한 판단을 내리는 경우가 부지기수이기는 하다.

우선, 방혈(사혈이라고도 한다)이 혈색증 환자를 치료하는 최고의 방법이라는 데 의심할 여지가 없다. 혈색증 환자가 정기적으로 방혈하면 체내 철분이 정상 수준으로 줄어든다. 따라서 장기에 큰 해를 줄 정도로 철분이 쌓이지 않는다.

사혈이 혈색증뿐만 아니라 심장병, 고혈압, 폐수종 등의 치료에 도움이 되는지 현재 연구중이다. 한때 완전히 무시당했던 방혈 행위도 새로이 조명되고 있다. 방혈이 심하지만 않다면 긍정적인 효과를 얻을 수도 있다는 새 증거가 등장하고 있다.

노먼 카스팅Norman Kasting이라는 캐나다 출신 생리학자는 동물에게

방혈을 시행하면 바소프레신 호르몬 분비를 유도하여 열이 내리고 면역계가 활발해진다는 것을 발견했다. 인간 방혈도 그러한 효과가 있는지는 아직 확실히 입증되지 않았지만 방혈과 열저감 사이에 상관관계가 있음은 사료에서 심심찮게 확인할 수 있다. 또한 방혈은 침입자에게 공급되는 철분 양을 줄여 감염을 막고, 감염이 탐지되면 철분을 숨기려는 인체의 자연스러운 움직임을 거들었을지도 모른다.

곰곰이 생각해보면 인류가 수천 년간 사혈을 시행해온 까닭은 어느 정도 효과를 보았기 때문일 것이다. 만일 방혈 치료를 받은 사람이 다 죽어버렸다면 치료사는 금방 문을 닫아야 했을 테니까.

한 가지 확실한 점이 있다. 수천 명의 목숨을 앗아갔을 질병이 소위 '현대' 의학이 무시한 고대 의료 행위로 효과적으로 치료되기도 한다는 점이다. 현대 의학이 배워야 할 교훈은 간단하다. 과학계에서 이해한 부분보다 아직 이해하지 못한 부분이 훨씬 많다는 점이다.

철분은 좋다. 철분은 유익하다. 철분은 이롭다.

자, 이제 여러분은 태양 아래 이로운 것은 다 그렇듯이 철분도 알맞게, 적당히, 지나치지 않게 섭취해야 한다는 사실을 알게 되었다. 그러나 최신 의학계의 사고방식으로는 최근까지도 이를 납득할 수 없었다. 철분은 좋은 것이니 다다익선이라고 본 것이다.

존 머리John Murray라는 의사는 아내와 함께 소말리아 난민수용소에서 근무하고 있었다. 그러던 중 한 가지 특이한 점을 발견했다. 유목민들에게는 빈혈이 흔하고, 이들은 말라리아, 결핵, 브루셀라 균 등 다양한 악성 병원체에 노출돼 있었다. 그럼에도 눈에 띄게 병원체에 감염된 사람이 별로 없었다. 이 의사는 이들 유목민 중 일부만을 먼저 철분으로 치료해보기로 했다. 일부 유목민에게 빈혈 치료를 위해 철분보충제를 주었더니 갑자기 감염률이 급등했다. 유목민들은 빈혈이 있음에도 불구하고 감염되지 않은 게 아니라 빈혈 때문에 감염되지 않았다. 철분 고정이 활발하게 일어나고 있었던 것이다.

35년 전, 뉴질랜드 의사들은 토착민인 마오리족 아기들에게 정기적으로 철분보충제를 주사하였다. 음식이 부실하여 철분이 부족하니 아기들이 빈혈에 걸리리라고 생각한 것이다.

그러나 철분을 공급받은 마오리 아기들은 패혈증과 뇌막염 등 치명적인 질병에 시달릴 가능성이 일곱 배나 높아졌다. 아기들도 성인들처럼 유해 세균을 체내에 따로 격리해 통제한다. 그러나 의사들이 아기들에게 철분을 주사한 것이 세균불에 기름을 부은 격이 되어 비극적인 결과를 초래했다.

이런 세균 감염은 주사를 통해 철분을 투입하지 않더라도 일어날 수 있다. 철분 보충 음식은 세균의 먹이도 된다. 유아의 내장에서는 식중독 포자가 많이 생길 수 있다(포자는 벌꿀에 들어 있다. 따라서 부모들은 특히 만 1세 전 아기에게 절대 벌꿀을 먹여서는 안 된다). 포자가 싹이 트기라도 하는 날에는 치명적인 결과를 낳을 수 있다. 미국 캘리포니아 주에서 유아 식중독 예순아홉 건을 조사해보았더니 식중독이 치명적인 경우와 그렇지 않은 경우에는 한 가지 중요한 차이점이 있음이 밝혀졌다. 모유 대신 철분 보충 이유식을 먹은 아기들은 훨씬 더 어린 나이에 병에 걸리기 시작해 결국 더 취약해졌다. 사망자 열이면 열 모두 철분 강화 이유식을 먹었다.

그건 그렇고, 혈색증과 빈혈 말고도 다른 위협으로부터 인체를 보호하는 역할을 하여 유전자 풀에서 자랑스러운 자리를 차지한 유전병은 또 있다. 꼭 철분과 관련이 있는 것은 아니다. 혈색증 다음으로 유럽인 가운데 가장 흔한 유전병은 낭포성 섬유증이다. 몸 이곳 저곳이 아프고 점점 쇠약해지는 끔찍한 병이다. 걸리면 대부분 폐 관련 질환으로 요절하는 이런 병에 걸리는 이유는 무엇일까? CFTR이라는 유전자가 돌연변이를 일으키기 때문이다. 돌연변이를 일으킨 유전자의 복제본이 두 개 있어야 병이 생긴다. 이게 한 개뿐인 사람은 보인자이긴 하지만 낭포성 섬유증을 앓지는 않는다. 유럽인들의 자손 중에서 최소한 2퍼센트가 보인자로 여겨진다. 그렇다면 유전학 관점에서 돌연변이는 사실상 매우 흔한 셈이다. 새로운 연구에 따르면 낭포성 섬유증을 일으키는 유전자의 복제본을 한 개 보유할 경우 결핵에 안 걸릴 개연성이 약간 있다고 한다. 결핵은 이 병에 걸린 사람을 안팎으로 소진시키기 때문에 소진이라고도 불렸는데 1600~1900년 유럽의 전체 사망 원인 중 20퍼센트를 차지한 치명적인 질병이다. 이러한 질병에 걸리지 않는 데 조금이라도 도움이 된다면 유전자 풀에서는 열렬히 환영받을 수밖에 없다.

고든에게 혈색증 증상이 나타난 것은 사블 마라톤에 참가하려고 훈련을 시작하면서부터였다. 하지만 그후에도 3년 동안 지속적으로 병에 시달리고 힘든 검사를 받으면서 오진을 거듭한 후에야 실제로 그의 몸 어디가 잘못되었는지 겨우 밝혀졌다. 그리고 치료하지 않으면 앞으로 5년밖에 못 산다는 말을 들었다.

우리는 고든이 고생한 이유는 유럽 자손들에게 가장 흔한 유전병인 혈색증 때문이었음을 안다. 하지만 그 혈색증 덕븐에 고든의 조상들이 역병에 걸리지 않고 살아남았는지도 모른다.

이제 고든은 건강을 되찾았다. 지구상에서 가장 역사가 오래된 의료 행위 중 하나인 방혈 덕분이다.

이제 우리는 우리의 몸과 철분, 감염, 혈색증과 빈혈 같은 질병이 서로 복잡한 관계를 맺고 있음을 이해했을 뿐 아니라 예전보다 더 많은 것을 알게 되었다.

사람을 죽이지 않을 정도의 고난은 그만큼 사람을 강하게 만든다고 했던가.

고든이 2006년 4월, 두 번째로 사블 마라톤을 완주했을 때 그의 머리에도 이와 비슷한 말이 스쳐갔을지 모르겠다. 그는 원래 2006년 초에 저세상으로 갔을 운명이었기 때문이다.

제 2 장

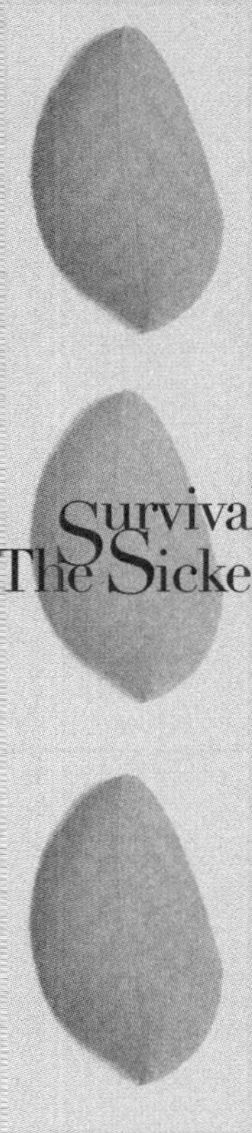

Survival of The Sickest

빙하기를 이겨낸 당뇨병

SURVIVAL OF THE SICKEST

아파야 산다

세계보건기구WHO에 따르면 전 세계 당뇨병 환자는 1억 7100만 명으로 추산되며 2030년이 되면 두 배로 늘어날 것으로 예상된다. 틀림없이 여러분 주위에도 당뇨병 환자가 있거나 그런 이야기를 들어본 적이 있을 것이다. 미국 여배우 할 베리, 전 소련 공산당 서기장 미하일 고르바초프, 미국 영화감독 조지 루카스도 당뇨병 환자이다. 당뇨병은 전 세계에서 가장 흔한 만성 질병 중 하나이며 하루가 다르게 흔해지고 있다.

당뇨병은 인간의 몸과 설탕, 특히 포도당이라는 혈당과의 관계로 설명할 수 있다. 우리가 먹은 음식에 함유된 탄수화물이 분해될 때 생성되는 포도당은 살아가는 데 없어서는 안 되는 성분이다. 뇌에 연료를 공급하고 단백질을 만드는 데 필수이며 필요할 때 에너지를 만드는 재료이기 때문이다.

포도당은 췌장에서 만들어지는 인슐린이라는 호르몬의 도움을 받아 간과 근육, 지방세포(몸속의 석유수출국기구OPEC 정도로 보면 된다)에 저장되었다가 필요할 때 연료로 전환된다.

당뇨병의 학명은 diabetes mellitus인데 '벌꿀 속으로 지나간다'는 뜻이다. 당분이 많이 들어 있는 소변을 보는 것은 당뇨병에 걸렸다는 첫 신호이다. 지난 수천 년간 당뇨병 환자를 지켜본 사람들은 이들의 소변 냄새가(그리고 맛도) 특히 달콤하다는 사실을 눈치챘다. 실제로 옛날 중국 의사들은 누군가의 소변에 개미가 모여드는지 확인함으로써 당뇨병을 진단하고 관찰했다. 당뇨병 환자들의 몸에서는 포도당을 쓸 수 있도록 인슐린이 돕는 과정이 원활하지 않아 혈당이 위험한 수치까지 치솟는다. 이를 방치하면 급속히 탈수증에 걸리거나 혼수상태에 빠지고 죽음에까지 이를 수 있다. 당뇨병은 철저히 관리한다 하더라도 오랜 시간이 지나면 시력을 잃거나 심장병, 발작 등 합병증이 생긴다. 혈관 질환이 동반되면 괴저에 걸려 사지를 절단해야 하는 경우도 있다.

당뇨병은 크게 제1형 당뇨병과 제2형 당뇨병으로 구분된다. 보통 진단되는 연령에 따라 각각 소아 당뇨병, 성인 당뇨병이라고 한다(소아 비만의 급증으로 제2형 당뇨병에 걸린 어린이가 많아짐에 따라 성인 당뇨병이라는 명칭이 무색해지고 있다).

학계 일각에서는 제1형 당뇨병을 자가 면역질환의 일종으로 본다. 인체의 선천적인 방어체계가 일부 세포를 침입자로 착각하여 파괴하는 질환을 말한다. 제1형 당뇨병의 경우 이 체내 아군 사격의 희생자가 되는 세포가 바로 인슐린 생성을 담당하는 췌장 내 세포이다. 인슐린이 없으면 체내 제당소는 문을 닫는 것이나 마찬가지이다. 현재 제1형 당뇨병의 유일한 치료법은 매일 인슐린을 투약하는 것뿐이다. 환자 스스로 인슐린 주사를 놓는 방법이 주로 사용되지만 외과 수술을 통해 인슐린 펌프를 몸속에 심을 수도 있다. 제1형 당뇨병 환자는 매일 인슐린을 투약할 뿐만 아니라 혈당 수치를 면밀히 관찰하고, 엄격히 제한된 식단에 따라 음식을 섭취하면서 운동을 병행해야 한다.

반면 제2형 당뇨병 환자는 췌장에서 인슐린이 계속 만들어질 뿐만 아니라 높은 수치로 유지되는 경우도 있다. 그러나 결국 인슐린 생산량이 너무 낮거나 체내 타 조직의 저항으로 혈당이 제대로 흡수·변환되지 못한다. 제2형 당뇨병 환자는 체내에서 인슐린이 계속 생성되므로 인슐린을 주사하지 않고 관리하는 경우가 많다. 다른 약물 투여, 신중한 식단, 운동, 감량, 혈당 관찰 등의 방법이 고루 동원된다.

또한 제3의 당뇨병이 있는데 임신한 여성에게 발생한다 하여 임신 당뇨병이라고 한다. 임신 당뇨병은 임신이 끝나면 자연스럽게 사라지는 일시적인 당뇨병이다. 미국에서는 4퍼센트의 임신 여성에게 나타난다. 즉 1년에 10만 명의 예비 엄마가 임신 당뇨병에 걸린다. 임신 당뇨병은 거대아의 원인이 될 수도 있다. 엄마 혈류 속의 잉여 당분이 태반을 통해 태아에게 가기 때문에 아주 통통한 아기가 태어나는 것이다. 이러한 당뇨병은 엄마가 달콤한 포도당으로 밥상을 차려주길 바라는 배고픈 태아가 '일부러' 일으키는 것이라는 견해도 있다.

좌우지간 당뇨병의 원인은 무엇일까? 사실 정확히 밝혀지지 않은 상태다. 유전 요인, 감염, 식습관, 환경 요인 등이 서로 복잡하게 얽혀 있기 때문이다. 유전 요인이 있으면 다른 요인에 의해 유발되는 당뇨병에 더 잘 걸리는 것만은 확실하다. 제1형 당뇨병의 경우 바이러스나 환경 요인으로 유발될 수 있다. 제2형 당뇨병은 나쁜 식습관, 운동 부족과 비만으로 자초하는 경우가 많다는 것이 과학자들의 견해이다. 하지만 유전 요인이 제1형 당뇨병은 물론 특히 제2형 당뇨병에 영향을 미친다는 점은 확실하다. 이곳이 바로 뭔가 달궈지기 시작하는 곳이다. 아니, 곧 밝혀지겠지만 뭔가 식기 시작하는 곳이라고 하는 편이 정확하겠다.

제1형 당뇨병과 제2형 당뇨병은 주로 지리적 기원에 따라 그 분포에 큰 차이가 있다. 제2형 당뇨병은 유전의 영향이 더 강한 듯한데, 생활습관과도 밀접한 관계가 있다. 제2형 당뇨병을 앓는 사람의 85퍼센트가 비만하다. 즉 현재 선진국에서 흔히 볼 수 있는 질병이다. 열량만 높고 영양가는 없는 불량식품을 쉽게 구할 수 있기 때문에 적지 않은 사람이 비만 상태이다. 전 연령에 걸쳐 제2형 당뇨병에 걸릴 소질이 틀림없이 존재한다. 물론 특정 집단의 발병률이 높기는 하지만 그조차 높은 비만율과 궤를 같이 하는 경향이 있다. 예를 들어 미국 남서부의 피마Pima 인디언은 성인의 절반이 당뇨병을 앓고 있다. 과거에 사냥을 해서 먹고살았던 피마족의 신진대사는 육류 위주의 애킨스Atkins 식단에 걸맞은 방향으로 진행되었을 것이다. 반면 농사를 짓던 유럽인들은 수백 년 동안 탄수화물과 설탕이 많은 식단을 이용했다. 한편 제1형 당뇨병은 북유럽 후손에게 훨씬 더 흔히 나타난다. 핀란드가 전 세계 아동 당뇨병 비율 1위를 차지하고 있고 스웨덴이 2위, 영국과 노르웨이가 공동 3위이다. 남쪽으로 내려올수록 이 비율은 점점 떨어진다. 순수한 아프리카, 아시아, 히스패닉 계열 후손에게서는 제1형 당뇨병을 찾아보기 어렵다.

유전 요인이 조금이라도 있는 병이 특정 개체군에 훨씬 더 많이 나타난다면 진화와 관련된 질문을 던지지 않을 수 없다. 오늘날 질병을 일으키는 형질의 어떤 속성은 진화 과정에서 그 개체군의 조상이 생존하는 데 도움을 주었음에 틀림없기 때문이다.

혈색증은 역병을 일으키는 세균이 먹고살 철분을 차단함으로써 혈색증 보인자가 역병에 걸리지 않도록 해줬을 것이라는 것을 살펴본 바 있다. 그렇다면 당뇨병은 과연 어떤 이점이 있었을까? 이 궁금증을 풀기 위해서는 다시 기억을 거슬러 올라가야 한다. 이번에는 시간 단위가 몇 천 년이다. 빙하시대로 가니까 스키복을 챙겨 입으시길.

약 50년 전만 해도 대대적인 기후변화는 매우 느리게 진행된다는 것이 관련 연구원들의 상식이었다. 요즘엔 인류는 불과 몇 세대 만에 대대적인 기후변화를 일으킬 수 있는 힘을 갖고 있음을 알리기 위해 앨 고어 전 미국 부통령, 여배우 줄리아 로버츠 등 여러 사람이 애쓰고 있다. 그러나 1950년대 이전만 해도 대부분의 과학자들은 기후변화가 수천 년에서 수십만 년 걸린다고 믿었다.

그렇다고 빙하와 얼음판이 한때 북반구를 뒤덮었다는 견해를 부정하는 것은 아니다. 단지 빙하가 낮아지는 데 수십억 년, 물러가는 데는 몇 지질 연대가 흐를 만큼 달팽이 걸음처럼 천천히 변화했을 거라고 굳게 믿었을 뿐이다. 따라서 인간은 걱정할 필요가 없다고 보았다. 빠르게 돌진해오는 빙하에 치여 죽을 일은 없을 테니까. 대규모 기후변화로 빙하기에 들어간다고 해도 수십만 년이 걸릴 판이니 대비할 시간은 충분하다고 본 것이다.

물론 이와는 다른 의견을 내는 사람도 있었지만 과학계에서는 거의 신경을 쓰지 않았다. 1895년 미국 애리조나 주에서 연구중이던 천문학자 앤드루 엘리컷 더글러스Andrew Ellicott Douglass는 나무를 베기 시작했다. 주기적으로 나타나는 태양 흑점이 영향을 미친 증거를 찾기 위해서였다. 비록 증거를 찾는 데는 실패했지만 그는 나이테를 연구하여 과거의 실마리를 푸는 연륜연대학의 창시자가 되었다. 더글러스가 처음 관찰한 것은 춥고 건조한 해에는 나이테가 얇은 반면 습하고 따뜻한 해에는 두껍다는 사실이었다. 나이테 한 개당 1년씩 과거로 거슬러 올라가다 보니 17세기경에 기후변화가 찾아와 100여 년간 기온이 크게 떨어진 상태가 지속되었음을 발견했다. 그러나 과학계의 반응은 다들 그건 아니라는 식이었다. 기후변화 관계자들이 보기에 더글러스는 아무도 듣는 사람 없는 숲에서 나무를 베고 있을 뿐이었다. (미국 컬럼비아 대학 로이드 버클Lloyd Burckle 박사에 따르면 더글러스는 틀리지 않았다. 또 더글러스가 발견한 100년간의 추위에 힘입어 아름다운 음악이 탄생할 수 있었다. 무슨 이야기인고 하니 유명한 스트라디바리Stradivari를 비롯한 유럽 바이올린 제작의 거장들이 빚어낸 뛰어난 음은 다름 아닌 100년간 얼어붙었던 시절에 자란 나무의 치밀한 목재 덕이었다는 얘기다. 추위 속에서는 나무가 덜 자라 나이테가 얇으니 더 치밀해질 수밖에 없다.)

기후변화가 빠른 속도로 일어났을 가능성을 뒷받침하는 증거가 속속 쌓여갔다. 스웨덴에서 호수 바닥의 진흙층을 연구하던 과학자들은 당시 사람들이 가능하다고 본 속도보다 훨씬 빠르게 기후변화가 일어난 증거를 발견했다. 약 1만 2000년 전의 진흙 핵에서 드라이야스 옥토페탈라Dryas octopetala라는 북극 야생화의 꽃가루를 다량 발견한 것이다. 드라이야스는 북극에 사는 꽃인데 혹한이 찾아왔던 때에만 유럽 전역에 번성했다. 1만 2000여 년 전 스웨덴에 이 꽃이 널리 퍼져 있었던 점으로 미루어, 마지막 빙하기 이후 따뜻한 날씨가 지속되다가 훨씬 더 추운 날씨가 빠르게 밀어닥친 것 같다. 이를 세상에 알린 야생화를 기리고자 이 혹한의 재현을 '어린 드라이야스Younger Dryas'로 명명했다. 하지만 깊이 뿌리내린 고정관념 때문에 과학자들조차 '빠르게' 진행된 어린 드라이야스가 1000년은 걸렸을 거라고 믿었다.

이처럼 통념이라는 것 때문에 과학계가 얼어붙곤 한다. 당시 지질학자들은 현재가 과거를 푸는 열쇠라고 믿었다. '오늘 기후가 이런 식이라면 어제 기후도 이랬을 것'이라고 본 것이다. 이런 사상을 동일과정설이라고 한다. 물리학자 스펜서 위어트Spencer Weart가 2003년에 내놓은 책《지구 온난화의 발견The Discovery of Global Warming》에서 지적했듯이, 동일과정설은 당시 과학자들을 지배하던 대원칙이었다.

20세기 내내 지질학자들은 동일과정설을 과학의 기초로 떠받들었다. 인간은 당연히 1000년 내에 일어나는 기온의 급격한 변화를 느끼지 못하기에 동일과정 원칙에 의거, 그러한 변화가 과거에도 일어난 바 없다고 못 박았다.

무언가 절대로 존재하지 않는다고 확신한다면 그것을 찾아나설 리도 없다. 게다가 다들 전 지구적 기후변화에 최소한 1000년이 걸렸다고 굳게 믿었기 때문에 그보다 빠르게 변화했음을 보여주는 증거를 찾아나설 생각을 하는 사람은 아무도 없었다. 1000년에 걸쳐 '빠르게' 발생한 어린 드라이아스를 처음 주장한, 그 호수 바닥 진흙층을 연구하던 스웨덴 학자들은 어땠을까? 그들은 수백 년에 걸쳐 형성된 진흙 덩어리를 살펴보고는 있었지만 그보다 빠른 변화를 입증할 만큼 작은 샘플은 쳐다보지 않았다. 어린 드라이아스가 생각보다 훨씬 빠르게 북반부로 내려왔다는 증거가 눈앞에 있었음에도 불구하고 고정관념 때문에 보지 못했던 것이다.

1950~60년대에 과학자들이 대격변에 의해 빠른 변화가 일어날 수 있음을 이해하기 시작하면서 동일과정설의 기반이 흔들리기 시작했다. 1950년대 말, 미국 시카고 대학의 데이브 펄츠Dave Fultz는 회전하는 액체로 대기의 움직임을 시뮬레이션한 지구 대기 모형을 만들었다. 그 액체는 방해받지 않는 한 안정적이고 반복되는 패턴으로 움직였다. 그러다가 아주 작더라도 간섭을 받으면 기류에 대규모 변화

가 나타났다. 실제 대기가 큰 변화를 겪었다는 사실을 입증했다고 할 수는 없겠지만 그 개연성을 강력하게 시사한 것이다. 다른 과학자들도 빠른 변화 개연성을 보여주는 수학 모델을 개발했다.

새로운 증거가 발견되고 기존 증거가 재점검되면서 과학자들 간에 의견일치를 보자는 움직임이 일어났다. 1970년대에 이르자 빙하기를 부르고 물러가게 하는 기온변화 및 기후변화가 불과 몇 백 년 만에 일어날 수 있다는 데에 대체로 의견이 일치했다. 수천 년이라는 의견은 축출되고 수백 년이라는 의견이 등장했다. 수백 년은 새로 등장한 '빠른' 시간이었다.

시기에는 의견이 일치한 반면 그 원인에 대해서는 여전히 의견이 분분했다. 툰드라 습지에서 메탄이 부글부글 끓어올라 태양열을 가두었을 수도 있고, 북극에서 떨어져 나온 얼음판 때문에 대양이 차가워졌을 수도 있다. 아니면 북극에 녹아든 빙하로 거대한 담수호가 만들어지는 바람에 따뜻한 열대 바닷물이 북쪽으로 가는 길이 갑자기 차단되었을 수도 있다.

냉정하고 견고한 증거가 마침내 냉정한 얼음에서 발견되었다니 참 그럴듯하다.

1970년대 초 기후학자들은 과거 기상 패턴이 북그린란드의 빙하와 얼음 고원에 가장 잘 보존되어 있음을 알아냈다. 이 연구 작업은 아주 힘들고 위험했다. 혹시 이들의 모습을 흰색 가운을 입고 있는 전형적인 실험실 쥐 스타일로 상상하신다면 잘못 짚었다. 그야말로 '익스트림 스포츠' 박사과정이었다. 세계 각국에서 도여든 팀들은 얼음 위를 몇 킬로미터씩 걷고, 수천 미터를 기어 오르고, 몇 톤에 달하는 기계를 옮기고, 고산병과 끔찍한 추위를 견디면서 3킬로미터가량의 빙심을 파고들어 가야 했다. 이렇게 고생을 하면 수천 년 동안 곱게 보존된 연간 강수와 과거 기온에 대한 자연 그대로의 확실한 기록을 얻을 수 있다. 화학분석만 조금 거치면 그 비밀을 벗길 수 있다. 물론 거기 가야만 얻을 수 있다.

1980년대에 이르자 이러한 빙심을 통해 어린 드라이야스가 확인되었다. 즉 1만 4000여 년 전에 기온이 뚝 떨어져서 그 상태로 1000년 이상 지속되었다는 것이다. 하지만 그것은 빙산의 일각에 불과했다.

1989년 미국에서는 3000미터에 이르는 그린란드 얼음판 맨 밑바닥까지 구멍을 파들어가는 탐험을 실시했다. 11만 년 동안의 기후 역사를 살펴보겠다는 취지였다. 불과 32킬로미터가량 떨어진 곳에서 한 유럽 팀도 비슷한 연구를 수행중이었다. 4년 후 두 팀 다 맨 밑바닥까지 도달했다. 그러자 '빠르다'는 의미도 다시 바뀌기에 이르렀다.

빙심은 최근 빙하기인 어린 드라이야스가 겨우 3년 만에 끝났음을 알렸다. 한 빙하기에서 다른 빙하기로 가는 데 걸린 시간이 3000년도 300년도 아닌 단 3년이었던 것이다. 그뿐만 아니라 어린 드라이야스가 시작되는 데 불과 10년밖에 걸리지 않은 것도 밝혀냈다. 증거는 아주 확실했다. 빠른 기후변화는 현실 그 자체였다. 워낙 빠르다 보니 과학자들은 '빠르다'라는 말 대신 '급격하다' 또는 '맹렬하다'라는 말을 사용하기 시작했다. 위어트 박사는 2003년 저서에 다음과 같이 요약했다.

1950년대 과학자들이 몇 만 년씩 걸린다고 보았고, 1970년대에 들어서는 수천 년, 1980년대에 들어서는 수백 년 걸린다고 본 기온변화는 이제 불과 수십 년밖에 걸리지 않음이 밝혀졌다.

아닌 게 아니라 지난 11만 년 동안에 급격한 기후변화가 20여 건 있었다. 기후가 안정되었다고 볼 수 있는 기간은 지난 1만 1000여 년 정도뿐이었다. 알고 보니 현재는 과거를 여는 열쇠가 아니라 예외이다.

어린 드라이아스가 시작되고 유럽 전역에 갑자기 빙하기의 추위가 다시 찾아온 가장 유력한 원인은 대서양의 '컨베이어 벨트', 즉 열염순환이 끊어졌기 때문이다. 열대 대양 표면의 따뜻한 바닷물이 북쪽으로 운반된 후에 식어서 밀도가 높아지면 가라앉아 바다 아래쪽을 통해 다시 열대지방으로 돌아가는 것, 이것이 정상적이거나 최소한 익숙한 방식이다. 이런 상황이라면 영국은 시베리아와 비슷한 위도에 위치하지만 기후는 온화하다. 하지만 따뜻한 담수가 대량으로 몰려들어 그린란드 얼음판을 녹여버린다든지 하여 운반 장치에 이상이 생긴다면 전 지구의 기후는 상당한 영향을 받을 수 밖에 없고 유럽은 혹한 지역으로 바뀔 수 있다.

어린 드라이아스가 닥치기 직전에 유럽 조상들은 아주 잘 살고 있었다. DNA를 통해 인류의 이주 경로를 추적하던 과학자들은 북유럽 인구가 폭발적으로 증가한 시기가 있음을 밝혀냈다. 유럽 지역은 마지막 빙하기(어린 드라이아스 전)에 사람들이 살지 않았으나 아프리카에서 건너온 사람들이 다시 북쪽으로 이주함에 따라 인구가 폭발적으로 늘어난 것이다. 평균 기온은 오늘날 수준으로 따뜻해서 한때 빙하가 있던 자리에 초원이 무성했고 인간도 번성했다.

그후, 마지막 빙하기가 끝난 이래 지속된 온난화 추세도 급격히 역전되었다. 불과 10여 년 만에 연평균 기온이 30도 가까이 떨어졌다. 바닷물이 얼어붙어 만년설 형태로 갇혀 있다 보니 해수면이 수백 미터 낮아졌다. 삼림과 초원이 크게 줄어들었다. 해안선은 수백 킬로미터에 이르는 얼음으로 둘러싸였다. 빙산은 남쪽으로 내려와 스페인이나 포르투갈에서도 흔히 볼 수 있었다. 산처럼 거대한 빙하가 남쪽으로 다시 진군했다. 어린 드라이아스가 도래했고 세계는 바뀌었다.

인류가 멸종한 것은 아니지만 특히 북쪽으로 이주한 사람들은 치명적인 피해를 입었다. 피난처를 짓는 일에서부터 사냥에 이르기까지, 생존에 동원된 학구적인 방법은 한 세대를 채 넘기기도 전에 전부 무용지물이 되다시피 했다. 수천 명이 얼어 죽거나 굶어 죽었다. 방사성 탄소에 의한 고고학 유적 연대 측정 결과, 정착지가 줄어들고 인간 활동이 크게 위축되었음이 드러났다. 북유럽 인구가 급감했다는 분명한 증거이다.

그러나 인간이 살아남은 것 또한 확실하다. 문제는 어떻게 살아남았느냐는 것이다. 분명 사회적 적응의 덕을 보기도 했다. 수렵 채집 사회가 무너지고 농업이 처음 발달한 데에는 어린 드라이아스도 한몫했다는 견해가 많다. 그렇다면 생물학적 적응과 자연선택은 어땠을까? 과학자들은 이 기간에 추위를 이겨낼 수 있는 선천적인 능력을 완성한 동물들이 있다고 믿는다. 그중 대표적인 예가 숲개구리이다. 숲개구리 이야기는 나중에 다시 하겠다. 그나저나 인간은 왜 그렇게 하지 못했을까? 유럽인들이 역병에 걸리지 않게 해준다는 이유로 혈색증 유전자 보유를 '선택'했듯이, 추위를 이겨낼 수 있는 탁월한 능력을 주는 유전형질은 없었을까? 이 궁금증을 해결하려면 추위가 인간에게 미치는 영향을 살펴보아야 한다.

미국의 전설적인 야구 선수 테드 윌리엄스는 2002년 7월 사망 직후 비행기에 실려 애리조나 주 스코츠데일에 있는 한 스파로 운반되었다. 체크인 후 이발과 면도를 하고 찬물에 몸을 담갔다. 이 스파는 물론 예사 스파가 아니라 알코Alcor 생명연장냉동보존연구소이다. 체크인한 테드 윌리엄스는 미래의 의학 기술에 힘입어 다시 살아나기를 바랐다는 것이 아들의 전언이다.

알코 연구소에서는 윌리엄스의 머리를 몸에서 떼어낸 후 10원짜리 동전 크기의 구멍을 몇 개 뚫고 섭씨 영하 195도의 액체질소 통에 넣어 냉동시켰다. (몸뚱이는 전용 냉동보관 컨테이너에 따로 두었다.) 알코 연구소 홍보 자료에는 "나노기술이 발전하면" "아마도 21세기 중반쯤에는" 냉동된 몸을 다시 살려낼 수 있을 거라고 나와 있다. 단, 냉동보존기술은 "후입선출 프로세스인지라 먼저 들어간 자는 아주 오래 기다려야 할지도 모른다"고도 적혀 있다.

아주 오래, 오래, 그러다 영원히 기다려야 하는 건 아닐까? 알코 연구소에 냉동된 윌리엄스를 비롯한 예순여섯 구의 시체들에게는 안된 이야기이지만 인간 조직은 냉동에 취약하다. 물이 얼면 날카롭고 작은 결정체로 팽창한다. 인간을 냉동하면 혈액 내 수분이 얼어붙는다. 얼음 조각 때문에 혈액 세포가 찢어지고 모세혈관이 터진다. 난방을 하지 않은 집 수도관이 동파하는 것과 비슷한 이치이다. 게다가 인간에겐 고쳐줄 수리공도 없다.

꽁꽁 얼면 죽어버리겠지만 인간은 추위를 견딜 수 있는 여러 방법을 진화시켰다. 우리 몸은 추위에 따른 위험에 아주 민감할 뿐만 아니라 타고난 방어체계도 완벽히 갖추고 있다. 퍼레이드를 구경하느라 추운 겨울 아침에 몇 시간 동안 가만히 서 있었거나, 찬바람이 휘몰아치는 산에서 스키 리프트 탈 때처럼 얼어 죽을 것처럼 추웠던 때가 생각나시는지? 먼저 몸이 덜덜 떨리기 시작한다. 이것이 첫 번째 반응이다. 몸이 떨리면 근육 활동이 늘어나고 근육에 쌓여 있던 당분이 연소되면서 열이 발생한다. 그다음 반응은 몸이 떨리는 것만큼 분명하지는 않다. 그러나 효과는 분명 느껴봤을 것이다. 손가락과 발가락이 얼얼하다가 감각이 없어지는 기분, 바로 그것이 인체의 다음 반응이다.

우리 몸은 추위를 감지하자마자 사지에 있는 얇은 모세혈관 망을 수축시킨다. 모세혈관 수축은 손가락, 발가락부터 시작하여 팔다리로 거슬러 올라간다. 모세혈관 벽이 닫히면서 혈액이 빠져나와 몸통 쪽으로 몰려간다. 몸통은 중요 장기를 따뜻하게 데워 안전하게 보호하는 곳이기 때문이다. 그 와중에 사지는 동상에 걸릴 수도 있지만,

어쩔 수 없는 선택이다. 손가락을 잃는 대신 간은 살리자는 취지이다.

노르웨이 어부나 이누이트Inuit 사냥꾼처럼 특히 추운 기후에서 살았던 사람들의 후손은 추위에 대한 이러한 자동 반응이 한층 고도로 진화했다. 추위에 시달리다 보면 수축되었던 손의 모세혈관이 잠깐 팽창한다. 감각을 잃은 손가락과 발가락에 따뜻한 피를 급속도로 전달한 후에 다시 수축하여 피를 다시 몸 중심부로 보낸다. 이 같은 수축과 팽창의 반복을 루이스파Lewis wave 또는 '사냥꾼 반응'이라고 한다. 사지가 실제 손상되지 않을 정도의 온기를 공급하는 동시에 중요 장기도 따뜻하고 안전하게 보호하는 방법이다. 이누이트 사냥꾼들은 빙점에 가까운 손 피부 온도를 불과 몇 분 만에 10도까지 끌어올릴 수 있다. 대부분의 사람들은 이보다 훨씬 더 오래 걸린다. 반면 따뜻한 기후대에 살던 사람의 후손은 사지와 몸통을 동시에 보호할 수 있는 이 선천적인 능력이 없는 것 같다. 혹독하게 추웠던 한국전쟁 당시 아프리카계 미국 병사들은 다른 병사들에 비해 동상에 훨씬 더 잘 걸렸다.

몸을 덜덜 떨고 혈관을 수축시키는 것 말고도 우리 몸에는 열을 발생시키고 보존하는 방법이 있다. 신생아와 일부 성인의 지방 중에는 갈색지방이라는 발열 전문 조직이 있다. 갈색지방은 추위에 노출되면 비로소 활동을 시작한다. 일반 지방세포는 전달된 혈당을 나중에 에너지로 쓰기 위해 저장해두는 반면, 갈색지방세포는 그 자리에서 열로 변환시켜버린다(극한 기후에 익숙한 사람의 경우 갈색지방의 지방 연소량이 70퍼센트 이상 더 많다). 과학자들은 근육을 움직이지 않고도

열이 발생한다 하여 갈색지방의 연소 과정을 몸을 떨지 않는 열 발생이라고 부른다. 몸을 떨어 얻는 열은 지속 시간이 기껏해야 몇 시간밖에 되지 않는다. 근육에 저장된 혈당이 소진되고 피곤해지면 더이상 소용이 없다. 반면 갈색지방은 혈당이 공급되는 한 계속해서 열을 발생시킬 수 있다. 또한, 다른 대부분의 조직과는 달리 인슐린이 없어도 당을 세포 내로 가져올 수 있다.

그럼에도 아직 '갈색지방 다이어트 책'이 안 나온 이유는 단순히 생활습관만 바꾼다고 되는 일이 아니기 때문이다. 극도로 추운 지방에 살지 않는 한 성인에게는 갈색지방이 거의 없다. 있다고 해도 그다지 많지 않다. 갈색지방을 모아서 제대로 써먹으려면 극한의 날씨에서 몇 주간 살아야 하다. 어지간한 추위로는 어림도 없고 북극 정도의 추위여야 한다. 거기서 끝이 아니라 그 추위 속에 계속 머물러야 한다. 이글루 안에서의 취침을 멈추는 순간, 갈색지방은 작동을 멈춘다.

우리 몸이 추위에 반응하는 방식이 또 한 가지 있다. 아직 완전히 이해하진 못했지만 아마 경험해본 적은 있을 것이다. 추위에 얼마간 노출된 사람들은 대부분 오줌을 누고 싶어진다. 왜 이런 반응이 일어날까? 이는 수백 년간 의학자들의 고민거리였다. 이를 처음 기록한 사람은 1764년 서덜랜드Sutherland 박사였다. 당시 영국 배스와 브리스톨 바닷물은 차갑지만 환자를 담그면 치료 효험이 있다고들 믿었다. 서덜랜드 박사는 이 바닷물에 환자를 담글 때 얻을 수 있는 효과를 기록하려고 했다. "수종, 황달, 마비, 류머티즘, 만성 허리 통증"을 앓고 있던 환자가 물속에 들어가자 "마신 양보다 더 많이 싸는" 것을 발견했다. 서덜랜드는 그런 반응이 일어난 원인은 외부 수압 때문이라고 보았다. 즉 압력에 의해 액체가 몸 밖으로 밀려나오는 것뿐이라고 생각했다(틀려도 한참 틀렸다). 1909년이 되어서야 학자들은 소변량의 증가, 그러니까 이뇨작용이 추위에 노출되는 것과 관련 있음을 깨달았다.

이처럼 추우면 생기는 요의를 설명하는 대표적인 요인은 역시 압력이다. 단, 외부 압력이 아닌 내부 압력이다. 사지 수축 때문에 인체 중심부에 혈압이 상승함에 따라 우리 몸은 콩팥에게 여분의 액체를 배출하라는 신호를 보낸다는 설이다. 그러나 특히 최근 연구결과를 보더라도 이것만으로는 이뇨 현상을 완전히 설명할 수 없다.

미육군 환경의학연구소는 극단적인 더위, 추위, 깊이, 높이에 대한 인간의 반응을 20년 넘게 연구해왔다. 그 결과 추위에 단단히 적응된 사람들도 기온이 빙점 가까이 떨어지면 추위 이뇨를 경험한다는 것이 확실히 입증되었다. 추울 때 왜 오줌을 누고 싶은지에 대한 의문은 풀리지 않고 있다. 오늘날 의학계가 당면한 최고의 과제는 아닐지라도 그 가능성을 가늠해보면, 이는 정말 흥미진진한 문제다. 그리고 여러 해답은 더 큰 문제를 해결하는 실마리를 제공할 수 있을지도 모른다. 현재 1억 7000만 명이나 앓고 있는 질병이 그중 하나이다.

추위로 인한 이뇨 같은 고상한 주제는 잠시 접어두고 저녁 식탁에 좀더 어울리는 아이스 와인 이야기를 해보자. 맛있고 귀한 이 아이스

와인은 우연히 만들어졌다. 400년 전 독일의 양조 업자 이야기다. 늦가을 포도 수확을 며칠 앞두고 갑자기 서리가 내렸다. 포도는 바짝 쪼그라들었지만 그렇다고 농사를 다 망칠 수는 없어서 언 포도라도 따서 잘되기를 바라면서 어떻게 되나 보기로 했다. 포도를 해동한 다음 평소처럼 압착했지만 나온 즙이 예상한 양의 8분의 1밖에 안 되자 실망하고 말았다. 밑져야 본전이다 싶어 얼마 안 되는 포도즙을 발효시켰다.

그랬더니 대박이 났다. 완성된 와인은 미치도록 달콤했다. 전설 같은 이 우연한 수확 이후, 어떤 양조업자는 아이스 와인 전문가로 변신하여 언 포도를 수확하려고 해마다 첫 서리를 기다렸다. 오늘날 와인은 여러 방법으로 품질을 평가하고 등급을 매기며 무게를 측정한다. 그중에서도 '당분 등급'이 중요하다. 일반 식사용 와인의 당분 등급은 0~3인데 반해 아이스 와인은 18~28이다.

포도가 쭈그러드는 것은 수분 손실 때문이다. 왜 포도는 서리가 내리기 시작할 때 수분을 잃도록 진화되었는지 화학적인 관점에서 쉽게 짐작할 수 있다. 포도 내에 수분이 적을수록 과일의 섬세한 세포막을 손상시킬 수 있는 얼음 결정체가 적어지기 때문이다.

당분 농도의 급격한 상승은 어떠한가? 그것도 말이 된다. 얼음 결정체는 순수한 물로만 이루어져 있다. 그러나 얼음 결정체가 형성되기 시작하는 온도는 액체 속에 물 이외에 다른 이물질이 들어 있느냐에 달려 있다. 물에 무언가 녹아 있으면 6각형 격자의 단단한 얼음 결정체가 형성되기 어렵다. 예를 들어 소금으로 가득 찬 보통의 바닷물이 어는 온도는 우리가 물의 어는점이라고 생각하는 0도가 아닌 영하 2도쯤이다. 냉동고에 넣어놓는 보드카 병을 생각해보라. 대개 병 내용물의 약 40퍼센트를 차지하는 알코올은 얼음이 생기지 않도록 하는 데 매우 효과적이다. 보드카는 영하 6도 정도로 냉각해야 겨우 얼기 시작한다. 심지어 자연의 물조차 정확히 0도에서 얼지 않는 경우가 대부분이다. 대개 소량의 미네랄 같은 이물질이 들어 있어 어는점이 낮아지기 때문이다.

알코올처럼 설탕도 천연 부동액이다. 액체 내 설탕 함유량이 높으면 높을수록 어는점이 낮아진다. (설탕과 동결에 대한 최고의 전문가는 세븐일레븐에서 무가당 슬러피 음료 개발을 담당한 식품화학자들일 것이다. 일반 슬러피에는 설탕이 들어 있어 음료가 완전히 얼지 않으므로 슬러피 특유의 살얼음 맛을 즐길 수 있다. 무가당 슬러피를 만들려다 보니 자꾸 무가당 얼음덩어리만 만들어졌다. 이 회사 보도자료에 따르면 인공 감미료에 소화가 안 되는 설탕 알코올을 섞어서 만든 다이어트 슬러피 음료를 개발하는 데 무려 20년이 걸렸다.) 그리하여 서리의 첫 징조가 보일 때 포도는 수분을 버림으로써 수분 양 자체를 줄이고 남은 수분의 당분 농도를 올리는 일거양득의 효과를 얻는다. 즉 포도는 얼어붙지 않고 더 낮은 온도를 견딜 수 있게 된다.

추위에 견디려고 수분을 없앤다? 추우면 오줌을 눈다는 이야기와 상당히 비슷한 것 같다. 게다가 고농도의 당분이라니? 어디선가 많이 듣던 이야기 아닌가? 하지만 당뇨병 얘기로 돌아가기 전에 한번만 더 쉬어가겠다. 동물의 왕국에서.

추위에도 불구하고 번성하는 동물은 많다. 황소개구리 같은 일부 양서류는 아주 차갑지만 얼지 않는 호수와 강바닥의 물에서 겨울을 난다. 거대한 남극대구는 북극의 얼음 밑에서 즐겁게 헤엄을 친다. 혈액 속에 함유된 부동 단백질이 얼음 결정체에 달라붙어 얼음 결정체가 커지지 못하게 해주기 때문이다. 남극 표면의 쐐기벌레는 영하 60도나 되는 혹한 속에서 14년간 살다가 나방이 되어 석양 속으로 날아가 몇 주라는 짧은 시간을 보낸다.

이렇게 추위에 적응한 태양 아래(아니면 태양으로부터 숨은) 모든 사례 중에서 가장 놀라운 것은 숲개구리이다.

숲개구리(학명은 Rana sylvatica)는 약 5센티미터 길이에 눈 주위가 조로 마스크처럼 까만 귀엽고 작은 생물로, 미국 조지아 주 북부에서 북극권 북쪽이 포함된 알래스카 주에 걸쳐 산다. 이른 봄, 밤이 되면 숲개구리가 새끼 오리처럼 '꽥꽥' 소리를 내며 짝짓기하는 소리가 들린다. 하지만 겨울이 지날 때까지는 숲개구리 소리가 전혀 들리지 않을 것이다. 일부 동물들과 마찬가지로 숲개구리도 겨울 내내 의식을 잃은 채로 지낸다. 동면하는 포유동물은 깊은 잠에 빠지고 두꺼운 단열 지방층 덕에 따뜻하게 영양분을 공급받는 반면, 숲개구리는 추위에 항복 선언을 하고 2~3센티미터 두께의 나뭇가지와 낙엽 밑에 몸을 묻는다. 그런 다음 테드 윌리엄스의 간절한 바람과 알코 연구소의 최선의 노력이 무색하게도 마치 SF 영화에서 막 튀어나온 듯한 재주를 부린다.

딱딱하게 얼어버리는 것이다.

겨울에 하이킹하다가 이 고드름같이 딱딱한 녀석을 무심코 걷어찼다면 분명 죽은 개구리라고 생각할 것이다. 그도 그럴 것이 완전히 얼어붙어서 심장이 안 뛰고 숨도 안 쉴 뿐 아니라 두뇌 활동이 감지되지도 않는 등 살아 있는 기미가 전혀 없는데, 눈은 굳어 있고 흰자가 드러나 있기 때문이다.

하지만 텐트를 치고 앉아 봄이 오기를 기다린다면 그 조그맣고 늙은 숲개구리가 속임수를 몇 가지 감춰놓고 있음을 알게 될 것이다. 기온이 올라 몸이 녹으면 불과 몇 분도 안 돼 기적적으로 심장이 뛰기 시작하고 숨을 들이쉰다. 몇 번 눈을 깜박이면 혈색이 돌고 다리를 쭉 뻗었다가 앉은 자세를 취한다. 그리고 얼마 지나지 않아 폴짝 뛰어오르고 해동된 다른 개구리들이 짝을 찾는 합창에 합류한다.

숲개구리에 대해 가장 많이 아는 사람은 캐나다 오타와 출신의 생화학자 켄 스토리Ken Storey이다. 똑똑하고 못 말리는 남자 켄은 1980년대 초부터 아내 재닛과 함께 숲개구리를 연구해오고 있다. 그는 동결을 견딜 수 있는 곤충을 연구하던 중 동료로부터 숲개구리의 경이로운 능력에 대한 이야기를 들었다. 그 동료는 연구에 쓸 개구리를 채집했는데 깜박 잊고 차 트렁크 안에 내버려두었다. 밤중에 예기치 않은 서리가 내리는 바람에 자고 일어나 보니 봉지 속의 개구리는 꽁꽁 얼어 있었다. 그날 연구실에서 몸이 녹은 개구리들이 다시 폴짝폴짝 뛰어다니는 것을 보고 얼마나 놀랐겠는가!

켄 스토리는 이야기를 듣는 즉시 흥미를 느꼈다. 살아 있는 조직을 얼리는 냉동보존술에 관심이 있었던 것이다. 냉동보존술에는 돈 많은 괴짜들이 나중에 치료받을 목적으로 비싼 값을 지불한다는 나쁜 이미지가 있긴 하다. 그러나 중요한 의학 연구 분야의 하나로서 여러 측면에서 획기적인 진전이 기대된다. 이미 정자와 난자의 냉동보존을 통해 생식 의학계에 일대 혁명을 일으킨 바 있다.

한 단계 더 나아가 인간의 대형 장기를 이식할 수 있는 방향으로 연구를 확장할 수 있다면 매년 수천 명의 목숨을 살릴 수 있는 일대 사건이 될 것이다. 오늘날 인간의 콩팥이 몸 밖으로 나왔을 때 보존 가능한 기간은 고작 이틀이고 심장의 경우에는 몇 시간에 불과하다. 따라서 장기 이식은 늘 촌각을 다투는 일이다. 궁합이 맞는 환자와 장기, 그리고 외과의사를 같은 수술실에 집합시키려면 시간이 부족하게 마련이다. 미국에서는 필요한 장기를 제때 구하지 못해 매일 십수 명이 목숨을 잃고 있다. 기증한 장기를 냉동한 후 '은행에 저장'했다가 나중에 살려내 이식할 수 있다면 성공률은 급속히 높아질 것이다.

하지만 현재로선 불가능한 일이다. 액체 질소를 이용하여 분당 600도라는 눈부신 속도로 조직 온도를 떨어뜨릴 수는 있으나 그것만으로는 부족하다. 대형 인간 장기를 냉동했다가 온전히 복원하는 방법은 아직 밝혀내지 못했다. 그러니 앞서 언급한, 한 사람 전체를 얼렸다가 복원하기란 여전히 요원하다.

그래서 켄 스토리는 냉동 개구리 이야기를 들었을 때 당장 연구해 봐야겠다고 마음먹었다. 개구리도 인간처럼 주요 장기가 있으므로 이렇게 새 방향으로 연구하다 보면 아주 괜찮은 결과가 나올지도 모른다. 인간이 자랑하는 기술 수준으로는 중요한 장기 하나 얼렸다가 복원할 수도 없는데, 한낱 개구리가 자신의 모든 장기를 거의 동시에 얼렸다가 복원하는 경이로운 마법을 부리고 있는 것이다. 밤중에 숲개구리를 찾아 남부 캐나다의 숲을 진흙투성이가 되도록 돌아다니면서 수년간 연구한 끝에 스토리는 죽음을 이기는 숲개구리의 비밀에 대하여 많은 것을 알게 되었다.

밝혀낸 내용은 이렇다. 기온이 어는점 가까이 떨어지는 것이 개구리 피부에 감지되면 몇 분 후에 피와 장기 세포에 있는 수분이 밖으로 밀려나기 시작하다. 밀려난 수분은 소변으로 배출되지 않는 대신 복부로 모인다. 이와 동시에 개구리의 간에서는 (개구리치고는) 엄청난 양의 포도당이 혈류로 방출되기 시작한다. 추가 분비되는 당 알코올에 힘입어 혈중 당분 수치가 100배 상승한다. 이 다량의 당분 덕택에 개구리의 혈류에 남아 있는 수분의 어는점이 크게 낮아진다. 결국 개구리는 설탕 덩어리 부동액으로 바뀌는 것이다.

물론 개구리 몸 전체에 아직 수분이 남아 있기는 하지만, 얼음 결정체에 의한 손상이 최소화되는 부분으로 강제 이송되었을 뿐만 아니라 이곳에서는 얼음 자체가 이로울 수도 있다. 얼어붙은 개구리를 해부해본 스토리는 개구리 피부와 다리 근육 사이에 샌드위치처럼 끼여 있는 평평한 얼음판을 발견했다. 그뿐만 아니라 개구리 장기 주변의 복강에도 큰 얼음덩어리가 있었다. 장기 자체는 수분이 많이 빠져 있어 마치 건포도처럼 쪼글져 보인다. 개구리는 자기 장기를 조심스럽게 얼음 위에 올려놓은 셈이다. 이식할 인간 장기를 운반할 냉각기에 얼음을 더 넣는 것과 크게 다르지 않다. 의사들은 장기를 꺼내 비닐봉지에 넣은 후 잘게 부순 얼음이 가득 든 냉각기에 그 봉지를 넣는다. 이렇게 하면 장기를 얼리거나 손상을 입히지 않고 최대한 차갑게 보존할 수 있다.

개구리의 피에도 수분이 있지만 당분 농도가 워낙 높아 어는점이 낮아질 뿐만 아니라 얼음 결정체가 생기더라도 워낙 작고 덜 뾰족해서 세포벽이나 모세혈관을 구멍 내거나 베는 일이 적다. 따라서 몸에 입히는 손상이 최소화된다. 그렇다고 손상을 완벽하게 예방할 수는 없지만, 개구리는 여기에도 대책을 마련해놓고 있다. 얼어붙은 채로 잠을 자는 동절기에 이 개구리는 피브리노겐이라는 응고 인자를 다량 생산한다. 피브리노겐은 어는 동안 기관이 손상될 경우 이를 치료해준다.

수분을 없애고 당분을 높여 추위에 대처하는 것은 포도가 하는 일이다. 개구리도 그렇게 한다는 것을 이제 알았다. 그렇다면 인간 중에도 누군가는 이런 방식으로 추위에 적응하지 않았을까?

바로 이러한 특징(수분의 과도한 제거와 고농도 혈당)이 있는 질병에 유전적으로 가장 취약한 사람들이, 약 1만 3000년 전에 갑작스럽게 찾아온 빙하기에 가장 많이 유린된 이들의 후손들이라면 이건 우연의 일치일까?

가설로는 뜨거운 논쟁의 대상이지만, 당뇨병 덕분에 유럽 조상들이 어린 드라이아스의 갑작스러운 추위를 이겨냈을 가능성이 있다.

어린 드라이야스가 시작되면서 추위를 이겨낼 수 있도록 적응된 형질이 있다면, 평소에는 아무리 불리하다 할지라도, 이는 어른이 될 때까지 살아남느냐 아니면 어려서 죽느냐를 좌우했을 것이다. 이를테면 사냥꾼 반응이 있는 사람은 동상에 걸릴 가능성이 적기 때문에 음식을 구하는 데 유리할 것이다.

어떤 소집단 사람들은 추위에 이와 다른 반응을 보였다고 해보자. 1년 내내 아주 춥다 보니 인슐린 공급 속도가 느려지면서 혈당이 조금 올랐다 치자. 그 결과 숲개구리와 마찬가지로 혈액의 어는점이 낮아졌을 것이다. 몸 안의 수분을 낮추기 위해 자주 소변을 보았다(최근 미육군의 연구에 따르면 추운 날씨에 탈수증에 걸리면 거의 해를 입지 않는다고 한다). 이 사람들이 혈액 속에 과다 공급된 당분을 갈색지방으로 태워 열을 냈다고 치자. 한술 더 떠서, 특히 혹독한 추위로 인한 조직 손상을 치료할 수 있는 응고 인자까지 만들어냈다고 해보자. 그렇다면 이들은 다른 사람들보다 훨씬 유리할 거라는 점은 쉽게 짐작할 수 있다. 특히 숲개구리와 마찬가지로 생식 연령에 도달할 때까지만 살아남을 수 있는 정도로 당분 급증이 일시적인 현상일 경우에 그렇다.

이 같은 가설을 감질나게 뒷받침하는 증거는 여기저기 있다.

어는점에 가까운 온도에 노출된 쥐는 자기 몸의 인슐린에 내성을 갖게 된다. 추위에 대한 반응으로 당뇨화된 것이다.

한대 지역에서는 날씨가 더 추운 계절에 당뇨병에 걸리는 경우가 많다. 북반구에서라면 6~9월보다는 11~2월에 당뇨병이 더 많아진다는 뜻이다.

늦가을에 기온이 떨어지기 시작하면 어린이들이 제1형 당뇨병에 가장 많이 걸린다.

얼음으로 손상된 숲개구리 조직을 치료하는 응고 인자 피브리노겐도 신기하게도 겨울철에 인간에게 많아진다. (추운 날씨가 중풍의 중요한 위험 인자라는 것을 미처 알아차리지 못했으나 이제 학계에서도 인식하고 있다.)

당뇨병이 있는 28만 5705명의 참전 용사들의 혈당 수치가 계절마다 어떻게 다른지 측정해보았다. 그 결과 겨울철에는 혈당 수치가 크게 높아진 반면 여름철에는 바닥을 친 것으로 나타났다. 특히, 계절 간 기온 차가 큰 한대 지역 사람들에게서 하절기와 동절기 혈당 수치의 차가 컸다. 결국 당뇨병은 추위와 깊은 관련이 있는 것으로 보인다.

지금으로서는 제1형 또는 제2형 당뇨병에 걸리기 쉬운 소질이 추위에 대한 인간의 반응과 관련이 있다고 확언할 수 없다. 그러나 오늘날 해로울 개연성이 있는 유전형질이 과거에는 조상들이 살아남아 자손을 증식하는 데 도움을 주었음에 틀림없는 예(혈색증과 흑사병)가 있다. 오늘날 요절의 원인이 되는 질병이 왜 유익하다는 것인지 의아하겠지만, 그것만으로는 전체 그림을 다 볼 수 없다.

진화란 경이로운 과정이지만 완벽하지는 않다는 점을 잊지 말아야 한다. 적응이란 대개 일종의 타협이다. 좋은 쪽으로 발전하는 경우도 있지만 부담이 되기도 한다. 공작새는 눈부시게 아름다운 꼬리 덕분에 암컷에게 매력을 발산하지만 이 때문에 더 쉽게 천적의 눈에 띈다. 인간은 직립보행이 가능하고 큰 뇌를 담을 수 있는 두개골이 있지만, 이러한 골격구조로 인해 태아의 머리가 엄마의 산도를 빠져나오기 힘들다. 자연선택은 특정 식물이나 동물을 '개선'하는 적응을 선호하는 게 아니라, 현재 환경에서 어떡하든 생존 가능성을 높이려 한다. 새로운 전염병이나 천적, 빙하기 또는 현재 상황의 갑작스러운 변화로 개체 전체가 전멸할 위험에 처하는 경우가 있다. 이럴 때 자연선택은 생존 가능성을 높이는 형질로 직행한다.

한 기자로부터 당뇨병 이론을 들은 의사는 "농담합니까? 제1형 당뇨병은 중증 산도증을 야기해 이 경우 환자가 조기 사망합니다"라며 반발했다.

틀린 말은 아니다. 지금은 그렇기 때문이다.

하지만 빙하기 환경에서 살면서 갈색지방으로 아주 많은 사람에게 한시적 당뇨병 같은 질병이 생겼다면 어떨까? 음식이 많지 않았을 테니 음식 섭취로 인한 혈당량은 낮았을 것이고 갈색지방이 혈당을 대부분 열로 바꿀 테니 빙하기 '당뇨병' 혈당은 인슐린이 적더라도 위험한 수준까지는 절대 도달하지 않았을 것이다. 반면, 현대인은 갈색지방이 거의 없고 계속되는 추위에도 거의 노출되지 않는다. 당뇨병 때문에 혈액에 쌓이는 당분은 거의 쓸모가 없고 이것의 배출구도 없다. 실제로 중증 당뇨병 환자는 체내에 인슐린이 충분하지 않으면 아무리 많이 먹어도 배가 고프다.

캐나다 당뇨병협회는 켄 스토리의 경이로운 냉동 개구리 연구에 자금을 지원했다. 당뇨병과 어린 드라이야스 간에 확실한 관련이 없다 하더라도 고혈당에 대한 생물학적 해결책을 자연에서라도 찾아보자는 취지였다. 숲개구리같이 추위에 강한 동물은 고혈당으로 인한 부동 성질을 이용해 살아남는다. 이런 동물이 고혈당 합병증을 이겨내는 기술을 연구하면 당뇨병 치료법을 발견할 수 있을지도 모른다. 극한에 적응한 식물과 미생물이 생산하는 분자를 통해서도 마찬가지 결과를 기대할 수 있다.

따라서 상관관계를 무시하기보다는 호기심을 갖고 연구해보아야 할 것이다. 당뇨병과 설탕, 수분, 추위, 여기에는 연구해볼 만한 상관관계가 참으로 많다.

제 3 장

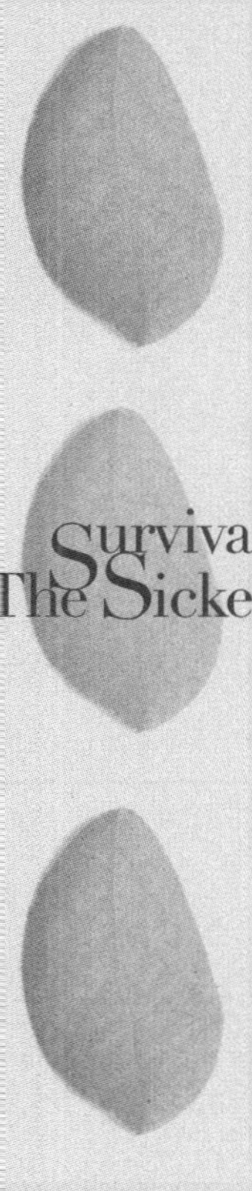

콜레스테롤의 딜레마

SURVIVAL OF THE SICKEST

아파야 산다

다방면에 걸친 인간과 태양의 관계는 잘 알려져 있다. 초등학교 때 누구나 배우듯이 지구상의 모든 생태계는 햇빛을 충분히 받느냐 그렇지 않느냐에 그 운명이 좌우된다. 식물이 산소를 만들어내는 광합성 작용부터가 그렇다. 광합성 작용이 일어나지 않으면 먹을거리도, 숨 쉴 공기도 없을 것이다. 한편 지난 몇 십 년간 많이 알려졌듯이 햇빛이 너무 많아도 해로울 수 있다. 가뭄으로 환경이 황폐해지고, 개인에게는 치명적인 피부암을 일으킬 수 있기 때문이다.

반면, 이에 비해 잘 알려져 있지 않은 것이 있다. 생화학적 차원에서도 인간과 태양이 실로 중요한 양방향 관계에 있다는 점이다. 햇빛은 인체의 비타민D 생성을 돕는 동시에 체내에 저장된 엽산을 파괴한다. 비타민D와 엽산은 둘 다 건강에 필수 요소이다. 있어도 곤란하고 없어도 곤란한 이 딜레마를 해결하기 위해 여러 개체군에서는 엽산을 보호하면서도 비타민D가 충분히 생성되도록 여러 가지 복합적인 적응 형태를 진화시켰다.

비타민D는 인체 생화학의 필수 요소이다. 특히 어린이 뼈가 잘 발육하고 어른 뼈가 건강하게 보존되도록 하며, 혈액 내 칼슘과 인의 양을 충분히 유지시킨다. 새로운 연구결과에 따르면 비타민D는 심장과 신경 계통, 혈액 응고 과정, 면역체계가 제대로 기능하는 데에도 필수인 것으로 밝혀지고 있다.

비타민D가 부족하면 성인은 골다공증, 어린이는 구루병에 걸리기 쉽다. 구루병에 걸리면 뼈가 제대로 발육되지 않고 변형된다. 비타민D 결핍은 각종 암에서 당뇨병, 심장병, 관절염, 건선, 정신병 등 수십 가지 질병의 원인이다. 20세기 초, 비타민D 결핍과 구루병의 인과관계가 알려진 이후 미국산 우유에는 비타민D가 강화되었다. 그 결과 미국 내에서 구루병이 거의 퇴치되었다.

그러나 비타민D를 얻기 위해 꼭 이 성분을 보강한 우유를 마셔야 하는 건 아니다. 비타민D는 대부분의 다른 비타민과는 달리 체내에서 만들어질 수 있다(일반적으로 비타민은 동물의 생존에 필요하나 몸 밖에서만 얻을 수 있는 유기 화합물이다). 체내 비타민D는 콜레스테롤을 변환시켜 만든다. 최근 콜레스테롤은 햇빛처럼 피해야 할 것으로 인식되고 있지만 사실 생존에 100퍼센트 필요한 성분이다.

콜레스테롤은 세포막 형성과 유지에 필수이다. 뇌의 신호 발송 기능을 돕고 면역 시스템이 암 등의 질병을 예방할 수 있게 해준다. 에

스트로겐, 테스토스테론 등 호르몬의 주원료이며, 체내 생성되는 비타민D의 필수 성분이기도 하다. 이 화학과정에 햇빛이 꼭 있어야 한다는 점에서 광합성과 비슷하다.

햇빛 중 특정 파장을 피부에 쪼이면 콜레스테롤이 비타민D로 변환된다. 이때 필요한 자외선 B 또는 UVB는 보통 태양이 바로 머리 위에 있는 정오경부터 몇 시간 동안 가장 강력하게 내리쬔다. 적도에서 멀리 떨어진 지역은 겨울철에 UVB가 거의 도달하지 않는다. 다행히도 인체는 비타민D 생산 효율이 매우 높아서, 햇빛을 충분히 쬐고 콜레스테롤이 넉넉하면 어두운 시기를 나기에 충분한 비타민D를 문제없이 축적할 수 있다.

혹시 콜레스테롤 수치를 점검한다면 그 시기가 어느 계절인지 확인하기 바란다. 햇빛에 의해 콜레스테롤이 비타민D로 변환되는 점을 감안하면 겨울철에는 콜레스테롤 수치가 높을 개연성이 있다. 계속 콜레스테롤을 만들고 섭취하더라도 겨울철에는 이를 비타민D로 변환할 햇빛이 상대적으로 적기 때문이다.

햇빛차단제는 피부를 태우는 자외선을 차단하는데 재미있게도 비타민D를 만드는 데 필요한 자외선도 차단해버린다. 호주에서는 최근 "선글라스, 선크림, 모자 필수Slip-Slop-Slap"라는 피부암 예방 운동을 전개했는데 뜻하지 않은 결과를 낳고 말았다. 햇빛 노출이 줄어든 대신 비타민D 결핍이 증가했다. 반면 태닝을 할 경우 비타민D 결핍을 호전시킬 수 있다는 점이 밝혀졌다. 크론병에 걸리면 소장에 심한 염증이 수반된다. 그러면 무엇보다 비타민D 등의 영양소가 제대로 흡수되지 않는다. 크론병 환자들은 대부분 비타민D가 결핍되어 있다. 요즘에는 환자의 비타민D를 정상 수치로 회복시키기 위해 주 3회 6개월간 UVB 태닝 기계 이용을 처방한다.

엽산도 비타민D 못지않게 인간의 생명에 중요하다. 엽산의 '엽葉'은 '잎'을 뜻하는 한자로, 시금치와 양배추 같은 푸른 잎에 가장 풍부하다 하여 그런 이름이 붙었다. 엽산은 체내 세포가 분열할 때 DNA 복제를 돕기 때문에 세포 성장 체계에 필수다. 그렇다 보니 인간이 가장 빠른 속도로 자랄 때, 특히 임신중에 매우 중요하다. 임신부에게 엽산이 크게 부족하면 태아는 척추 피열 등 심각한 결함을 안고 태어날 위험이 크다. 척추 피열은 마비가 자주 생기는 척추 기형이다. 앞서 언급했지만, 자외선은 체내 엽산을 파괴한다. 1990년대 중반 아르헨티나에서는 임신중에 실내 태닝 기계를 이용한 건강한 여성 세 명이 신경관 결함이 있는 아기를 출산했다고 어느 소아과 의사가 보고한 바 있다. 과연 우연의 일치일까? 아마 아닐 것이다.

엽산은 물론 임신 기간이 아니더라도 중요하다. 엽산 부족은 빈혈과도 직접적인 연관이 있다. 엽산이 적혈구 세포 생성을 돕기 때문이다.

피부는 인체의 최대 장기라는 말을 들어봤을 것이다. 피부는 면역·신경·순환 시스템, 신진대사와 관련된 중요한 기능을 담당하는 엄연한 장기이다. 체내에 저장된 엽산을 보호할 뿐만 아니라 비타민D 제조의 핵심 과정이 진행되는 곳도 바로 피부 속이다.

인간의 다양한 피부색은 짐작하다시피 노출된 햇빛의 양과 연관이 있다. 검은 피부는 햇볕에 타지 않기 위해 그리고 엽산 손실을 막기 위해 적응된 형태이다. 피부색이 검을수록 흡수되는 자외선이 줄어든다.

피부색은 체내에서 만들어지는 빛 흡수 전문 색소 멜라닌의 양과 종류에 따라 결정된다. 멜라닌은 적색 또는 갈색 피오멜라닌과 갈색 또는 검정색 유멜라닌 등 두 가지가 있으며 멜라노사이트라는 세포에 의해 만들어진다. 인간의 멜라노사이트 수는 누구나 거의 같다. 피부색의 차이는 첫째, 이 작은 멜라닌 공장의 생산성, 둘째, 이 공장에서 생산되는 멜라닌의 종류에 따라 결정된다. 예를 들어 아프리카인은 대부분 북유럽 사람들에 비해 멜라닌이 몇 배는 많이 생산되고 그중 대부분은 갈색이나 검은색 유멜라닌이다.

멜라닌은 머리카락과 눈 색깔도 결정하는데 멜라닌이 많을수록 검어진다. 알비노인의 피부가 우유처럼 하얀 것은 효소 결핍으로 멜라닌이 거의 생산되지 않기 때문이다. 알비노인은 눈이 보통 분홍색 아니면 붉은색이다. 홍채에 색소가 없어서 눈 뒤에 있는 망막의 혈관이 보이기 때문이다.

잘 알려진 대로 피부색은 햇볕에 노출되면 어느 정도 바뀐다. 이 반응을 일으키는 것은 뇌하수체이다. 자연스러운 상황에서는 태양에 노출되는 즉시 뇌하수체에서 멜라노사이트 촉진 호르몬이 생성되고 멜라노사이트는 멜라닌을 집중 생산하기 시작한다. 안타깝게도 이 과정은 방해를 받기 쉽다. 뇌하수체는 시신경을 통해 정보를 받는다.

시신경이 햇빛을 감지하면 뇌하수체에게 멜라노사이트를 작동시키라는 신호를 보내는 것이다. 그런데 선글라스를 끼고 있다면 어떻게 될까? 시신경에 도달하는 햇빛이 크게 줄어든다. 따라서 뇌하수체에 보내는 경고도, 멜라노사이트 자극 호르몬 분비도, 멜라닌 생산량도 덩달아 크게 줄어든다. 따라서 햇볕에 더 많이 타게 된다. 혹시 바닷가에서 선글라스를 쓴 채 이 책을 읽고 있다면 지금 당장 벗는 편이 피부에 이롭다.

조상들이 살았던 기후에서는 태닝을 하면 계절에 따라 달라지는 햇빛에 대처하는 데 도움이 된다. 그러나 스칸디나비아 사람이 적도에 있다면 별로 보호받지 못한다. 선천적인 태닝 능력이 거의 없는 상태에서 열대의 태양에 보호 장치 없이 정기적으로 노출되면 중증 화상, 조기 노화, 피부암은 물론 엽산 결핍 등 각종 문제에 취약해 치명적인 결과를 낳는다. 미국에서는 매년 6만 명 이상이 흑색종이라는 심한 피부암에 걸린다. 유럽계 미국인이 흑색종에 걸릴 확률은 아프리카계 미국인에 비해 10~40배나 높다.

인간은 진화 과정을 거치면서 아주 밝은 색 피부를 얻었을 테고 그 위에 거칠고 검은 털이 덮여 있었을 것이다. 그러다 털이 없어지면서 아프리카의 강력한 태양에서 쏟아지는 자외선에 피부가 많이 노출되자 건강한 아기 출산에 필요한 엽산 저장분이 위협을 받았다. 따라서 빛을 흡수하고 엽산을 보호해주는 멜라닌이 많은 검은색 피부가 선호되었다.

일부 개체군이 햇빛의 빈도와 강도가 덜한 북쪽으로 이동함에 따라, UVB 흡수를 차단하도록 '설계된' 검은색 피부 기능이 지나치게 작동한 나머지 탈이 났다. 이제 엽산 손실은 막을 수 있게 되었지만 대신 비타민D 생성도 차단되고 만 것이다. 비타민D를 충분히 만들려면 그나마 있는 햇빛을 최대한 활용해야 했기 때문에 흰 피부에 대한 새로운 진화 압력이 생겨났다. 권위 있는 과학 잡지 〈사이언스〉에 실린 최근 논문에서는 심지어 피부가 흰 사람들을 유멜라닌 다량 생성 능력을 잃어버린 검은 피부의 변종이라고 주장했다.

우윳빛 흰 피부와 주근깨가 특징인 빨강 머리 사람들은 같은 맥락에서 한술 더 뜬 변종인지도 모른다. 영국 일부 지역처럼 햇빛이 자주 안 비치고 약한 곳에서 살아남기 위해 인간은 갈색이나 검은색 색소인 유멜라닌을 생성하는 능력을 완전히 없애버리는 방향으로 진화했을지도 모른다.

2000년, 니나 G. 야블론스키Nina G. Jablonski라는 인류학자와 조지 채플린George Chaplin이라는 지리 컴퓨터 전문가는 각자의 전공 분야를 합쳐(결혼하여 인생도 이미 합친 뒤) 피부색과 햇빛의 연관성을 도표로 작성했다. 구름 한 점 없는 하늘처럼 선명한 결과가 나왔다. 같은 장소에 500년 이상 머물렀던 개체군은 피부색과 햇빛 노출 사이에 거의 일정한 상관관계가 있는 것으로 밝혀졌다. 이들은 특정 개체군의 피부색과 연간 자외선 노출 사이의 관계를 표현하는 방정식까지 만들었다. (도전해보고 싶은 분들을 의해 소개하면 W=70-AUV/10이다. W는 상대적 백색도, AUV는 연간 자외선 노출을 나타낸다. 70이라는 숫자는 UV에 전혀 노출되지 않아 피부가 최대한 흰 개체군을 가정할 때, 이 개체군은 받은 빛의 70퍼센트를 반사한다는 연구결과에 따른 것이다.)

이들의 결과가 흥미로운 점은 또 있다. 인간의 유전자 풀은 개체군이 한 기후에서 다른 기후로 이주한 지 1000년 이내에 후손들의 피부색이 엽산을 보호하기에 충분하도록 검어지거나, 비타민D 생산을 극대화하도록 하얘질 수 있는 유전자를 보유한다고 한다.

야블론스키와 채플린 방정식에는 한 가지 주목할 만한 예외가 있다. 그런데 이 예외 역시 규칙을 증명한다. 북극 인근 원주민인 이누이트족은 집에 햇빛이 많이 들지 않음에도 불구하고 피부가 검다. 뭔가 이상하지 않은가? 이들이 비타민D를 충분히 만들 수 있도록 흰 피부를 진화시킬 필요가 없는 이유는 허무할 정도로 간단하다. 지방이 풍부한 생선을 많이 먹기 때문이다. 고지방 생선은 비타민D로 빼곡히 들어찬 유일한 자연 음식이다. 이누이트족은 아침, 점심, 저녁으로 비타민D를 섭취하므로 따로 만들 필요가 없다. 구세계 출신인 할머니께서 대구 간유를 억지로 먹이는 까닭도 이와 마찬가지다. 대구 간유는 비타민D가 풍부하여, 특히 비타민 D를 보충한 우유가 나오기 전까지는 최선의 구루병 예방책 중 하나였다.

어떤 사람들은 검은 피부로 인해 자외선이 다 차단되는데도 어떻게 비타민D를 충분히 만들어낼까? 여기서 상기할 점은 엽산을 파괴할 뿐만 아니라, 비타민D를 만드는 데에도 필수인 요소가 바로 피부를 통과하는 자외선이라는 점이다. 검은 피부는 엽산을 보호할 목적으로 진화되었지만, 비타민D를 빨리 생산해야 할 때 엽산 보호 장치를 꺼버릴 수 있는 스위치까지 진화시키지는 못했다. 따라서 피부가 검은 사람들은 화창한 기후에서 살아도 문제가 생긴다. 자외선에 아무리 노출되어도 엽산을 보호하는 피부색 때문에 비타민D 축적이 불가능하기 때문이다.

다행스럽게도 진화란 워낙 영리해서 그것도 다 계산에 넣었다. 검은 피부 개체군의 유전자 풀에 아폴리포프로틴E apolipoprotein E: ApoE4라는 꼬마 녀석을 위한 공간을 남겨둔 것이다. ApoE4가 하는 일이 짐작되시는지? 바로 혈액을 통해 흐르는 콜레스테롤 양을 늘리는 일이다. 비타민D로 변환할 수 있는 콜레스테롤이 많아지다 보니 피부가 검은 사람들은 적으나마 피부에 스며든 햇볕을 최대한 활용할 수 있게 되었다.

이들보다 훨씬 북쪽에서 적응을 거치지 못한, 피부가 흰 유럽인에게도 비슷한 문제가 생긴다. 풍부한 햇빛이 대부분 차단되는 문제는 없는 대신, 흰 피부의 이점을 활용하더라도 비타민D를 만들기에는 햇빛이 턱없이 부족하다는 것이다. 물론 ApoE4는 북유럽 전역에 흔한데 북쪽으로 갈수록 더 많아진다. ApoE4 유전자가 있으면 아프리카인처럼 콜레스테롤 수치가 높게 유지된다. 따라서 이 유전자를 보유한 사람은 비타민D로 변환할 수 있는 콜레스테롤의 양을 극대화함으로써 부족한 자외선 노출을 상쇄할 수 있다.

물론 진화란 늘 그렇듯이, ApoE4가 좋기만 한 것은 아니다. ApoE4 유전자는 여분의 콜레스테롤을 동반하여 심장병과 뇌졸중 위험을 높인다. 백인들은 알츠하이머 발병 위험도 높다.

철분 과적과 당뇨병이 그렇듯이 어느 한 세대에서는 진화적 해결책이었던 것이 다른 세대에서는 진화적 문제가 되기도 한다. 특히 진화를 통해 적응한 환경에서 인간이 더이상 살지 않을 때 더욱 그러하다. (환경 방어가 환경 위험으로 변한 사례는 멀리 갈 것도 없이 코에서 찾을 수 있다. 어두운 곳에 있다가 밝은 빛에 노출될 때 걷잡을 수 없이 재채기가 나는 '장애'가 있다. 'autosomal dominant compelling heliooptthalmic outburst syndrome'이라는 이름도 긴 증후군인데 머리글자만 따서 발음이 재채기 소리 비슷한 ACHOO〔아추〕 증후군이라고 한다. 과거에 조상들이 대부분의 시간을 동굴에서 보낸 시절에는 이런 반사 작용이 코나 상부 호흡관에 들어붙은 곰팡이나 미생물을 정리하는 데 도움이 되었다. 물론 오늘날에는 어떤 사람이 차를 운전하다가 어두운 터널을 지나 밝은 태양 아래로 나왔는데 재채기를 해댄다면 '아추'는 도움이 되거나 재미있기는커녕 아주 위험할 것이다.) 이 밖에 새로운 환경이 오랜 적응에 미치는 영향의 예를 살펴보기에 앞서, 다른 개체군이 환경 요인이 아닌 문화에 의해 다양한 진화 경로를 택하는 예를 살펴보자.

아시아인 후손 중 두 명에 한 명은 술을 마시면 심장박동이 빨라지고 체온이 상승하며 얼굴이 발갛게 변한다. 본인은 그렇지 않더라도 아시아계 사람들이 자주 드나드는 술집에 가 보면 이러한 모습을 볼 수 있을 것이다. 이를 아시아 홍조 또는 알코올 홍조 반응이라고 한다. 전체 아시아인의 절반가량에서 나타나지만 기타 개체군에서는 흔치 않다. 과연 어떤 사연이 있는 걸까?

알코올을 섭취하면 체내에서 이를 해독해 열량을 뽑아낸다. 각종 효소와 여러 장기가 동원되는 이 복잡한 과정은 대부분 간에서 일어난다. 먼저 알코올 탈수소효소가 알코올을 아세트알데히드로 변환하고, 아세트알데히드 탈수소효소라는 똑똑한 이름의 다른 효소가 아세트알데이드를 아세테이트로 변환한다. 그다음, 제3의 효소가 아세테이트를 지방, 이산화탄소, 물로 변환한다(알코올에서 합성된 열량은 보통 지방으로 저장된다. 그래서 맥주를 많이 마시면 배가 나온다).

아시아인 중에는 변종 유전자ALDH2*2를 가진 사람이 많다. 이 유전자가 생성하는 아세트알데히드 탈수소효소는 강도가 약하다. 즉 알코올의 제1차 부산물인 아세트알데히드를 아세테이트로 변환하는 능력이 떨어진다. 아세트알데히드는 알코올에 비해 독성이 서른 배나 강하다. 미량으로도 지독한 반응이 일어날 수 있는데 그중 하나가 홍조다. 물론 이뿐만이 아니다. ALDH2*2 변종인 사람은 술을 한 잔만 마셔도 아세트알데히드가 쌓여 술 취한 것처럼 보이고 얼굴과 가슴, 목 부위에 피가 몰린다. 어지럼증과 극심한 메스꺼움이 시작되면서 지독한 숙취의 길로 직행한다. 물론 좋은 점도 있다. ALDH2*2가 있는 사람은 알코올 중독에 빠질 염려가 거의 없다. 음주 자체가 고역이기 때문이다!

이러한 점에 착안하여 알코올 중독 환자에게 ALDH2*2 효과를 내는 디술피람이라는 약물을 처방하는 경우가 많다. 디술피람(제품명: 안타부스Antabuse)을 복용하면 체내 아세트알데히드 탈수소효소가 제대로 공급되지 않는다. 따라서 이 약물을 복용하면서 술을 마시는 사람은 아시아 홍조 증세를 보이면서 음주 자체가 괴로워진다.

그렇다면 왜 ALDH2*2 변종은 아시아인에게 흔한 반면 유럽인에게는 없다시피 하는 걸까? 그 이유는 깨끗한 물과 관련이 있다. 도시와 마을에 정착하기 시작한 인류는 위생 및 폐수 관리 문제에 맞닥뜨렸다. 오늘날에도 도시를 괴롭히는 문제인지라, 당시에는 현대식 수도관은 생각조차 할 수 없었다. 따라서 깨끗한 물을 얻기란 매우 어려운 일이었고 문명권마다 이를 해결하기 위해 나름의 방안을 마련했다. 유럽에서는 발효를 활용했다. 발효로 생긴 알코올로 세균을 죽인 것이다. 알코올을 물과 섞은 경우가 많았는데 이때도 살균 효과가 있었다. 지구 반대편에서는 물을 끓이고 차를 만드는 정수 방식을 사용했다. 그 결과 유럽에서는 알코올을 마신 후 분해하여 해독하는 능력을 갖추도록 진화 압력이 진행된 반면 아시아에서는 그러한 압력이 훨씬 적었다.

그건 그렇고 특정 유전적 변종들이 즐길 수 있는 음료가 있다. 라테를 마시거나 아이스크림콘을 먹으면서 이 책을 읽는 사람은 변종이다. 전 세계 성인 중 대다수는 우유를 마시면 매우 불쾌한 소화 반응을 겪는다. 젖을 떼고 나면 우유의 주요 당 화합물인 락토스를 소화시키는 데 필요한 효소가 더는 생성되지 않는다. 락토스 과민증의 특성인 부종, 경련, 설사 등을 동반하지 않고 우유를 마실 수 있다면 운 좋은 변종이다. 아마 동물 젖을 마신 농부의 자손일 것이다. 자손 중에 락타아제라는 락토스 분해 효소를 어른이 되어도 계속 생산하도록 하는 변종이 나타나 공경 집단에 퍼지다가 당신의 게놈에 안착한 것이다.

피부가 검은 아프리카계 후손들은 콜레스테롤을 더 많이 생산하게 하는 유전자를 갖고 있을 확률이 다른 인종보다 훨씬 높다. 피부가 흰 북유럽계 후손들은 철분 과적과 제1형 당뇨병 소질을 갖고 있을 확률이 다른 인종보다 훨씬 높다. 아시아계 후손들은 알코올을 제대로 분해하지 못할 확률이 다른 인종보다 훨씬 높다. 이것은 '인종적' 차이일까?

쉽게 답할 수 있는 질문은 아니다. 우선 '인종'의 의미에 대해서조차 의견이 분분하다. 유전 차원에서 본다면 피부색은 인종의 잣대로는 믿을 만하지 못하다. 새 환경으로 이주한 개체군의 피부색이 자외선 노출에 적응하기 위하여 바뀐 사례를 이미 살펴본 바 있다. 최근 유전학 연구결과도 이를 뒷받침한다. 일반 유전학 관점에서 보자면 북아프리카인은 피부색이 검지만 역시 피부색이 검은 다른 아프리카인보다는 피부가 흰 남유럽인들에게 더 가까울 것이다.

반면 많은 유대인은 흰 피부에 금발, 푸른 눈 아니면 어둡고 검은 머리에 갈색 눈 등 외모는 제각각이지만 뚜렷한 유전적 유산을 공유하고 있다. 이 점 역시 최근 연구로 뒷받침되었다. 유대인들은 특정 종교 전통을 보존하기 위해 성경의 어떤 지파로부터 내려왔는가를 기준으로 스스로를 세 집단으로 분류한다. 예컨대 코하님Cohanim은 최초 제사장인 모세의 형 아론에게 뿌리를 둔 제사장 지파의 후손들이다. 레위Levites는 성전의 전통적 왕자인 레위 지파의 후손들이다. 다른 열두 개 지파의 후손들은 그냥 유대인Israelites이라고 한다.

최근 코하님 대집단의 DNA를 유대인 대집단의 DNA와 비교해본 결과, 이들이 전 세계에 흩어져 있음에도 불구하고 유전 표지는 몇몇 남성에게서 내려온 것이 거의 틀림없을 정도로 뚜렷하다는 놀라운 사실이 밝혀졌다. 거주지는 아프리카, 아시아, 유럽 등 다양하고 외모 역시 흰 피부에 푸른 눈에서 검은 피부에 갈색 눈에 이르기까지 다양했지만 대부분의 Y염색체 표지는 매우 비슷했다. 논란을 불러일으킨 이 자료를 통해 코하님 유전자의 시조가 살아 있던 시점까지 추산해보니 3180년 전이라고 한다. 출애굽 시점과 예루살렘의 최초 성전이 파괴된 시점 사이로, 정확히 말하면 아론이 이 땅에 살고 있었을 때에 해당한다.

권위 있는 학술지 〈네이처 저네틱스〉는 최근 논설을 통해 "유전자형 분석으로 밝혀진 개체군은 피부색이나 스스로 밝힌 인종으로 파악할 수 있는 것보다 많은 지식을 제공하는 것 같다"는 의견을 피력했다. 지당한 말이다. 뚜렷이 구분되는 '인종'의 존재 여부를 신경 쓰기보다는 알고 있는 것에 집중하여 이를 의학 발전에 활용하자는 것이다. 우리는 뚜렷한 개체군이 뚜렷한 유전적 유산을 확실히 공유하고 있다는 점을 알고 있다. 이는 조상들이 전 세계에 걸쳐 정착과 재정착을 거듭하는 가운데 여러 진화 압력을 겪었기 때문일 가능성이 매우 높다.

근대 인류가 약 25만 년 전에 아프리카에서 진화했다는 점은 현재 주류 학계에서 이견이 없다. 이 가설에 따르면 인류는 아프리카에서 지금의 중동을 향해 북쪽으로 이주했다. 그중 일부는 오른쪽으로 이동해 인도, 아시아 해안을 거쳐 태평양 군도에 자리 잡았다. 다른 집단은 왼쪽으로 이동해 중부 유럽 전역에 정착했다. 계속 북쪽으로 이동해서 중앙아시아 전역으로 나아간 사람들도 있었고, 보트를 타거나 얼음을 다리 삼아 건너 그 세상 꼭대기를 넘어 남북 아메리카로 간 사람들도 있었다. 이 같은 이주는 최근 10만 년 사이에 일어났을 것이다. 물론 아직 확실한 것은 아니다. 인류가 여러 장소에서 진화했을 가능성, 유인원의 여러 집단과 네안데르탈인이 근친교배를 했을 개연성도 있다.

진실이 무엇이든 확실한 것은 인류가 진화하면서 여러 인간 집단이 열대 전염병에서 갑작스러운 빙하기, 전 지구적인 역병에 이르기까지 각자 크게 다른 상황에 처했다는 점이다. 이 어려운 제반 상황에 따른 진화 압력은 오늘날 개체군 사이에서 찾아볼 수 있는 차이점을 충분히 설명할 수 있을 정도로 강력했을 것이다. 그 범위는 너무나 넓다. 한 예로 두개골 모양은 해당 개체군이 처한 기후에 따라 열을 효과적으로 보관했다가 방출하는 장치로 진화했는지도 모른다.

옷을 입더라도 어느 정도 노출되는 부위인 팔뚝과 다리에 무성한 털은 모기가 옮기는 말라리아에 걸리지 않기 위한 방편이었는지도 모른다. 더위로 인해 두터운 체모가 진화하지 않은 아프리카를 제외하고, 무성한 털은 말라리아가 가장 흔한 지역인 동지중해 유역, 남이탈리아, 그리스, 터키 등지에서 주로 나타난다. 대신 아프리카 사람들은 겸상적혈구빈혈증에 걸리기 쉽다. 곧 다루겠지만 겸상적혈구빈혈증이 있는 사람의 경우 말라리아가 어느 정도 예방된다.

또 한 가지 기억할 점은 이주의 관점에서 인류는 지난 500년간 특급열차를 타고 있었다. 세계 여러 지역 사람들이 만나 결혼하다 보니 뚜렷한 유전적 특징이 흐려지는 결과를 낳았다. 개체군은 항상 인근 개체군과 유전물질을 섞으려는(즉 아기를 만들고자 하는) 습성이 있다. 그러한 유전적 혼합은 이제 전 세계적으로 일어나고 있다. 실제로 인류 개체군 전체로 보면 이미 통념보다 훨씬 더 많이 혼합되어 있다는 점이 유전 검사로 밝혀지고 있다. 하버드 대학교 아프리카인/아프리카계 미국인 연구 학과장인 헨리 루이스 게이츠Henry Louis Gates 박사를 예로 들어보자. 게이츠 박사는 흑인이지만 자신과 가족이 오랫동안 믿어온 바에 따르면 그들의 먼 조상 중 최소한 한 명은 흑인이 아니었다. 아마도 그의 고조할머니와 관계를 맺었을 것으로 추측되는 예전 노예 주인이 그 주인공일 것이다. 그후 유전 검사 결과 게이츠 박사는 그 노예 주인과는 아무런 관련이 없으나, 그의 유전 유산의 50퍼센트는 유럽인이 물려준 것으로 밝혀졌다. 조상의 반이 백인인 것이다.

마지막으로, 상황만 적절하면 강력한 진화 압력에 의해 불과 한두 세대 안에 특정 형질이 개체군의 유전자 풀에 드나들 수 있다는 점을 염두에 두어야 한다.

특정 유전자 풀에서 비교적 빠른 변화가 일어날 수 있다는 점을 지난 500년간의 빠른 이주와 결부해 생각하면, 독특한 유전형질이 있는 개체의 하부집단이 꽤 빠른 속도로 출현할 거라는 점을 이해할 수 있다. 논란의 여지가 있는 가설이지만, 미국 역사에서 부끄러운 기간을 들여다봄으로써 아프리카계 미국인 가운데 고혈압 비율이 높은 이유를 설명해보겠다.

고혈압은 특히나 조용히 진행되는 질병이다. 말기 신부전을 일으키는 원인 중 25퍼센트를 차지하지만 특별히 눈에 띄는 증상이 없는 경우가 많다. 그래서 고혈압을 '소리 없는 살인자'라고들 한다. 고혈압은 다른 미국인들에 비해 아프리카계 미국인들에게 두 배가량 많이 발생한다. 이 사실을 1930년대 처음으로 발견한 의사들은 흑인들이 모두 고혈압에 쉽게 걸리는 체질이라고 잘못 생각했다. 그러나 아프리카에 사는 흑인들의 고혈압 비율은 미국의 아프리카계 후손들과 다르다. 이를 어떻게 설명할 수 있을까?

염분 때문에 혈압이 상승할 수 있다는 말을 들은 적이 있을 것이다. 아프리카계 미국인들의 경우 특히 그렇다는 연구결과가 있다. 이들의 혈압은 염분에 매우 민감하게 반응한다. 염분은 특히 고혈압과 관계있다고 밝혀진 후에 한동안 기피의 대상이었으나, 사실 체내 화학작용에 필수 성분이다. 또 체액 균형과 신경 세포 기능을 조절한다. 인간은 염분이 없으면 살 수 없다. 그러나 염분에 특히 민감하게 반응하는 사람이 이걸 많이 섭취하면 고혈압에 걸릴 수 있다.

아프리카인들은 노예상인들에 의해 미국에 끌려올 때 끔찍한 상태에 방치되었다. 먹을 것은 물론 물도 충분히 공급받지 못하는 일이

다반사였다. 사망률은 매우 높았다. 염분을 많이 유지할 수 있는 체질을 타고난 사람이 살아남을 확률이 높았을 것이다. 여분의 염분 덕에 치명적인 탈수를 피할 정도의 수분을 유지할 수 있었던 것이다. 만일 이것이 사실이라면, 노예무역은 아프리카계 미국인들로 하여금 높은 염분 유지 능력을 '부자연스럽게' 선택하도록 했을지도 모른다. 그런 능력이 오늘날 염분 다량 섭취와 만나면 고혈압이 탄생한다.

의학적 관점에서 보면 특정 질병이 특정 개체군에서 더 널리 퍼진다는 점은 분명하다. 특정 질병이 퍼지는 방식은 매우 중요해서 계속 진지하게 연구할 가치가 있다. 아프리카계 미국인은 치명적인 심장병에 걸리는 비율이 유럽계 및 남아시아계 미국인에 비해 두 배에 이른다. 암에 걸리는 비율도 10퍼센트 더 높다. 유럽계 미국인은 라틴계나 아시아계 미국인 그리고 아메리카 원주민보다 암과 심장병에 걸려 사망할 확률이 더 높다. 라틴계 미국인은 비 라틴계열에 비해 당뇨병, 간질환, 전염병으로 사망할 확률이 더 높다. 아메리카 원주민은 결핵, 폐렴, 독감에 걸리는 비율이 더 높다. 이러한 사례가 매달 과학지에 다투어 소개되고 있다. 최근 연구에 따르면 매일 담배 한 갑씩 피우는 아프리카계 미국인은 똑같은 양의 담배를 피우는 백인에 비해 폐암 발생 비율이 훨씬 높은 것으로 밝혀졌다.

그러나 이러한 통계자료로 모든 것을 다 알 수는 없다. 먼저 통계자료에서는 유전이나 진화와 무관한 이들 집단의 차이점이 통제되지 않는 경우가 있다. 식단과 영양, 환경, 개인적 습관, 보건 이용 등의 차이는 모두 연구에 영향을 미칠 것이다. 그렇다고 여러 개체군 사이에서 발견되는 큰 흐름을 무시하자는 것은 아니다. 오히려 그 반대로 진화가 우리의 유전구성을 어떻게 형성해왔는지 많이 이해할수록 건강한 삶을 영위할 수 있는 방법을 더 많이 알아낼 수 있다. 몇 가지 예를 살펴보자.

햇빛이 인체의 화학작용에 미치는 이중 효과에 대처하기 위하여 병행 적응한 두 가지 사례를 살펴본 바 있다. 저장된 엽산을 보호하기 위한 검은 피부로의 진화와 비타민D 생성을 극대화하기 위해 콜레스테롤을 증가시키는 유전 장치의 진화가 그것이다. 이 두 사례는 모두 아프리카계 후손들에게 흔히 나타나고, 적도 부근 아프리카의 밝고 강렬한 태양 아래서 효과적으로 기능한다.

그러나 이렇게 적응한 사람이 햇빛이 덜 내리쬐고 강도도 약한 뉴잉글랜드 지방으로 이주하면 어떻게 될까? 검은 피부를 투과하여 콜레스테롤을 추가로 전환할 만큼 햇빛이 충분치 않기 때문에 비타민D 부족과 콜레스테롤 과잉이라는 이중고를 겪게 된다.

당연한 이야기지만, 20세기 들어 비타민D 강화 우유가 본격 시판되기 전까지는 아프리카계 미국인들 사이에 비타민D 결핍으로 '아동의 뼈 발육'이 불량한 구루병이 매우 흔했다. 햇빛, 비타민D, 아프리카계 미국인들의 전립선암 사이에도 상관관계가 있는 듯하다. 비타민D가 전립선은 물론 결장 등 다른 부위의 암세포 성장을 억제한다는 증거가 늘어나고 있다. 질병의 발생 장소, 원인 등의 비밀을 전문적으로 푸는 역학자들은 미국 내 흑인 남성들의 전립선암 위험이 남쪽에서 북쪽으로 갈수록 상승한다는 점을 발견했다. 햇볕이 쨍쨍 내리쬐는 플로리다 주에서 흑인 남성들의 전립선암 발병 위험은 훨씬 낮다. 그러나 북쪽으로 갈수록 점점 높아져 흐린 날이 많은 북동부 지역에서 정점에 도달한다. 여름철보다 겨울철에 자주 아픈 이유 중 하나가 비타민D 부족일지도 모른다는 생각이 일부 연구원들을 중심으로 퍼져가고 있다.

콜레스테롤은 과잉인데다 햇빛에는 충분히 노출되지 못하기 때문에 아프리카계 미국인들의 심장병 발병률이 그렇게 높은 것이다. 북반구에는 콜레스테롤을 비타민D로 변환할 만큼 햇빛이 충분치 못함에도 불구하고 ApoE4 유전자 때문에 혈액 내에 콜레스테롤이 가득하다. 쌓인 콜레스테롤은 동맥 벽에 들러붙고 결국 혈관이 막혀 심장병이나 뇌졸중을 일으킨다. 제약업계에서는 개체군 간의 유전적 차이를 감안하기 시작했다. 변이 유전자가 제약 치료에 어떤 영향을 미칠 수 있는지 연구하는 분야를 약물유전학이라고 하는데 이미 성과를 내고 있다. 예를 들어 일부 전통적인 고혈압 치료법이 아프리카계 미국인들에게는 잘 듣지 않는다는 점에 전반적으로 이견이 없다. 최근 미국 식품의약국FDA은 심부전에 걸렸다고 "스스로 파악한" 흑인 환자를 위해, 논란이 되고 있는 약물 비딜BiDil을 승인했다.

새로운 연구결과에 따르면 단지 특정 변이 유전자가 있다고 해서 인체 화학작용(즉 특정 약물에 반응하는 방식)이 영향을 받는 것은 아니며, 여기에는 우리 게놈에 해당 유전자가 나타나는 횟수가 관련되어 있음이 밝혀졌다. 양과 질이 모두 중요하다는 것이다.

예를 들어 CYP2D6라는 유전자는 체내 약물 대사에 영향을 미치는데, 그 범위는 소염제, 항울제 등 전체 약물 중 25퍼센트 이상이다. 이 유전자의 복제본이 부족한 사람은 "신진대사가 느리다"라는 말을 듣는다. 백인은 최대 10퍼센트가 여기에 속하지만 아시아인 중 여기에 속하는 사람은 1퍼센트에 불과하다. 소염제의 일종인 수다페드 Sudaped를 정량 복용했을 때 얼얼한 느낌이 있고 심장 박동이 빨라진다면 신진대사가 느린 것이므로 의사와 상의하여 복용량을 줄여야 한다.

반대로 신진대사가 극도로 빠른 사람들은 CYP2D6 유전자 복제본이 열세 개나 있다! 이디오피아 사람들 중 29퍼센트가 초고속으로 신진대사를 하는 반면 백인들은 1퍼센트만이 그렇다. 특정 약물에 대한 개인의 반응에 유전구성이 영향을 미치는 방식에 대해 많이 알수록 각자의 게놈에 맞게 약물과 투약량을 조절하는 '맞춤형 의료'로 큰 효과를 볼 수 있을 것이다.

과학계에서는 여러 개체군에서 CYP2D6 같은 유전자의 존재와 양이 특정 개체군이 처한 환경의 독성과 관련이 있다고 본다. 신진대사가 빠른 사람은 유해한 물질을 더 성공적으로 '제거(해독)'할 수 있다. 따라서 특정 환경에서 음식이나 곤충 등으로부터 유입된 독성이 많을수록 독성 제거 유전자의 복제본이 많아지는 방향으로 진화가 이루어졌다. 빠른 신진대사가 문제가 되는 경우도 있다. 실제로 신진대사가 빠른 사람에게서는 코데인 같은 약물이 훨씬 더 강력한 형태로 변환된다. 처방 받은 기침약에 들어 있는 코데인이 예상보다 훨씬 빠르게 모르핀으로 변환되는 바람에 문제가 생긴 환자의 사례가 최근 보고된 바 있다. 그 환자는 CYP2D6의 영향으로 신진대사가 빠른 사람이었다.

CCR5-Δ32라는 유전자는 인체 면역결핍 바이러스HIV가 세포에 들어오지 못하게 막는다. 이 유전자 복제본이 한 개만 있어도 바이러스의 증식 능력이 크게 저해된다. 이 유전자의 보유자가 HIV에 감염되면 혈중 바이러스 농도가 줄어든다. 이 유전자 복제본이 두 개 있으면 어떻게 될까? HIV에 거의 완벽한 면역력을 갖게 된다. 에이즈가 만연한 아프리카인들에게 불행히도 CCR5-Δ32가 거의 없지만 백인의 5~10퍼센트에 이 유전자가 있다. 가래톳흑사병을 예방한 혈색증과 마찬가지로 CCR5-Δ32가 선택되었다는 주장이 일각에서 제기되었지만, 혈색증과는 달리 이 선택의 메커니즘은 아직 제시하지 못했다.

한 가지는 확실하다. 우리 조상들이 어디서 왔는지, 환경에 어떻게 적응했는지, 현재 우리가 어디서 사는지 등이 모두 건강에 큰 영향을 미친다는 점이다. 이를 이해한다면 실험실에서 진행되는 연구에서 의사들의 진료, 가정에서의 삶에 이르기까지 모든 분야에 유용한 정보를 제공할 수 있다. 오늘날 고콜레스테롤에 가장 널리 처방되는 것은 스타틴스statins라는 약물군이다. 전반적으로 '안전한' 약물이라고 생각되지만, 시간이 지날수록 스타틴스는 간 손상 등 심각한 부작용을 일으킬 수 있다. 햇볕을 충분히 쬐어 콜레스테롤을 비타민D로 변환함으로써 과잉 콜레스테롤을 예방할 수 있다는 것을 안다면 평생

리피토(Lipitor: 콜레스테롤 감소제)를 먹기보다는 실내 태닝장에 들르지 않을까?

한번 생각해볼 문제이다.

제 4 장

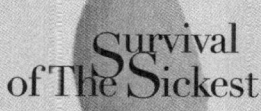

Survival of The Sickest

말라리아를 부탁해

SURVIVAL OF THE SICKEST

아파야 산다

기품 있어 보이는 한 남자, 뼛속 깊이 배인 당당함은 밝은 주황색 죄수복으로 감춰지지 않는다. 그는 자신의 감방에 서서 바깥을 바라보고 있다. 상대는 감히(감히!) 그를 심문한 매력적인 갈색 머리 여자. 여자는 그를 시험하고 있으나, 그는 전혀 넘어가지 않는다. "어떤 인구조사원이 나를 시험하려 했지. 난 그놈 간을 먹어버렸어. 누에콩이랑 고급 이태리 와인을 곁들여서." 한니발 렉터가 말한다.

이 식인 의사가 정신과의사가 아닌 역학자였다면 그 누에콩을 간에 곁들이는 데 그치지 않고 살인 도구로 썼을 것이다.

누에콩(fava bean: 잠두蠶豆)의 원래 이름에는 넓은 콩이라는 뜻이 있는데, 그 이름처럼 누에콩을 둘러싼 전설의 범위는 그야말로 넓다. 그리스 학자 피타고라스는 후세 철학자들에게 "누에콩을 조심하라"는 말을 남겼다고 한다. 당시에 누에콩이 투표 도구로 사용된 점(흰

콩은 찬성, 검은콩은 반대)을 감안할 때, 제자들을 향한 피타고라스의 조언은 "정치를 조심하라"는 뜻이 아니었을지. 오늘날에도 훌륭한 철학자라면 누구나 가슴에 새겨두어야 할 말이다.

피타고라스가 한 말에 관해 떠도는 전설도 누에콩 전설 못지않게 다양하다. 피타고라스의 의도는 사실 누에콩에 독이 들어 있을지도 모르니 조심하라거나 누에콩이 상징하는 정치를 조심하라는 게 아니었다는 설도 있다. 디오게네스에 따르면 피타고라스는 제자들이 콩을 너무 많이 먹어서, 그러니까 기체를 너무 많이 방출할까 봐 염려했을 따름이다. 2000년 전 디오게네스는 다음과 같이 말했다 한다.

> 누에콩은 자제하는 것이 좋다. 바람으로 가득 차 있고 영혼을 잠식하기 때문이다. 누에콩을 멀리하는 사람은 배 속이 편안할 뿐 아니라 평온한 꿈을 꿀 것이다.

오르픽스Orphics라는 종교집단은 누에콩에 죽은 이의 영혼이 깃들어 있다고 믿었고 "누에콩을 먹는 것은 부모의 머리를 갉아먹는 것이나 진배없다"고 보았다. 아리스토텔레스만 해도 피타고라스가 누에콩을 경계한 이유를 다섯 가지 가설로 설명했다.

> 첫째, 고환처럼 생겼다. 둘째, 문 가운데 유일하게 경첩이 없는 지옥문을 닮았다. 셋째, 부패한다. 넷째, 우주의 속성을 닮았다. 다섯째, 제비뽑기에 사용된다(즉 과두정치 때문).

고대 그리스인치고 철학자 아닌 사람이 없었다는 말이 이해가 간다. 이들은 넘치는 시간을 주체하지 못했던 것이다. 그러나 그리스인 말고도 누에콩에 많은 사람이 부작용을 보이는 것을 눈치챈 이들이 있었다. 20세기 이탈리아 남부 사르데냐라는 섬의 어느 학교에서는 초봄만 되면 학생들이 무기력증에 빠져 몇 주일씩 헤어나지 못했다. 병든 닭처럼 꾸벅꾸벅 졸고 있는 학생들을 본 한 교사는 피타고라스의 말이 불현듯 떠올랐다. 혹시 꽃 피는 누에콩풀과 연관이 있지 않을까? 누에콩을 익히지 않고 먹으면 불길하다는 미신은 중동 전역에 퍼져 있다. 이탈리아에서는 전통적으로 누에콩을 만령절에 심으며 누에콩깍지처럼 생긴 케이크를 '죽은 자의 콩fave dei morti'이라고 부른다.

아니 땐 굴뚝에 연기 날 리 없듯, 신화 탄생에는 의학이 한몫하게 마련이다. 누에콩의 경우에는 특히 그렇다.

그 이름도 적절한 잠두중독증은 전 세계에서 가장 많이 찾아볼 수 있는 효소 결핍 유전병이다. 4억 명이나 되는 잠두중독증 보인자는 누에콩을 먹거나 특정 약물을 복용하면 급성 중증 빈혈에 걸려 사망하는 경우가 많다.

누에콩에 반응하여 치명적인 부작용을 일으키는 현상에 숨겨진 진실을 과학자들이 처음 알게 된 것은 한국전쟁 때였다. 한국 곳곳에서는 말라리아가 많이 발생했기 때문에 한국에서 복무하던 미국 병사들에게는 프리마퀸primaquine 등의 항말라리아 약물이 처방되었다. 얼마 지나지 않아 프리마퀸을 복용하던 아프리카계 미국인 병사들 중 약 10퍼센트가 빈혈에 걸렸고, 특히 지중해인 후손들은 적혈구가 말 그대로 터져버리는, 용혈성 빈혈이라는 한층 더 심각한 부작용에 시달렸다.

한국전쟁 후 3년이 지난 1956년, 이 병사들이 항말라리아 약물에 부작용을 일으킨 원인이 규명되었다. 이들에게는 글루코스-6-인산탈수소효소G6PD라는 효소가 부족했던 것이다. G6PD는 체내 모든 세포에 들어 있다고 여겨지는 효소인데 특히 적혈구에서 중요하다. 적혈구를 파괴하는 화학물질을 소탕함으로써 세포를 온전하게 보호하기 때문이다.

유리기가 몸에 좋지 않다는 뉴스를 접했을 것이다. 유리기를 이해하려면 대자연은 화학 세계의 중매쟁이처럼 짝을 맺어주기 좋아한다는 점을 연상하라. 분자나 원자의 전자가 짝을 잃고 홀로 된 것이 유리기이다. 유리기의 홀몸 전자는 짝을 찾으려 애쓰는데, 그 장소가 하필이면 죄다 부적절한 곳이다. 홀몸 전자는 다른 분자의 전자와 짝을 맺으러 나서는 과정에서 화학반응을 일으킨다. 그 결과 화학작용이 교란되어 세포가 조기사망에 이를 수 있다. 이 때문에 유리기는 노화의 주요 원인 가운데 하나로 지목된다.

G6PD는 적혈구 주점의 경비원 격이다. 유리기가 말썽을 일으키지 못하도록 내쫓는 역할을 한다. G6PD가 부족하면 유리기를 생성하는 모든 화학물질은 적혈구를 쑥대밭으로 만들 수 있다. 프리마퀸에 부작용을 일으킨 병사들이 그러했다. 프리마퀸이 말라리아가 퍼지지

못하게 막는 원리는, 적혈구를 압박함으로써 말라리아 원인 기생균이 싫어하는 곳으로 만들어버리기 때문이라고 생각된다. 그런데 G6PD가 부족해서 세포가 온전히 유지되지 못하면 프리마퀸의 압박에 견디지 못하는 적혈구가 생긴다. 유리기 때문에 세포막이 터져 적혈구가 파괴되는 것이다. 이같이 적혈구가 손실되면 빈혈, 특히 적혈구가 조기에 분해되어 생기는 용혈성 빈혈에 노출된다. 이런 빈혈이 진행되면 심한 무력감과 피로감을 느끼고, 황달이 생기기도 한다. 치료하지 않고 내버려두면 신부전을 일으켜 사망으로 이어질 수 있다.

고대 그리스인들은 누에콩을 먹으면 죽는 사람이 있다는 것을 눈치챈 것이다. 누에콩에 함유된 당분 관련 화합물인 비신vicine과 콘비신convicine은 유리기, 특히 과산화수소수를 발생시킨다. 잠두중독증 보인자가 누에콩을 먹으면 프리마퀸을 복용한 것과 비슷한 반응을 보인다. G6PD가 부족하면 과산화수소수는 완전히 소탕되지 않는다. 살아남은 과산화수소수가 결국 공격을 개시해 적혈구를 파괴해 버린다. 적혈구가 파괴되면 내용물이 새어나가 치명적인 용혈성 빈혈이 생기는 것이다.

G6PD 단백질 생성을 담당하는(그러니까 결핍에도 관련이 있는) 유전자 이름도 G6PD이다. G6PD 유전자는 X염색체에 의해 전달된다. 과학 시간에 배웠겠지만 X염색체는 두 가지 성염색체 중 하나이고 나머지 하나는 Y염색체이다. X염색체가 두 개인 사람(XX)은 여성이고 X염색체와 Y염색체가 각각 하나인 사람(XY)은 남성이다. G6PD

결핍 유전자는 X염색체로 전달되므로 G6PD 결핍은 남성에게 훨씬 더 많이 생긴다. 남자에게 한 개 있는 X염색체에 돌연변이가 일어나면 몸속의 모든 세포는 그 돌연변이의 지시를 받는다. 여성의 경우에는 X염색체 두 개에 모두 돌연변이가 일어나지 않는 이상 심각한 G6PD 결핍이 생기지 않는다. 어느 하나에만 돌연변이가 일어나면 정상적인 유전자가 있는 적혈구도 있고 그렇지 않은 적혈구도 있기 때문에 G6PD는 잠두중독증을 예방하기에 부족하지 않을 정도로 생성된다.

정상 G6PD 유전자에는 Gd^{B}와 Gd^{A+}등 두 가지 버전이 있다. 이 유전자는 100가지 이상의 형태로 돌연변이를 일으킬 수 있는데, 이는 크게 아프리카에서 발생한 Gd^{A-}와 지중해 연안에서 발생한 Gd^{Med}로 나눌 수 있다. 이 돌연변이가 심각한 문제를 일으키는 경우는 적혈구를 제압하기 시작하는 유리기를 소탕할 만한 G6PD가 부족할 때뿐이다. 잠두중독증 보인자가 감염되거나 혈류에 유리기를 방출하는 약물(예: 프리마퀸)을 복용할 때 문제가 생길 수 있다. 이미 살펴보았듯이, 특히 누에콩을 먹을 때 문제가 가장 많이 발생한다. 잠두중독증이란 이름이 붙은 데는 다 이유가 있다.

인류의 누에콩 재배 역사는 수천 년에 달한다. 현재까지 가장 오래된 씨앗이 나사렛 근처 고고학 유물 발굴 부지에서 발견되었는데 약 8500년 전, 즉 기원전 6500년까지 거슬러 올라가는 듯하다. 누에콩은 지금의 이스라엘 북쪽인 나사렛에서 중동 전역으로 퍼져나갔고, 그후 지중해 연안 동쪽을 거쳐 터키에 이르렀으며, 그리스 평원을 지나 남이탈리아, 시실리, 사르데냐로 퍼져나간 것으로 생각된다.

지도를 펼쳐놓고 잠두중독증이 가장 많이 발생한 곳과 누에콩이 가장 활발히 재배되는 곳을 겹쳐보라. 이쯤 되면 다음에 나올 이야기를 짐작할 것이다. 잠두중독증 유전자와 잠두 농장이라? 같은 곳, 같은 사람들이다. 잠두중독증이 가장 많이 나타나고 가장 치명적인 해악을 끼치는 곳은 다름 아닌 지중해 연안의 북아프리카와 남유럽이다. 역사적으로 누에콩이 재배·섭취된 바로 그 장소다.

결국 같은 이야기이다. 그 지방의 단골 메뉴를 먹으면 문제만 생기는 유전자 변이를 수백만 명의 인간이 진화시켜왔다?

인간을 병들게 하는 유전형질이 진화한 이유는 인간에게 해를 끼치기 전에 도움을 줄 가능성이 더 높기 때문이다. 4억 명이 넘는 사람들이 공유한 형질이라면 진화의 편애를 받은 게 틀림없다. 그렇다면 G6PD 결핍에는 분명 무언가 장점이 있지 않을까?

물론이다.

잠두중독증과 누에콩의 관계에 대한 심층 조사에 착수하기에 앞서, 동물계와 식물계 진화의 광범위한 상관관계를 살펴보자. 먼저 아침식사부터 점검해본다. 시리얼 속에 딸기가 보이는가? 딸기가 달려 있던 덩굴은 인간에게 먹히기를 갈망하고 있다!

먹을 수 있는 열매를 생산하는 식물은 스스로에게 이익이 되는 방향으로 진화했다. 동물이 열매를 따서 먹는다. 열매에는 씨앗이 들어 있다. 동물은 걸어다니거나 껑충껑충 뛰어다니거나 매달려 있거나 날아가 버리다가 다른 어딘가에 씨앗을 '떨어뜨린다'. 즉 식물에게 널리 퍼져 번식할 기회를 주는 것이다. 나무에서 떨어진 사과는 동물이 먹고 멀리 데려다주지 않는 이상 나무 근처에 머물 수밖에 없는 운명이다. 누이 좋고 매부 좋은 미식 히치하이킹인 셈이다. 잘 익은 열매는 따기 쉽고 잘 떨어지는 반면 덜 익은 열매는 따기 어려운 것도 그 때문이다. 식물 입장에서는 씨앗이 완전히 자라기도 전에 누군가 열매를 따 가면 손해이다. 대자연의 잔칫상에 공짜는 없다.

한편, 동물이 식물의 열매를 먹는 것도 중요하지만 동물이 식물에 더 접근하지 못하게 막는 것도 그에 못지않게 중요하다. 동물이 열매를 먹고 나서 잎과 뿌리마저 갉아먹기 시작하면 곤란하다. 그래서 식물은 자기 방어 장치를 필수적으로 갖추고 있다. 움직이지 못한다고 해서 식물을 만만하게 보면 안 된다.

식물의 대표적인 방어 장치로는 가시를 들 수 있는데 더 강력한 무기도 많다. 식물의 무기고에는 온갖 병기가 완벽히 갖춰져 있다. 식물이야말로 지구상 최대의 화학무기 제조공장이다. 기초 식물 화학작용으로 인간이 입는 혜택은 잘 알려져 있다. 식물이 공기 속에서 빨아들인 이산화탄소를 사용하여 햇빛과 물을 당분으로 변환하는 동시에 산소를 발생시켜, 우리는 숨을 쉴 수 있다. 하지만 그것은 시작에 불과하다. 식물 화학작용은 기후에서 지역 맹수의 수에 이르기까지 주변환경에 엄청난 영향을 미칠 수 있다.

토끼풀과 고구마, 콩 등이 속한 식물군에는 피토에스트로겐이라는 화학물질군이 함유되어 있다. 피토에스트로겐이라니 어디선가 들어

본 말 같지 않은가? 그렇다. 피토에스트로겐은 에스트로겐 같은 동물의 성호르몬과 비슷한 효과를 낸다. 피토에스트로겐이 함유된 식물을 지나치게 많이 먹은 동물은 에스트로겐 비슷한 화합물이 과다분비되어 번식력이 망가진다.

1940년대 서부 호주에서는 양 가문의 대가 끊길 위기가 찾아왔다. 평소 건강하던 양이 임신이 안 되거나 유산되는 사태가 속출한 것이다. 다들 어찌할 줄 몰랐다. 그러던 중 똑똑한 농업 전문가들이 범인을 색출해냈다. 바로 유럽 토끼풀이다. 이 토끼풀은 포르모노네틴이라는 강력한 피토에스트로겐을 생산한다. 이는 포식자(양도 식물 입장에서는 포식자다!)에게 뜯어 먹히지 않기 위한 천연 방어기제이다. 토끼풀은 원래 유럽의 습한 기후에 길들여져 있었는데 호주로 건너온 후에는 건조한 기후에 적응해야 했다. 부족하거나 과다한 강수량과 일사량 등 사정이 안 좋은 해에는 자신을 보호하기 위해 차세대 포식자의 수를 제한하는 방법을 이용한다. 포르모노네틴 생산을 늘림으로써 어른 양들의 불임을 유발해 새끼의 출산을 막는 것이다.

편리하게 피임하기 위해 굳이 토끼풀을 뜯어먹을 필요는 물론 없다. 그렇기는 하지만 유명한 경구피임약의 효과는 토끼풀을 뜯어먹는 것과 크게 다르지 않다. 재능 있는 화학자 칼 드제라시Carl Djerassi는 바로 이러한 식물 피임 기법을 바탕으로 피임약을 개발했다. 토끼풀 대신 고구마, 그중에서도 멕시코 고구마를 사용했다. 고구마에서 생산되는 피토에스트로겐의 일종인 디소게닌cisogenin을 이용해 1951년 최초의 상용 피임약을 합성해냈다.

피토에스트로겐의 공급원은 고구마 말고도 또 있다. 대두에는 게니스타인이라는 피토에스트로겐이 풍부하다. 오늘날 시판되는 이유식을 비롯해 여러 가공음식에는 저렴한 영양소 공급원이라는 이유로 대두가 사용된다. 우리의 먹거리에서 점점 늘어나는 피토에스트로겐과 대두가 장기적으로 어떤 영향을 미칠지 모르는 상태에서 제대로 관리되고 있지 않다는 점을 우려하는 목소리가 과학계 일각에서 커지고 있다.

식물은 독물 생산 능력도 탁월하다. 물론 식물에서 생산되는 독물은 대부분 인간을 겨냥한 것이 아니다. 식물에게 인간은 큰 걱정거리가 아니다. 진짜 문제는 근처를 왱왱 날아다니다가 그들을 뜯어먹는 골수 채식주의자 족속들이다. 그렇다고 방심하면 안 된다. 식물 독성이 인간에게도 많은 문제를 일으킬 수 있기 때문이다. 모르긴 해도 당신도 식사중에 알게 모르게 독물을 꽤 먹었을 것이다.

타피오카 푸딩을 먹어본 적이 있으신지? 타피오카는 카사바 풀로 만든다. 카사바는 큼지막한 덩이줄기 작물로 길쭉하고 흰 고구마처럼 생겼는데 코코넛처럼 두꺼운 껍질에 싸여 있다. 열대지방의 여러 국가에서 중요한 먹을거리로 활용되고 있으나, 치명적인 청산염의 전구물질이 함유되어 있다. 물론 잘 익혀 처리하면 무해하다. 그러니까 혹시 지나가다 카사바 풀이 눈에 띄더라도 날로 베어 무는 일은 삼가시기 바란다. 카사바에 청산염 화합물이 특히 풍부한 때는 가뭄기간이다. 성장기를 무사히 보낼 수 있도록 포식자의 공격에 방비를 한층 강화해야 할 시점이기 때문이다.

다른 예를 살펴보자. 아시아와 아프리카에서 경작되는 인도야생완두가 선택한 화학무기는 마비를 일으키는 강력한 신경독성물질이다. 야생완두는 가뭄이나 곤충 때문에 다른 작물이 모두 멸절할 때에도 혼자 살아남을 정도로 강력한 독성을 자랑한다. 이 때문에 가난한 농부들이 야생완두를 보험작물로 재배하기도 한다. 기근이 들어도 굶지 않는 보험에 든 셈이다. 야생완두가 자라는 지역에서 기근이 지나가면, 야생완두에 함유된 유기독성물질 관련 발병 건수가 필연적으로 증가한다. 굶어 죽느니 중독 위험이 있더라도 야생완두로 주린 배를 채우려는 사람이 있게 마련이다.

가지 속the nightshades은 식용과 유독성 종이 혼재된 대규모 식물집단이다. 가지 속 식물에는 알칼로이드가 다량 함유되어 있다. 알칼로이드는 곤충과 기타 초식동물에게 치명적인 반면 인간에게는 도움을 주기도 하고 환각을 일으키는 등 여러 방식으로 영향을 미치는 화학화합물이다. 이른바 '마녀들'은 자신의 '마법' 연고와 약물에 모종의 가지 속 식물을 넣은 다음 스스로 하늘을 난다는 환각에 빠진 게 아닌가 추측하기도 한다.

감자, 토마토, 가지 등의 가지 속 가운데 가장 흔한 것 중 하나는 흰독말풀jimson-weed이다. 영어 명은 미국 버지니아 주 마을인 제임스타운Jamestown에서 딴 것이다. 미국 독립전쟁이 발발하기 100여 년 전에 베이컨의 반란이라는 폭동이 일어났다. 신속히 진압되긴 했지만 그 와중에 문제가 생겼다. 반란군 진압을 위해 제임스타운에 파병된 영국 병사들은 모르는 사이에 (아니면 사고로) 샐러드에 섞인 흰독말풀을 먹게 되었다. 1705년 로버트 베벌리Robert Beverley는 그 결과를 《버지니아 주의 역사와 현재The History and Present of State of Virginia》에서 다음과 같이 기술했다.

> 이들 중 몇 명은 그것을 많이 먹었는데 그러자 아주 유쾌한 코미디의 막이 올랐다. 며칠 동안 천생 바보로 변해버렸기 때문이다. 공중에 깃털을 날려 올리는 사람, 광분하면서 그것에 지푸라기를 던지는 사람, 완전히 발가벗고는 한구석에 원숭이처럼 꼿꼿이 앉아서 히죽히죽 웃다가 찡그리다 하는 사람, 동료에게 뽀뽀를 하면서 쓰다듬고는 면상에 대고 네덜란드 광대보다 더 우스꽝스러운 표정으로 코웃음 치는 사람까지……, 온갖 장난을 치다가 11일 후에는 정상으로 돌아왔는데 모두 무슨 일이 일어났는지 기억을 못 하더라는 이야기.

흰독말풀은 키가 크고 잎이 큼직한 금작화류로 미주 전역에서 흔히 볼 수 있다. 정원에서 기르는 다른 식물에 섞여 있어서 무심코 먹게 된다.

식물이 분비하는 화학물질은 마비와 불임, 광기를 일으킨다. 이보다는 약하지만 소화불량이 생기거나 입술이 화끈거리는 경우도 있다. 밀, 콩, 감자에는 탄수화물 흡수를 방해하는 화학물질인 아밀라아제 억제제가 들어 있다. 병아리콩과 일부 곡류에 들어 있는 프로테아제 억제제는 단백질 흡수를 방해한다. 이러한 식물의 방어체계는 익히거나 물에 담그면 무력해지는 경우가 많다. 구서계에는 콩과 꼬투리를 밤새 물에 담가두는 풍습이 있는데, 이렇게 하면 인체 신진대사를 방해하는 화학물질이 대부분 중화된다.

하바네로habanero 고추를 날로 씹어봤다면 마치 중독되는 느낌을 받았을 것이다. 중독이 맞긴 맞다. 그 타는 듯한 느낌을 선사하는 주범은 캅사이신이라는 화학물질이다. 포유동물은 캅사이신에 예민하다. 캅사이신이 통증과 매운 맛을 감지하는 신경섬유를 간질이기 때문이다. 반면, 조류는 그렇지 않다. 대자연 속에서 진화가 진행되면 얼마나 많은 생명체의 기지가 번득이는지 알 수 있는 사례이다. 쥐와 기타 설치류는 매운 고추를 멀리한다. 그 맛을 견딜 수 없기 때문이다. 고추 입장에서는 다행스러운 일이다. 포유류가 먹으면 고추의 작은 씨앗이 소화되어버려 미식 히치하이킹의 의미가 없어질 것이기 때문이다. 반면 새는 고추를 먹어도 씨앗이 소화되지 않는다. 더구나 캅사이신에도 끄떡없다. 따라서 포유동물은 고추를 새에게 내주고 새들은 씨앗을 공중으로 가지고 가면서 퍼뜨린다.

캅사이신은 끈적이는 독물로, 점막에 들러붙는다. 그래서 고추를 만진 손으로 눈을 비비면 따갑고 매운 고추의 얼얼함이 오래 가며 물로 씻어도 잘 가시지 않는다. 이러한 끈끈함 때문에 캅사이신은 물에 쉽게 녹지 않는다. 차라리 우유(단, 저지방 우유는 사절!)를 마시거나 기름기 있는 음식을 먹는 편이 낫다. 혐수성인 지방은 점막에서 캅사이신을 떼어내고 매운 느낌을 가라앉히는 데 도움이 된다.

캅사이신은 타는 듯한 느낌을 주는 데 그치지 않고 일부 신경세포의 선택 퇴화를 일으킬 수 있다. 따라서 다량의 고추는 아주 위험하다. 그 상관관계는 과학자들 간에 아직 논쟁중인데, 고추를 주식으로 먹다시피 하는 스리랑카 사람들과 고추를 많이 먹는 다른 민족의 위암 발병률이 훨씬 더 높은 경향을 보인다.

진화의 관점에서 포식자로 하여금 식물을 쉽게 먹지 않도록 유도하는 기제가 진화한 이유를 납득할 수 있다. 납득할 수 없는 점은 왜 인류는 인체에 유독한 수천 가지 식물을 계속 재배하고 소비하느냐는 점이다. 사람은 평균 매년 5000가지 내지 1만 가지의 천연 독물을 먹는다. 암 관련 사망 사례 가운데 약 20퍼센트는 음식에 함유된 천연 재료가 원인으로 추정된다. 독성이 있는 식물을 그렇게 많이 재배하면서도 왜 인간은 독성을 처리하는 기제를 진화시키거나 그런 식물의 경작을 멈추지 않았는가?

사실 아닌 게 아니라 그렇게 해왔다고 볼 수 있다.

뭔가 단것이 끌리거나 왠지 짭짤한 게 먹고 싶을 때가 있지 않은가? 그런데 씁쌀한 것은 어떤가? "아이고, 오늘 저녁에는 아주 쓴 것만 먹고 싶네"라고 말하는 사람을 본 적이 있는가?

서양에는 전통적으로 단맛, 짠맛, 신맛, 쓴맛 등 4대 미각이 있다. (다른 지역의 제5의 미각이 서양에서도 문화적으로나 과학적으로 점점 주목받고 있다. 바로 '감칠맛'인데 된장이나 파르마 산 치즈, 오래된 스테이크 등 발효 음식에서 나는 풍미이다.) 진화의 차원에서 대부분의 맛이 우리를 기분 좋게 해주는 이유가 있다. 소금, 설탕 등 필요한 영양소가 함유된 음식에 끌리게 하기 위해서이다.

그런데 쓴맛은 좀 다르다. 쓴맛에는 끌리지 않는다. 어쩌면 그것이 목적인지도 모른다. 2005년 발표된 런던 유니버시티 칼리지와 듀크 대학 의료 센터Duke University Medical Center, 독일 인간영양연구소German Institute of Human Nutrition의 공동 연구에서는 쓴맛을 느낄 수 있도록 진화한 이유가 식물에 함유된 독성을 인식함으로써 그런 식물을 먹지 않도록 하기 위해서라는 결론을 내렸다(그래서 식물이 독물을 생산하며 식물학자들은 이러한 독물을 가리켜 섭식저해물질antifeedant이라는 용어를 즐겨 쓰게 되었다). 과학자들은 인간 혀의 쓴맛 수용체의 성장을 담당하는 유전자의 유전적 이력을 추적하여 재형성했다. 그 결과 10만 년에서 100만 년 사이에 아프리카에서 쓴맛을 느낄 수 있는 능력이 진화했음을 밝혀냈다. 인간이라고 다 쓴맛을 느낄 수 있는 것은 아니다. 쓴맛에 민감한 정도도 다 다르다. 그러나 쓴맛을 느낄 수 있는 능력이 지구상에 광범위하게 퍼져 있는 것을 보면 쓴맛 인식은 인간이 생존하는 데 매우 유리하게 작용했을 것이다.

인류의 4분의 1은 미각이 특히 더 민감하다. 말 그대로 맛을 아주 잘 본다 하여 수퍼테이스터supertaster라고 한다. 수퍼테이스터는 프로필타이오유라실이라는 화학물질에 대한 반응을 연구하는 화학자들이 거의 우연히 발견했다. 쓴맛을 전혀 느끼지 못하는 사람이 있고 보통 정도로 느끼는 사람이 있는데, 수퍼테이스터들은 극소량에도 예민하게 불쾌함을 느낀다. 따라서 자몽이나 커피, 차도 더 쓰게 느낀다. 이들은 단맛에 대한 민감도가 두 배에 달하며 매운 고추는 조금만 맛보아도 입안이 타는 듯할 것이다.

쓴맛과 식물 독성 인식 사이에 연관관계가 있다고 주장한 그 연구 논문은 흥미롭게도 그것이 오늘날에는 그다지 이롭지 않을지도 모른다고 설명했다. 쓴맛이 느껴지는 화합물이라고 다 독성이 있는 것은 아니다. 가지 속 식물을 설명하면서 언급했다시피 유익한 화합물도 있다. 일시적인 광기를 일으키는 흰독말풀 속 스코폴라민은 쓴맛이 나는 알칼로이드이지만, 항암 성분이 있는 브로콜리 내 일부 화합물도 쓴맛이 나는 알칼로이드이다. 그래서 오늘날, 특히 식물 독성에 천연 경종을 울릴 필요가 거의 사라진 선진국에서는 쓴맛에 너무 예민하게 반응할 경우 불리할지도 모른다. 이제는 독성을 피하는 대신 몸에 좋은 음식을 멀리하는 셈이기 때문이다.

25만 가지에 달하는 식물을 선택할 수 있고 예민한 미각을 가진 인간이 왜 독성이 없는 식물을 재배하지 않았을까? 또 품종개량을 통해 식물의 독성을 제거하지 않았을까? 노력하지 않은 것은 아니다. 그러나 진화의 왕국에서는 늘 그렇듯이 이게 간단한 문제가 아닌 데다 뒷감당도 만만치 않다.

식물의 화학무기는 대부분 인간이 아니라 벌레, 박테리아, 균류와 일부 초식동물을 겨냥한 것이라고 설명한 바 있다. 따라서 인간이 식물을 일방적으로 무장해제해버리면 고양이에게 생선가게를 맡기는 격이 된다. 포식자가 식물을 다 먹어치울 것이기 때문이다.

그 반대로 식물의 천연 저항 능력이 지나치게 강력하게 개량된 나머지, 원래는 먹을 수 있었던 음식이 치명적인 독물로 바뀌는 경우도 있다. 감자, 특히 녹색을 띤 감자에는 솔라닌이 들어 있다. 솔라닌은 마름병으로부터 감자를 보호해주는 물질이다(마름병에 걸린 감자가 어떻게 되는지 알고 싶으면 심한 무좀을 떠올리면 된다). 솔라닌은 환각, 마비, 황달, 사망을 일으키는 지용성 독성이다. 솔라닌이 풍부한 감자튀김을 너무 많이 먹으면 '튀겨지는' 수가 있다. 물론 마름병의 위력이 솔라닌의 보호 기능을 압도하는 경우도 있다. 19세기 중반 아일랜드에 대규모 기아와 사망, 이주 등을 낳은 감자 흉작의 원인은 곰팡이균이었다.

1960년대 중반 잉글랜드에서는 감자 수확의 효율을 높이기 위하여 마름병에 내성이 있는 감자를 개발하려 노력했다. 이 특별한 감자를 르나피Lanape라고 불렀다. 그러나 르나피를 처음 먹은 사람은 별 특별함을 못 느꼈다. 솔라닌이 너무 많이 들어 있어서 사경을 헤매었기 때문이다. 그 르나피를 뜨거운 감자처럼 시장에서 즉각 회수했음은 두말할 나위가 없다.

셀러리 역시 이와 비슷하게 양날의 칼 같은 유기농업의 속성을 이해할 수 있는 사례이다. 셀러리는 소랄렌이라는 독물을 생산하여 자신을 방어한다. 소랄렌은 DNA와 조직을 해치고 인간으로 하여금 햇빛에 극도로 예민해지게 만든다. 재미있는 점은 햇빛에 노출되는 경우에만 소랄렌의 활동성이 높아진다는 것이다. 따라서 어떤 곤충은 이 독물을 피하기 위하여 먹잇감을 어두운 곳에 보관하기도 한다. 이파리에 스스로를 둘둘 말아서 태양을 피한 다음 하루 종일 이파리를 먹는 방식으로 빠져나온다.

보통 셀러리는 대부분의 사람들에게 문제를 일으키지 않지만, 셀러리 수프를 한 그릇 먹고 실내 태닝장이라도 간다면 이야기는 달라진다. 소랄렌은 장기간에 걸쳐 다량의 셀러리를 다루는 사람들에게 문제를 더 많이 일으키곤 한다. 예를 들어 셀러리 따는 사람들은 피부에 많은 문제가 생긴다.

셀러리란 놈은 공격받는다고 느끼면 소랄렌 생산을 급격히 늘리는 재주가 탁월하다. 상처 난 셀러리는 온전한 셀러리에 비해 소랄렌 함유량이 100배에 달한다. 합성 살충제를 사용하면 여러 문제를 일으키기는 하지만 대신 식물을 침입자의 공격으로부터 보호해주는 역할을 한다. 유기농에서는 합성 살충제를 사용하지 않는다. 따라서 유기농 셀러리는 벌레와 균류의 공격에 무방비로 노출된다. 벌레가 셀러리를 갉아먹으면 셀러리는 다량의 소랄렌을 생산하는 방식으로 대응한다. 유기농 방식에서는 독물을 뿌리지 않는데, 그 경우 식물 내부에 다량의 독물이 생성되는 생물학적 과정이 반드시 일어난다.

고로 생명 현상이란 절충이다.

식물의 진화와 인간의 관계를 잘 알게 되었으니, 이제 누에콩과 잠두중독증의 상관관계를 다시 한번 살펴보자.

지금까지 알게 된 사실을 정리해보자. 첫째, 누에콩을 먹으면 혈류에 유리기가 방류된다. 둘째, 잠두중독증이 있는 사람, 즉 G6PD 효소가 결핍된 사람은 이 유리기를 제거할 힘이 없어서 적혈구가 파괴되고 빈혈에 걸린다. 셋째, 누에콩 재배자와 잠두중독증 보인자는 같은 지역에 산다. 넷째, 4억 명 이상에게나 있을 정도로 흔한 잠두중독증 같은 유전적 돌연변이는 분명 이보다 더 치명적인 것을 피할 수 있게 해주었을 것이다.

그렇다면, 인간의 생존을 위협하는 것 중에서 아프리카와 지중해 연안에 많고 적혈구와 관련이 있는 것은 무엇일까? 치과의사라면 다섯 명 중 네 명은 자일리톨 껌을 권장하듯이, 전염병 전문가라면 열 명 중 아홉 명은 이 수수께끼의 해답으로 말라리아를 지목할 것이다.

매년 5억 명이 말라리아에 감염되고 그중 100만 명 이상이 사망한다. 전 세계 인구의 절반 이상이 말라리아가 흔한 지역에서 살고 있다. 말라리아에 감염되면 고열과 오한이 반복되면서 관절 통증, 구토, 빈혈이 동반되고 결국 혼수상태에 빠져 사망한다. 특히 어린이와 임신한 여성에게 치명적이다.

히포크라테스의 〈공기, 물, 장소에 대하여On Airs, Waters, and Places〉라는 논문을 시발점으로 의료계는 몇 백 년 동안 여러 질병의 원인을 호수, 습지, 늪 등 잔잔한 물에서 발산되는 건강에 안 좋은 수증기로 보고 이러한 증기나 안개를 미아즈마miasma라고 불렀다. 고대 이탈리아어로 '나쁜 공기'를 뜻하는 말라리아는 미아즈마가 일으키는 거라고 여겨진 여러 질병 가운데 하나이다. 뜨겁고 축축한 습지와 관련 있다는 점은 맞지만 말라리아의 원인은 습지에서 나오는 수증기가 아니라 습지에서 번성하는 모기다. 말라리아는 사실 기생원충(동물과 일부 형질을 공유하는 미시 생물체)에 의하여 발생한다. 암컷 모기가 인간을 물면(수컷 모기는 물지 않음) 이 기생원충이 인간의 혈류로 들어간다. 말라리아를 일으키는 기생원충은 몇 가지 종이 있는데 그중 가장 위험한 것은 열대열원충이다.

마이즈마가 말라리아를 일으킨다는 설은 비록 빗나가긴 했지만, 오늘날 많은 사람들이 없으면 못 살 현대문명의 이기를 가져다주었다. 《커넥션Connections》 시리즈의 저자 제임스 버크James Burke에 따르면 플로리다 의사 존 고리John Gorrie는 1850년에 새로 고안한 발명품 덕분에 말라리아를 퇴치한 줄로 알았다. 고리 박사는 말라리아가 따뜻한 기후에서 훨씬 더 많다는 사실을 정확하게 짚어냈다. 추운 지방에서도 따뜻한 계절에만 이 병에 걸렸다. 그리하여 따뜻하고 '나쁜 공기'를 없애는 방법을 찾아내기만 한다면 말라리아에 걸리지 않을 거라고 생각했다.

고리 박사가 발명한 말라리아 퇴치 장치의 기능은 말라리아 병동에 찬 공기를 주입하는 것이다. 오늘날 그의 발명품의 한 가지 버전이 당신의 가정에도 찬 공기를 주입하고 있을 것이다. 바로 에어컨이다. 에어컨은 고리 박사의 말라리아 환자들의 예후에는 도움이 되지 않았지만 병 자체에는 영향을 미쳤다. 말라리아가 만연한 지방에 사는 사람들은 에어컨 덕분에 문과 창문을 닫고 집 안에서 지낼 수 있게 되었다. 따라서 말라리아 모기에게 물리지 않을 수 있다.

지금도 해마다 수억 명이 말라리아에 감염된다. 세계 10대 사망 원인 가운데 하나지만, 말라리아에 감염된다고 해서 다 죽는 것은 아니다. 말라리아 모기에게 물린다고 다 감염되는 것은 아니라고 하는 편이 더 적절하겠다. 그렇다면 말라리아에 걸려도 죽지 않고 살아남는 비결은 무엇일까?

J. B. S. 핼데인Haldane은 환경이 다르면 진화 압력이 달라져서, 특정 개체군에 병을 일으키는 특별한 유전형질이 나타난다는 개념을 최초로 이해한 사람 가운데 한 명이다. 50년도 전에 그는 특정 집단, 특히 유전적으로 겸상적혈구빈혈증이나 또다른 유전적 혈액장애인 탈라세미아에 걸릴 가능성이 높은 사람들은 선천적으로 말라리아 내성이 더 강하다고 주장한 바 있다. 오늘날, 겸상적혈구빈혈증이나 탈라세미아보다 더 광범위한 유전형질인 G6PD 결핍도 말라리아에 걸리지 않게 해주는 것으로 여겨진다. 두 건의 대규모 환자군-대조군 연구에서 G6PD 돌연변이의 아프리카 변형체를 가진 아이들은 돌연변이가 없는 아이들에 비해 가장 심각한 말라리아인 열대열원충에 대한 내성이 두 배 강한 것으로 밝혀졌다. 실험 결과 '정상' 적혈구와 G6PD-결핍 적혈구를 선택할 수 있다면 말라리아를 일으키는 기생충은 계속해서 정상 적혈구를 선택한 것으로 확인되었다.

왜 그럴까? 열대열원충은 사실 깨끗한 적혈구에서만 번성할 수 있는 연약하고 작은 생물체이다. G6PD 보인자의 적혈구는 말라리아가 살기에 쾌적하지 않을 뿐만 아니라 돌연변이가 없는 사람에 비해 순환에서 빨리 이탈하므로 기생균의 생명 주기에 혼란을 일으킨다. 이 때문에 말라리아에 노출된 개체군은 잠두중독증을 선택하는 것이다. 그런데 이 개체군이 누에콩도 재배하는 이유는 알 수 없다. 모기의 아침식사로부터 살아남는다 해도 어차피 점심식사를 먹고 죽는다면 무슨 소용인가?

그 해답은 분명하다. 이중 대책을 마련하기 위해서이다. 말라리아는 매우 광범위하게 퍼져 있고 치명적이기 때문에 이에 취약한 개체군은 생존, 번식을 위해 가능한 모든 방어체계를 동원해야 했다. 누에콩을 먹으면 유리기가 방출되고 산화제 농도가 올라가므로, G6PD가 결핍되지 않은 사람들의 적혈구는 말라리아 기생균이 살기에 적합하지 않게 변한다. 그 유리기들 때문에 파괴되는 적혈구가 생긴다. G6PD 결핍이 경미하거나 부분적으로 그러한 사람이 누에콩을 먹으면 기생균은 큰 곤경에 처한다.

부분 결핍에 관해서라면 잠두중독증을 일으키는 유전 돌연변이가 X염색체에만 유전되고 여성은 X염색체가 두 개라는 사실을 기억해야 한다. 즉 (돌연변이가 흔한 개체군에서는) 적혈구가 부분적으로는 정상이고 부분적으로는 G6PD 결핍인 여성이 많음을 의미한다. 이러한 여성은 말라리아로부터 더욱 안전하게 보호되는 동시에 누에콩에 극단적인 부작용도 보이지 않는다. 임신한 여성이 말라리아에 매우 취약한 점을 감안할 때 잠두중독증이 있음에도 누에콩을 먹을 수 있는 여성이 많다는 점은 다행이다.

인간은 심지어 현생인류 탄생 이전부터 약초 치료를 활용해왔다. 6만 년 전 네안데르탈인이 병을 치료하는 데 식물을 사용했음을 암시하는 고고학상의 증거가 발견되었다. 고대 그리스인들은 아편즙,

즉 양귀비를 자르면 흘러 나오는 액체를 진통제로 사용했다. 오늘날 가장 강력한 진통제인 모르핀의 원료도 양귀비즙이다.

말라리아 예방에 효과가 있는 최초의 약은 기나나무 껍질에서 나왔다. 조지 클레그혼George Cleghorn이라는 스코틀랜드 군의관이 19세기 초 기나나무 껍질에 말라리아 예방 성분이 있음을 발견한 것으로 여겨진다. 그러나 프랑스 화학자들이 유익한 화합물(퀴닌quinine)을 추출하여 강장제를 만든 것은 그로부터 100년이나 지난 일이다. 강장제는 맛이 아주 이상해서 영국 병사들이 배급받은 진Gin에 강장제를 섞었더니 진토닉이 탄생했다는 일화가 전해진다. 오늘날 진토닉에는 여전히 퀴닌이 함유되어 있지만 말라리아가 창궐한 지역에 여행할 사람은 그래도 말라리아 예방약 처방전을 챙겨 가야 한다. 말라리아 변종은 대개 퀴닌에 내성을 갖고 있기 때문이다. 그 유용한 누에콩이 있어서 다행이다.

채소를 먹어라. 그런데, 채소를 먹으면 죽을 수도 있다.

대자연은 이처럼 헷갈리는 메시지를 보내고 있다. 그러나 진실은 단순치 않다. 식물 독성 중에서는 우리에게 이로운 것도 많다. 이 독성의 기능과 인체의 반응, 그리고 이것들이 모두 합쳐졌을 때 어떻게 되는지 이해하는 것이 관건이다.

피토에스트로겐이 불임을 일으킨다고는 하지만, 대두에 함유된 피토에스트로겐인 게니스타인은 전립선암 세포의 생장을 멈추거나 억제하는 역할도 하며 폐경 증상을 완화해준다는 견해도 있다. 그래서 아시아 여성은 중년의 신체 변화에 따른 문제를 훨씬 덜 겪는 것이다.

고추의 매운 맛인 캅사이신은 기분이 좋아지고 스트레스를 줄여주는 엔도르핀의 분비를 촉진한다. 캅사이신은 신진대사율을 최대 25퍼센트까지 높여준다. 그뿐만 아니라 관절염에서 수술 후 불편함에 이르기까지 온갖 통증을 완화하는 데도 도움이 된다는 증거가 늘어나고 있다.

이러한 예는 수없이 많다. 셀러리에 함유된 소랄렌은 피부암을 일으킬 수 있는 반면 건선이 있는 사람에게는 큰 도움이 된다. 마늘에서 추출된 알리신은 혈액 내 혈소판이 서로 달라붙지 않게 하여 혈전이 생기지 못하게 함으로써 심장병 예방에 큰 효력을 발휘할 것으로 기대된다. 하루에 아스피린을 한 알씩 먹으면 병원 갈 일이 없다는 말이 있지만, 아스피린은 원래 벌레들을 퇴치하는 버드나무 껍질의 화학물질에서 나왔다. 오늘날 아스피린은 만병통치약에 가까운 혈액 희석제, 해열 진통제이다. 강력한 항암제인 탁솔 역시 태평양주목朱木이라는 나무의 껍질에서 추출했다.

전 세계 인구 60퍼센트 이상이 아직도 식물에서 직접 약을 얻고 있다. 가끔은 약방에 들러서 약사들의 조제 과정을 구경하고 이런저런 궁금증을 품어보는 것도 괜찮을 것이다.

제 5 장

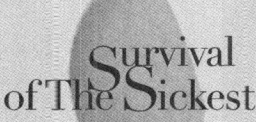

세균과 인간

SURVIVAL OF THE SICKEST

아파야 산다

'작은 용'이라는 뜻의 드라쿤쿨루스 메디넨시스Dracunculus medinensis라는 기생충은 수천 년에 걸쳐 아프리카와 아시아 전역에서 인간을 괴롭혔다. 끔찍한 병을 일으키는 이 기생충의 유충은 기니충이라고 하는데 외딴 열대 지역 호수나 잔잔한 물에 많이 사는 물벼룩에게 잡아먹힌다. 사람이 이 물을 마시면 벼룩은 소화되어 없어지지만 유충은 살아남는다. 살아남은 일부 유충은 소장에서 나와 몸속으로 이동하여 성장하다가 결국 서로 짝짓기를 한다. 감염된 지 약 1년이 흐르면 암컷 성충은 60~90센티미터 길이에 직경은 스파게티 한 가닥 크기로 자란다. 배 속에 새 유충을 가득 품은 이 암컷 성충은 보균자의 피부로 이동한다. 표면에 도달한 기니충은 산酸을 분비하기 시작한다. 살갗을 태워 빠져나갈 구멍을 뚫는 것이다. 물집이 잡히면서 통증을 느끼는 증상을 통해 감염되었음을 알 수 있다. 물집이 잡힌 직후 통증을 일으키며 터지면 뒤이어 벌레가 빠져나오기 시작한다. 산에 의해 타는 듯한 통증을 느끼는 인간 숙주는 아픔을 가라앉히고자 찬물을 찾는다. 이 벌레는 물을 감지하자마자 수천 마리의 유충으로 가득 찬 우윳빛 액체를 방출한다. 전 과정이 다시 새롭게 시작되는 것이다.

기생충은 외과 수술로 제거하는 경우도 있지만 수천 년 동안 유일하게 효과를 본 치료법은 기생충을 막대에 감은 후 서서히 조심스럽게 빼내는 것뿐이었다. 통증을 동반하는 이 과정은 몇 주 또는 몇 개월간 지속되지만 서두르면 곤란하다. 기생충이 터지기라도 하는 날에는 감염된 사람은 더욱 극심한 통증을 느끼고 심각한 부작용을 일으켜 사망하는 수도 있다.

인류는 기니충에게 수백 년 동안 시달렸다. 이것은 이집트 미라에서도 발견되었으며 이스라엘 사람들이 광야에서 40년을 보낼 때 이들을 유린한 '불뱀'이 아닐까 생각될 정도다. 의학을 상징하는 아스클레피우스의 막대는 지팡이를 휘감은 뱀의 형상인데, 원래 초기 의사들이 막대기로 벌레를 잡아 없애드리겠다는 의미로 사용한 그림이라는 견해도 있다.

기니충이 희생자를 조종하여 다른 이를 감염시키는 방식이 간파된 오늘날에는 작은 용의 불을 끄는 것은 시간 문제다. 지미 카터 전 미국 대통령은 20년 동안 세계 곳곳에 기니충의 번식 방식을 알리기 위해 노력했다. 감염자가 통증을 달래기 위해 물에 접촉하는 일을 피하고, 다른 사람들은 감염의 원인이 되는 물에 접촉하지 않도록 한 것이다. 카터센터Carter Center에 따르면 전 세계적인 기니충 감염 건수는 1986년 350만 건에서 2005년에는 1만 674건으로 급감했다. 기니충이 인간과의 관계를 통해 어떻게 진화해왔는지 이해함으로써 기니충 위협에서 벗어날 수 있게 된 것이다.

진화의 풍경을 감상하며 이만큼 여행을 해왔으니, 만물은 서로 연결되어 있다는 사실을 어느 정도 이해했을 것이다. 인간은 사는 장소와 기후에 반응하여 유전 구성을 적응시켜왔다. 우리가 먹는 음식은, 이 음식을 먹는 생물에 대응하기 위해 진화를 거쳤으며 인간 또한 다시 그에 대응하기 위한 진화를 거쳤다. 말라리아 같은 전염병에 대처하거나 내성을 키우기 위하여 인간이 진화한 방식을 살펴본 바 있다. 그러나 이런 전염병들이 어떻게 인간과 함께 진화하는가는 아직 다루지 않았다. 인간이 수백만 년에 걸쳐 진화한 것과 같은 이유로 전염병도 진화하고 있음을 잊어서는 안 된다. 박테리아, 원생동물, 사자, 호랑이, 곰, 남동생 등 모든 생명체는 결국 생존과 번식이라는 두 가지 기본 명령을 따른다.

이제 인간이 함께 살아가는 수백만 미생물과 어떤 관계를 맺고 있는지 제대로 이해하기 위해서는 박테리아는 모두 해롭다느니, 세균은 약탈자라느니, 바이러스는 모두 나쁜 놈이라는 등의 편견을 버릴 필요가 있다. 인간은 이러한 미생물과 더불어 진화해왔고 그 과정에서 도움을 주고받았다는 사실을 명심해야 한다. 오늘날 인체의 기능은 수백만 년 동안 감염인자와 주고받은 상호작용과 직접 연관되어 있다. 감각에서 외모, 혈액 화학작용에 이르기까지 인간의 모든 것은 질병에 대한 진화 반응에 의하여 형성되었다. 심지어 성적 매력까지 질병과 관련이 있다. 성적 매력을 느끼는 사람의 향기는 왜 그렇게 매혹적일까? 그것은 그 사람과 나의 면역 시스템이 다르다는 표시이다. 면역 시스템이 서로 다른 부모에게서 태어나는 자녀들은 부모에 비해 더 광범위한 면역력을 갖춘다.

진화를 통해 인간을 조종하고 인간에게 조종을 받는 것은 비단 외부 생물체뿐만은 아니다. 이 책을 읽는 순간에도 당신은 세균을 위해 성대한 잔치를 베풀고 있다. 초대한 적도 없는 데 말이다. 몸이 잔치 장소이고 세포가 손님이라고 치면 집에 손님이 더 많은 셈이다. 성인 몸에는 포유류 세포보다 '외부' 세균 세포가 열 배나 더 많다. 이 세균 세포를 다 모으면 세균은 1000종 이상에 무게는 1.3킬로그램, 숫자는 10~100조 개에 이를 것이다. 유전물질을 따지면 더하다. 우리 몸에 둥지를 튼 세균이 보유한 유전자를 다 합치면 인간 게놈이 보유한 유전자보다 100배나 많다.

이들 세균은 대부분 인체의 소화기관에서 매우 중요한 역할을 한다. 이 장내세균들은 인간이 분해할 수 없는 음식을 분해하여 에너지를 생성하는 데 도움을 준다. 면역 시스템으로 하여금 유해 세균을 식별·공격하도록 돕고 세포 성장을 촉진하기도 한다. 심지어 유해 박테리아로부터 인체를 보호하기까지 한다. 항생제를 복용할 때 소화불량이 많이 생기는 원인은 유익한 박테리아까지 없애기 때문이다. 효과가 광범위한 항생제 복용은 아군, 적군, 무고한 시민을 가리지 않고 몰살시키는 융단폭격이나 마찬가지다. 그래서 항생제 복용 시에 요거트를 먹으라고 권장하는 의사들이 많다. 요거트에 들어 있는 박테리아는 장내세균이 정상 수치로 회복될 때까지 소화를 돕고 보호하는 역할을 대신해주는 아군 박테리아이다.

인체에 둥지를 튼 박테리아 중에는 적군도 있다. 각각 뇌막염, 독성쇼크증후군, 폐렴을 일으킬 수 있는 수막구균, 황색포도상구균, 폐렴구균 등이 지금 이 시각에도 우리 몸을 안식처 삼아 자라고 있는지도 모른다. 다행히 수백만 다리의 장내 미생물 아군이 적군을 통제하고 있다.

장내세균은 장벽효과barrier effect를 통해 유해 박테리아가 위험한 수준까지 늘어나지 못하도록 소화관 내 자원을 독식한다. 몸에 이로운 박테리아는 체내에서 유해 박테리아가 기반을 잡지 못하도록 방해한다. 요거트 같은 음식을 먹거나 보조제를 복용하여 생균제를 섭취하면 이와 비슷한 효과를 낼 수 있어서 이 방법은 질이 효모균에 잘 감염되는 여성들에게 권장된다. 소화기관에서와 마찬가지로 여성의 질에서 생균제에 우호적인 박테리아는 자연 발생하는 이로운 박테리아처럼 행동하며 질 효모의 성장을 억제하는 장벽효과를 낸다. 생균에 우호적인 이유 중 하나는 금속에 대한 이들의 취향과 관련이 있다. 지구상의 거의 모든 생명체는 철분이 있어야 살아남는다고 했던 것을 기억하시는지? 예외가 있는데 그중 하나가 가장 흔한 생균인 락토바실루스다. 철분 대신 코발트와 망간을 사용하는 이 세균은 인간의 철분을 노리지 않는다. 여러분의 소화기관은 수백 종의 박테리아가 생존을 위한 사투를 벌이는 진정한 정글이다. 이들 박테리아는 대부분 인체에 이로운 일을 하지만 인체를 해칠 기회를 호시탐탐 노리는 종도 몇 가지 있다. 인간과 장내세균의 사례처럼 생물과 숙주 서로에게 이득일 경우 이를 공생관계라고 한다. 그렇지 않은 경우도 물론 있다. 기니충은 100퍼센트 기생충이다. 인간 숙주에 붙어 살면서 이득을 챙기지만 주는 것은 없고 해만 끼친다. 벌레가 일으킨 상처를 차가운 물에 담그려는 (그래서 벌레가 퍼지는 데 도움을 주는) 충동을 느끼는 사람은 일종의 숙주조종을 경험하고 있는 것이다. 숙주조종이란 기생동물이 숙주에게 자극을 주어 자신의 생존과 번식을 돕게 하는 현상을 말한다.

자연에서 가장 극단적인 숙주조종의 예를 살펴보면 기생충이 인간의 행동에 어떻게 영향을 미칠 수 있는지 잘 알 수 있다. 인간과 세균이 상호 진화에 어떤 관계가 있는지 계속 연구해보기 전에, 진짜 정글로 돌아가서 실제로 일어나는 '신체 강탈자의 침입' 아니, 거미 신체 강탈자를 살펴보자.

중앙아메리카 지역에서 자생하는 호랑거미Plesiometa Argyra는 전 세계에서 거미줄을 치고 사는 종이 2500가지가 넘는 거대한 거미과에 속한다. 이 조그만 녀석들이 한 점을 중심으로 쳐나가는 원형 거미줄은 흔히 볼 수 있다. 이 호랑거미가 특히 윌리엄 에버하드William Eberhard라는 과학자의 진지한 연구 대상이 된 이유는 한 기생말벌Hymenoepimecis argyraphaga과의 특별한 관계 때문이다. 이 녀석들의 라틴식 이름은 발음하기도 어렵고 기니까 편의상 거미는 코도르 호족, 말벌은 맥베스 여사라고 부르자.

코도르 호족은 코스타리카 정글에서 행복하게 살고 있다. 둥글게 거미줄을 치고 여기에 걸려든 먹잇감을 사냥해서 칭칭 감아놓았다가 나중에 먹는다. 그러던 어느 날, 맥베스 여사가 난데없이 날아들어 침을 쏘자 코도르 호족은 온몸이 마비된다. 그러자 맥베스 여사는 코도르 호족의 배에 알을 한 개 낳는다. 10~15분이 지나 정신이 든 코도르 호족은 다시 거미줄을 치고 먹잇감을 가두는 등 하던 일을 계속한다. 맥베스 여사의 침에 찔린 순간 진짜 코도르 호족처럼 파멸할 운명이 되었다는 사실을 까맣게 모르고 있다. 맥베스 여사가 낳은 알은 곧 부화하여 아기 맥베스가 태어난다. 아기 맥베스는 코도르 호족의 배에 구멍을 뚫은 후 서서히 피를 빨아먹는다. 며칠이 지나도록 아기 맥베스는 코도르 호족을 먹고 사는데도 코도르 호족은 이를 까맣게 모른 채 계속 거미줄을 친다.

그러다 아기 맥베스가 누에고치를 만들어 어른 맥베스로 탈바꿈하는 최종 단계에 이르면, 아기 맥베스는 늙은 코도르 호족에게 화학물질을 주입한다. 이로 인해 코도르 호족은 180도 바뀌어 아기 맥베스의 노예로 전락한다. 코도르 호족은 원형 거미줄을 치는 대신 똑같은 몇 개의 줄을 왔다 갔다 하면서 마흔 번이나 뒷걸음질 친다. 아기 맥베스의 고치를 보호하기 위한 특별한 거미줄을 만드는 것이다. 그러다 자정 무렵이 되면 (대자연은 드라마틱한 장면 연출에 일가견이 있다) 코도르 호족은 이 특별한 거미줄 가운데에 꼼짝 않고 앉는다. 이제 아기 맥베스가 끝낼 일만 남았다.

이 유충은 미동도 않는 거미를 빨아먹어 말려 죽인다. 식사가 끝나면 죽은 거미의 껍질을 정글 바닥에 내다버린다. 다음 날 밤, 유충은 스스로 몸 주위에 고치를 짠 후, 죽은 거미가 지은 강화 거미줄에 걸어놓고는 최종 생장 과정에 들어간다. 약 1주일 반이 지나면 고치에서 말벌 성충이 나온다. 어떻게 유충이 거미의 본능적인 거미줄 치기 행동을 강제로 조종할 수 있는지는 아직 확실히 규명되지 않았다. 거미의 행동이 완전히 새로워지고 달라지는 것은 아니다. 특별한 '고치집'을 짓기 위해 반복하는 작업은 정상적인 거미줄을 치기 위한 기본 5단계 중 처음 두 단계에 해당한다. 단, 마치 고장 난 레코드에서 노래 일부가 반복되듯이 두 단계가 계속 반복될 뿐이다. 에버하드 박사의 설명에 따르면 "유충이 어떻게든 생화학적으로 거미의 신경계통을 조종함으로써 전체 거미줄 짓기의 하위 절차인 일부 과정을 반복하게 하는 한편 다른 절차는 모두 억제한다."

유충이 주입한 생화학물질은 효과가 빠를 뿐만 아니라 지속된다는 점도 에버하드 박사의 연구에 의해 확실해졌다. 거미가 고치집을 착공했으나 완공하기 전, 즉 유충이 거미에게 정신적 통제를 가했지만 아직 죽이지는 않은 상태에서 유충을 꺼내보았더니, 우리의 거미 친구는 며칠 동안이나 계속 고치집을 짓다가 결국은 다시 정상적인 거미줄을 치기 시작했다.

자연에는 숙주조종의 예가 수없이 많다. 이는 대개 기생생물의 번식에서 중요한 단계가 개입된다는 점을 암시하는데, 결국 기생생물이 다음 숙주로 어떻게 이동하는가 하는 문제로 귀결된다. 인간을 조종하는 기생생물로 돌아가기 전에, 특별히 까다로운 이동 문제를 해결해야 하는 어느 기생생물을 먼저 살펴보자.

창형간흡충lance: liver fluke이라는 작은 벌레 디크로코엘리움 덴트리티쿰Dicrocoelium Dentriticum은 양과 소의 간에 서식한다. 만일 가족의 서식처가 양의 배 속이라면 양이 죽기 전에 다른 양의 창자로 아이들을 이사시킬 수 있는 방도를 찾아야 한다. 그러지 않으면 양이 죽을 때 온 가족이 파국을 맞고 말 것이다. 흡충 성충이 낳은 알은 숙주의 똥을 통해 전파된다. 똥 속에 얌전히 있던 알은 달팽이가 다가와 똥을 먹을 때 함께 먹힌다. 먹힌 알은 달팽이 몸속에서 부화하고 신생아 흡충은 점액 형태로 달팽이 몸 밖으로 배출된다. 개미가 점액을 먹으면서 흡충을 다시 이동시켜준다. 하지만 아직 갈 길이 멀다. 개미 배 속에서부터 양 배 속으로 들어가려면 어찌해야 하는 것일까?

개미 배 속에 있던 벌레가 자라면 그중 한 마리가 개미의 뇌로 들어가 개미의 신경 계통을 조작한다. 흡충 숙주인 개미는 별안간 전혀 개미답지 않은 행동을 시작한다. 매일 밤 개미집을 빠져나와 잘 빠진 풀잎을 찾아간다. 풀잎 꼭대기로 올라가 매달려 자살을 기도한다. 즉 풀을 뜯어먹는 양에게 잡아먹히기를 기다린다. 먹히지 않으면 낮에 집으로 돌아왔다가 다음 날 밤 다른 풀잎을 찾아간다. 결국 개미는 풀잎과 더불어 양에게 먹히고 흡충은 새 숙주의 소화 계통을 통해 다른 간에 정착한다.

기생 털선충인 스피노코르도데스 텔리니Spinochordodes tellinii는 프랑스 남부의 메뚜기 배 속에서 성충으로 자란다. 이 벌레 역시 아예 배 속에 눌러앉아 숙주를 자살하게 만든다. 털선충 유충은 성충이 되는 순간 특수 단백질을 분비한다. 그러면 이 불쌍한 프랑스 메뚜기는 가까운 물을 찾아가서 마치 마르세유 항에 정박한 배의 술 취한 선원처럼 헤엄을 못 친다는 것도 잊고 물속에 풍덩 뛰어든다. 메뚜기는 물에 빠져 죽어가지만 벌레는 스르륵 빠져나와 헤엄치면서 짝을 찾아 번식하기 시작한다.

벌레와 곤충 말고도 숙주조종을 할 수 있는 생물은 또 있다. 바이러스와 박테리아는 항상 정교하게 숙주조종을 한다. 광견병 바이러스는 여러모로 흥미로운 숙주조종 사례이다. 광견병 바이러스가 숙주의 침샘에 정착하면 숙주는 침을 삼키기 힘든 상태가 된다. 그래서 광견병 바이러스에 감염된 동물은 입가에 거품을 물고 있다. 물론 그 침 거품은 광견병 바이러스로 바글바글할 것이다. 동물의 입가에 거품이 생겼을 때쯤이면 숙주의 뇌는 이미 바이러스에 감염된 후일 것이다. 뇌에 들어간 바이러스가 화학반응을 일으켜 동물은 더욱더 불안하고 공격적으로 변한다. 불안하고 공격적인 동물은 물어뜯게 마련이다. 그러면 입가의 침 거품에 가득찬 광견병 바이러스가 전염된다. 화가 나서 물어뜯기 더하기 침은 새로운 숙주의 탄생 공식이다. 즉 바이러스의 생존과 번식을 의미한다. 공격적이면서 화를 내는 행동을 두고 "입에 거품 문다"고 하는데 광견병에서 비롯된 표현이다. 이 밖에도, 귀신들린 맹수에게 한 번 물렸더니 마찬가지로 귀신들린 맹수로 변했다는 늑대인간의 신화도 광견병 바이러스의 활동 모습을 관찰한 데서 그 기원을 찾을 수 있다.

노예로 전락한 거미와 자살을 시도하는 메뚜기는 가장 극단적인 숙주조종의 예이다. 숙주조종을 25년 이상 연구해 온 제니스 무어Janice Moore 콜로라도 주립대학교 생물학 교수는 조종당한 숙주의 변화가 극심한 나머지 아예 다른 생물체로 변하는 경우도 있다고 설명한다.

> 기생생물에게 조종당한 동물은 그렇지 않은 동물에 비해 너무 심하게 변하므로 다른 생물 종처럼 기능한다고 보아도 좋을 것이다.

한편, 이보다는 극단적이지 않고 최소한 자연스럽게 보이는 숙주조종의 예도 많다. 호랑거미와 말벌 유충의 예만 해도 유충이 거미를 완전히 통제하는 것은 아니다. 그 대신 거미로 하여금 유충에게 이익이 되는 행동을 하도록 화학적 조종을 할 뿐이다. 그래도 거미는 계속 살아 있고 의지력도 있다. 거미줄 치기 절차의 두 단계는 말벌이 아니라 거미의 몫이다. 마찬가지로, 기니충에게 감염된 사람이 차가운 물에 손을 담가 통증을 완화하려 할 때 기니충이 정신을 통제하는 것은 당연히 아니다. 그러나 기니충은 자신의 생존과 번식을 돕는 방식으로 숙주가 행동하도록 자극을 주는 방향으로 진화했다.

다행히 인류는 거미보다 지능이 훨씬 높다. 기생생물이 숙주를 어떻게 조종하는지 많이 이해할수록, 특히 그 숙주가 인간일 때, 그 영향과 결과를 더 잘 통제할 수 있다. 기니충처럼, 유해한 기생충의 번식 행동을 근절하는 것 외에 달리 방법이 없는 경우도 있다. 곧 살펴보겠지만, 무해하거나 적어도 해가 덜한 방향으로 기생충의 진화를 인도할 수 있을 것이다. 진화 기록에는 그 증거가 풍부하다. 그러면 안 된다는 것을 알면서도 점심으로 먹어버린 하겐다즈 아이스크림 한 통을 소화시키느라 분주한 그 많은 박테리아를 떠올려보시라.

톡소플라즈마 곤디, 줄여서 T. 곤디는 온혈동물이라면 거의 가리지 않고 감염시킬 수 있는 기생충이다. 숙주가 살아 있는 동안 자가복제를 통해 번식하는데, 유독 고양이가 숙주일 때만 유성생식을 한다. 유성생식을 통해 생긴 접합자낭, 즉 생식세포는 새로운 숙주를 찾아나선다. T. 곤디에 감염된 고양이는 배설물을 통해 접합자낭을 퍼뜨린다. 이 접합자낭은 작지만 끈질긴 생물체로서 척박한 환경에서도 1년 가까이 살아남을 수 있다. 설치동물이나 조류, 기타 동물들이 접합자낭을 먹고 소화시키면 T. 곤디에 감염된다. 감염된 다른 동물의 살을 먹어 감염되는 경우도 있다. 인간이 덜 익힌 고기, 제대로 씻지 않은 채소를 먹거나 고양이 배설물을 만지면 접합자낭이 체내에 들어오기도 한다.

감염된 동물의 혈류를 통해 T. 곤디 세포가 온몸에 퍼진다. 이 세포는 근육 안에도 들어가고 뇌세포에도 파고든다. 감염치고는 끔찍하다. 자기 뇌에 기생충이 아예 살림을 차려버리는 것을 바라는 사람이 누가 있겠는가? 그래도 대부분의 사람들에게는 금방 해를 끼치지는 않는다고 한다. 세계 인구의 절반가량이 감염되어 있을 정도로 아주 흔하다. 단지 생각하는 그곳[뇌]이 아닐 뿐이다. 미국의 질병통제본부CDC에 의하면, 미국 인구의 20퍼센트 이상이 감염되어 있다. 프랑스에서는 그 비율이 90퍼센트에 가깝다(생육 소비와 T. 곤디 감염 비율 사이에 상관관계가 있다고 보는 역학자들이 있다. 그래서 프랑스의 감염율이 높은지도 모른다. 육회라는 뜻의 타르타르tartare도 프랑스어다).

그렇지만 T. 곤디가 어떻게 고양이 몸속에 다시 들어가는지는 여전히 설명할 수 없다. 이제 이야기가 재미있어진다. T. 콘디는 몸집은 작지만 발군의 실력을 갖춘 숙주조종가이다. 이때 숙주는 생쥐와 일반 쥐이다. T. 콘디에 감염된 고양이 배설물을 생쥐(또는 일반 쥐)가 먹으면 기생충은 늘 하던 대로 쥐의 근육과 뇌세포로 이동한다. 일단 기생충이 쥐의 뇌 속으로 들어가면 행동에 엄청난 영향을 미친다. 그러나 구체적으로 어떻게 영향을 미치는지는 아직 완전히 파악되지 않은 상태이다. 우선, 쥐는 살이 찌면서 행동이 굼떠진다. 게다가 천적인 고양이를 무서워하지 않게 된다. T. 콘디에 감염된 쥐는 고양이 오줌으로 표시된 고양이 활동 구역을 피하기는커녕 오히려 그 냄새에 이끌린다는 사실이 연구를 통해 밝혀졌다. 고양이 냄새에 끌리는 뚱뚱하고 느린 생쥐를 가리켜 전문 용어로…… 고양이 밥이라고 한다.

고양이 밥은 T. 곤디가 원하는 목적지로 정확히 이 기생충을 모셔다 준다.

좀 전에 T. 콘디가 인간에게는 대개 무해하다고 했는데 뭐 '대개' 그렇다는 것이지 항상 그렇다는 얘긴 아니다. 먼저, HIV 보균자처럼 면역 체계가 크게 손상된 사람들은 실명, 심장이나 간 손상, 치명적인 뇌염 등 심각한 합병증을 일으킬 수 있다. 면역 체계가 정상인 사람들과 달리 감염에 제대로 대응하지 못하기 때문이다. 임신한 여성들도 각별히 주의를 기울여야 한다. 임신 여성이 감염된 경우 태아도 감염될 확률은 임신 기간에 따라 40퍼센트나 되며 태아 역시 심각한 합병증에 시달릴 수 있다. 임신하기 전에 '이미' 감염된 경우는 괜찮다. 초기 감염 단계가 아닌 이상 태아는 안전하다. 어쨌든 임신 여성과 면역 체계가 손상된 사람은 고기를 날로 먹지 않도록 주의해야 하고 배설물 처리는 다른 사람에게 맡겨야 한다.

T. 곤디에 감염되면 나중에 정신분열증을 일으킬 수도 있다는 증거도 늘어나고 있다. 저명한 정신과의사 겸 정신분열증 연구원인 E. 풀러 토리Fuller Torrey는 2003년에 이러한 가설을 많이 발표했다. 정신분열증 환자 중에 T. 곤디 감염자가 많은 것은 분명하나, 그 인과관계는 아직 불분명하다. T. 곤디가 정신분열증을 일으킬 수도 있겠지만, 정신분열증 환자가 위생 관리를 철저히 하지 않아 T. 콘디에 노출되었을지도 모른다. 어쨌든 철저히 연구해볼 만한 분야이다. 10년 전만 해도 감염으로 궤양이 발생한다는 주장은 과학계에서 통하지 않았지만 지금은 전문가들 사이에서도 사실로 받아들여진다(물론 그 배경에는 박테리아를 삼켜 스스로 궤양에 걸림으로써 그 상관관계를 입증한 배리 마셜 박사Dr. Barry Marshall의 눈물겨운 노력이 있었다. 그래도 정의는 살아 있는 모양이다. 마셜 박사는 동료 J. 로빈 워런J. Robin Warren과 함께 감염과 궤양의 상관관계를 밝혀낸 공로를 인정받아 2005년 노벨 생리·의학상을

공동 수상했다).

최근 수행된 연구에 따르면 T. 곤디가 정신분열증을 일으킬지 모른다는 가설이 힘을 받고 있다. 주혈원충병에 걸린 생쥐에게 항정신성 약물을 주입했더니 행동 변화가 관찰된 것이다. 현재 존스 홉킨스 대학에서는 주혈원충병을 퇴치하는 항생제를 통해 정신분열증을 치료할 수 있는지 타진하는 실험이 진행중이다. 토리 박사의 가설이 맞고, T. 곤디 감염이 정신분열증을 일으키는 것이 확실하다면, 미친 고양이 여성의 전형적인 모습에 새로운 의미가 부여될 것이다.

T. 곤디가 설치류의 뇌화학작용에 이처럼 극적인 영향을 미치다 보니, 이것이 인간에게도 영향을 미친다는 증거를 찾아나선 과학자가 등장한 것도 무리는 아니다. T. 곤디에 감염된 사람은 감염되지 않은 사람들에 비해 경미하지만 행동에 변화가 나타난다는 증거가 있다. T. 곤디가 행동 변화의 원인인지, 이러한 행동을 하는 사람들이 T. 곤디에 더 잘 노출되는 것인지는 역시 불분명하다. 어쨌든 흥미로운 일임에는 틀림없다.

프라하 카렐 대학의 야로슬라브 플레그르Jaroslav Flegr 교수는 T. 곤디에 감염된 여성들이 그렇지 않은 여성들에 비해 옷을 사는 데 돈을 더 많이 쓰고 매력적이라는 평가를 꾸준히 받는다는 사실을 발견하고 다음과 같이 연구결과를 요약했다.

〔감염된 여성들〕 성격이 더 무난하고 마음이 따뜻할 뿐만 아니라 친구도 많고 외모에 신경 쓴다는 점을 발견하였다. 반면, 이들은 믿을 만

하지 못하며 남성들과의 관계를 더 많이 맺었다.

한편, 남성들이 감염되면 몸치장에 신경을 덜 쓰고 혼자 지낼 개연성이 높으며 더 호전적으로 변한다는 점이 발견되었다. 의심과 질투심도 많아지고 규칙을 따르려는 의지도 적었다.

T. 곤디가 이런 식으로 인간 행동에 영향을 미치는 것이 사실이라면, 이는 T. 곤디가 진화시킨 설치류 조종의 부산물일 개연성이 높다. 그래서 인간에게서는 설치류에 비해 훨씬 경미한 효과가 나타난다. 조종 목적은 설치류로 하여금 고양이에게 잡아먹히게 하는 것이다. T. 곤디의 주요 생명 주기가 발생하는 곳이 바로 고양이 몸속이기 때문이다. 이 기생충으로서는 인간이나 다른 동물의 감염은 어부지리에 가깝다. T. 곤디가 설치류의 행동에 영향을 미치기 위하여 진화시킨 화학물질이 인간의 뇌에도 영향을 미칠 수 있겠지만, 어떤 영향을 미치든 진화 관점에서의 숙주조종은 아니다. 기생충을 위한 어떤 행동도 하지 않기 때문이다. 옷을 잘 차려입은 여성만 잡아먹는 고양이 종이 있다면 몰라도.

사람들은 대부분 재채기를 일종의 증상으로 생각하지만 그건 하나만 알고 둘은 모르는 것이다. 정상적인 재채기는 침입자가 몸속으로 들어오려는 것을 감지한 체내 자위대가 침입자를 내쫓기 위해 발동하는 수단이다. 감기에 걸렸을 때 하는 재채기는 어떠한가? 감기 바이러스가 상부 호흡기에 이미 단단히 붙어 있으면 이를 쫓아낼 방법은 없다. 그 재채기는 종류가 전혀 다르다. 감기 바이러스는 주위의 가족과 동료, 친구들을 감염시켜 새 집으로 삼기 위해 재채기 반응을 일으키는 법을 익힌 것이다.

재채기는 증상인데, 원인이 감기라면 목적의식이 있는 증상이라고 할 수 있다. 게다가 그 목적을 세운 것은 인간이 아니다. 전염병 증상이라고 생각하는 많은 것들이 사실은 숙주조종의 부산물이다. 어떤 박테리아나 바이러스가 인간을 감염시키고 나면, 이들은 다음 숙주로 옮겨가는 데 무의식적으로 도움을 주는 방향으로 인간을 유도한다.

자녀가 있는 이들은 잘 알겠지만 요충은 북미 지역 아동이 가장 많이 감염되는 기생충 가운데 하나이다. 어느 시점에서 미국 아이들 중 약 50퍼센트에 요충이 있는 것으로 질병통제센터는 파악한다. 요충 성충은 길이가 1.5센티미터도 채 되지 않고 하얀 실밥처럼 생겼다. 요충은 대장에서 소화 물질을 먹고 다 자란 후 짝짓기를 한다. 밤이 되면 임신한 암컷은 감염된 아이의 대장 밖으로 빠져나와(다른 것이 대장 밖으로 빠져나오듯이) 눈에 잘 보이지도 않게 작은 알을 아이의 피부에 낳아놓는다. 심한 가려움증을 일으키는 알레르겐(allergen: 알레르기를 일으키는 물질)도 잊지 않고 함께 분비한다. 이 알레르기는 가렵다는 것 외에는 무해하지만, 어쨌든 아이가 가려운 곳을 반드시 긁도록 하는 것이 목적이다.

요충이 있는 아이가 항문 근처를 긁으면 손톱 밑에 알이 낀다. 매일 아침 손톱 밑까지 싹싹 닦아낼 정도로 깨끗하게 손을 씻지 않는 이상, 알은 계속 손톱 밑에 남는다. 끈적이는 이 물질은 아이가 만지는 문의 손잡이, 가구, 장난감, 음식으로 쉽게 이동한다. 이 아이가 만졌던 곳을 다른 아이가 만지면 알이 묻는다. 호기심 많은 아이가 손가락을 빨면 알이 몸속으로 들어가 소장에서 벌레가 부화하고 대장으로 이동해 새로운 주기가 다시 시작된다. 요충은 인간 몸속에서만 산다. 다른 동물에게서 옮는다는 것은 오해이다(알이 묻은 손으로 만진 애완동물의 털에서 쉽게 묻어나기는 한다). 요충이 사는 길은 한 인간 숙주에서 다른 인간 숙주로 이동하는 방법밖에 없다. 요충은 이를 위해 긁어서 퍼뜨린다는 간단하면서도 효율적인 숙주조종 방법을 진화시켰다.

다른 전염병은 유행과 번식이 쉽다는 미명하에 더 수동적인 방식으로 인간을 조종하는 증상을 일으킨다. 콜레라는 심한 설사를 일으키는 수인성 전염병이다. 심한 경우 설사가 멈추지 않아 탈수증과 사망에 이르기도 한다. 그러나 콜레라에 의한 설사는 요충에 의한 가려움증, 감기에 의한 재채기와 마찬가지로 단순한 증상이 아니라 매개수단이다. 질병은 설사를 일으키고 물을 만나 새로운 숙주를 찾을 수 있다.

말라리아도 인간 숙주를 조종한다. 이번에는 인간을 무력하게 만드는 방법을 사용한다. 말라리아에 걸린 사람은 고열과 오한이 반복되며 몸이 쇠약하고 피곤함을 느낀다. 팔을 들어올릴 힘조차 없을 정도로 기진맥진한 상태로 침대에 누워 있으면 모기에게 아주 좋은 먹잇감이 된다. 말라리아에 걸린 사람을 문 모기는 말라리아 병원균을 담뿍 머금고 날아가서 다른 사람을 감염시킨다.

인간의 몸에서의 숙주조종 연구는 아직 걸음마 단계지만, 연구자들은 다양한 질병의 원인과 치료법을 새롭게 조명하는 놀라운 사실을 발견하고 있다. T. 곤디가 고양이에서 고양이 주인으로 옮겨가면서 정신분열증을 일으킬 수도 있다고 말한 바 있다. 아동의 강박신경증과 연쇄상구균 감염 간에 연관성이 있음이 최근 연구결과 밝혀져 논란이 되고 있다.

연쇄상구균 박테리아 과科는 패혈성 인두염, 성홍열, 세균성 폐렴, 류머티즘열 등 인간이 걸리는 다양한 질병의 원인이다. 연쇄상구균 박테리아 종류 중에는 분자모방molecular mimicry이라는 현상을 보이는 것이 많다. 즉 면역 체계를 속이기 위해 인간 세포의 특성을 흉내 내는 것이다. 이 박테리아는 심장세포, 관절세포, 심지어 뇌세포까지 모방한다. 박테리아에 감염되면 체내 면역 체계에서는 침입자를 공격하기 위한 항체를 만든다. 그런데 분자모방을 통해 침입자가 일부 변장을 한다면 자가면역장애가 초래될 수 있다. 박테리아 침입자에 의한 위협은 면역 체계에서 인식하지만 면역 체계에서 만든 항체는 박테리아와 닮은 모든 세포를 공격한다. 그중에는 체내 일반 세포까지 포함되어 있다. 류머티즘열이 있던 아이의 심장에 문제가 생기는 이유도, 감염 주체인 박테리아와 닮은 구석이 있는 심장판막이 항체의 공격을 받기 때문이다.

미국 국립정신보건원NIMH에서 연구원으로 일하는 스잔 스웨도Susan Swedo 박사는 특정 연쇄상구균 감염으로 자가면역장애가 생기면, 뇌에서 움직임을 관장하는 뇌저신경절이 항체의 주도로 공격을 받는다고 본다. 연쇄상구균 감염에 의한 소아 자가면역 신경정신장애PANDAS라는 병이다. PANDAS에 걸린 아이의 부모는 하룻밤 만에 아이가 무섭게 돌변하는 모습을 지켜보면서 상처를 받는다. 감염 직후 아이는 갑자기 안면 경련이 반복되고 걷잡을 수 없이 이것저것 물건을 만지며 심한 정서 불안 상태에 빠진다.

이것이 실제로 숙주조종인지는 불분명하다. 행동 변화에 따라 박테리아의 확산에 도움이 되는지 여부가 관건이다. 물론 이론적으로 보자면 돌아다니면서 가구와 장난감, 다른 아이들을 계속 만지다 보면 바이러스 확산에 도움이 되리라는 것을 쉽게 짐작할 수 있다. 강박신경증과 연쇄상구균 감염 사이에(숙주조종은 아니지만 박테리아가 면역 체계를 속이려는 가운데 나타나는 부산물인) 상관관계가 있을 수도 있다.

한 가지 분명한 점은 전염인자가 인간의 행동에 영향을 주는 갖가지 방법들을 이제 겨우 이해하기 시작하는 단계라는 것이다. 성병이 성적 행동에 영향을 줄지도 모른다는 놀라운 가능성을 모색하는 참신한 연구도 진행되고 있다. 그렇다고 행복하게 살던 유부남이 갑자기 성에 굶주린 바람둥이로 변한다는 뜻은 아니다. 그렇다 하더라도 사실 바이러스(또는 균류나 박테리아)에게 반드시 득이 되는 것은 아니다. 숙주의 성행위가 지나치게 난잡하면 더 위험한 다른 질병에 걸려 드러눕게 될 수 있고, 그러면 기생충은 돌아다니지 못하는 숙주 안에 갇히기 때문이다. 성행위를 매개로 하는 기생충 관점에서 본다면 인간이 성행위를 많이 하되 지나치지 않기를 바랄 것이다.

인간의 성행위에 영향을 미치는 질병에 관해서라면, 음부 포진이 성감에 작용해 행동에 영향을 미칠 수 있는지 여부를 탐색중이다. 캘리포니아 주립대학 어바인 캠퍼스UCI 해부학 및 신경생물학과의 캐럴라인 G. 하탈스키Carolyne G. Hatalski와 W. 이언 립킨Ian Lipkin 두 사람은 포진 바이러스가 성감을 전달하는 신경에 연계되어 있기 때문에 이를 고조시킬 수 있다고 추측하여 다음과 같이 적었다.

> 신경절 감염으로 성기에 전달되는 감각이 조절됨으로써 성행위가 잦아지고 바이러스 전염 확률이 높아질 수 있다는 추측은 흥미롭다.

다시 말하면 포진 바이러스는 숙주가 좀 재미를 보기 원하는 경향이 있다는 얘기다.

숙주조종은 기생충이나 질병이 자신의 이익을 위해 숙주의 행동에 영향을 미칠 때 일어난다. 그러나 숙주조종 이외에도 질병이 인간의 행동에 영향을 미칠 수 있는 방법은 많다. 인간은 질병을 피하거나 처치하기 위해 수천 가지 방식으로 개인적·문화적·사회적 기준을 진화시켜왔다. 그중 본능적인 행위도 있다. 예를 들어 동물 배설물이나 상한 음식 등 특정 모습을 보거나 냄새 맡으면 거부반응을 느낀다. 전염 물질이 닿이 들어 있을 때 특히 그렇다. 학습에 의한 행동이나 사회적 압력에 의한 행동도 있다. 재채기할 때 코와 입을 손으로 가리는 것이 좋은 예이다. 질병에 대한 이러한 반응을 행동표현형

behavioral phenotype이라고 한다. 행동표현형이란 생물체가 유전구성과 환경 간의 상호작용을 자신에게 득이 되는 방향으로 유도하려고 노력하는 가운데 나타나는 행동을 가리킨다.

일부 진화정신병학자(진화의 맥락에서 인간 행동을 연구하고 특정 행동으로 인해 진화적 이점을 얻었는지 살펴보는 과학자)는 인류가 낯선 사람을 본능적으로 두려워하는 것은 질병을 피하기 위해서라고 주장하기까지 한다. 이 이론의 근거는 인간이 생존과 번식이라는 기본적인 생물학적 명령에 따라 자식과 가까운 친척의 건강과 안전을 뼛속 깊이 염려하게 되었다는 발상이다. 즉 어떤 경우에는 자식들의 생존, 심지어 가까운 친척들의 생존을 위해 자기 자신을 희생하는 방향으로 진화 압력이 작용한다는 것이다. 이 이론에 따르면 자신의 희생을 통해 목숨을 건질 수 있는 친척들이 많을수록 행동에 나설 확률이 높다는 것이다. 진화의 관점에서 보면 아주 그럴듯하다. 가까운 친척과 방계가족의 더 큰 유전자 풀이 살아남도록 자신의 유전자를 유일하게 보유한 자(즉 당신을)를 죽게 한다는 것이다.

그러면 치명적이고 전염성 강한 병에 감염되면 어떻게 될까? 병든 유인원이 공동체에서 버림받는 이유는 친족들이 감염을 피하기 위해서라고 보는 연구원들도 있다. 삼색제비와 갑충에게서도 이러한 현상이 관찰된 바 있다. 이들 종은 기생충에 감염되면 친족들을 떠나 멀리 이주한다.

위험한 기생충에 감염되면 형제들을 피하는 기제를 진화시킨 종이 있다는 증거도 있다. 미국 버지니아 주 노포크의 올드 도미니언 대학

교의 연구원들은 카리브해 대하를 연구했다. 대하는 평소에 공동체 동굴에 함께 사는 군거성 생물이다. 그런데 건강하던 대하가 치명적인 병원성 바이러스에 감염되면 미감염 동거인들이 슬슬 피하며 떠나버린다는 사실을 밝혀냈다. 실로 놀라운 것은 미감염 대하들은 병든 대하에게 어떠한 증상이 나타나기도 전에 수중 고속도로를 향해 떠난다는 점이다. 즉 모종의 화학 센서와 유발 장치가 개입해 행동을 유도한 것이다.

이 이론은 바로 여기서 집대성된다. 특정 기생충이나 균에 감염된 생물체는 친족을 보호하기 위해 소속 집단을 떠난다. 그럼 미지의 생물체가 홀연히 마을 어귀에 나타날 때 집단은 어떻게 반응할까? 외부인에 대한 본능적인 두려움을 지칭하는 제노포비아Xenophobia는 인류 문화에서 거의 보편적으로 찾아볼 수 있다. 제노포비아는 전염병 등 건강과 생존을 위협하는 외부 요소로부터 자기 집단을 보호하려는 본능에 깊이 뿌리박혀 있는지 모른다. 물론, 그것이 사실이고 그 기원을 이해할 수 있다면 이제는 소용없어진 본능에 효과적으로 대처할 수 있을 것이다.

"수퍼버그 공포 일파만파 확산"

"치명적 감염 증가, 전문가들도 속수무책"

"박테리아 기승, 항생제도 무용지물"

어디선가 본 듯한 기사 제목일 것이다. 섬뜩하지만 사실이기도 하다. 인간이 병을 이겨내기 위해 진화를 거쳤듯이 병을 일으키는 모든 미생물도 인간과 더불어 진화를 거쳤다. 기생충들이 다른 양으로 이동하기 위해, 한 마리 양에서 달팽이로 그리고 다시 개미로 이동하는 등, 생존을 위해 거의 불가능해 보이는 여정을 성사시키는 기술을 진화시켜온 모습을 살펴본 바 있다. 몸집이 작은 미생물은 번식 속도와 빈도가 아주 높아 며칠 만에 수백 세대가 이어지는 등 인간에 비해 진화적 이점이 크다. 진화 속도가 더 빠르다는 것이다. 황색포도상구균(줄여서 포도상구균)을 예로 들어보자. 포도상구균은 인간의 피부나 코 안에 사는 매우 흔한 박테리아다. 여드름을 일으키고 뇌막염과 독소쇼크증후군 같은 치명적인 감염을 일으키기도 한다. 항생제에 내성을 보이는 감염은 병원을 휩쓸고 있으며 최근 들어 프로 스포츠 팀과 대학 스포츠 팀을 괴롭히기도 했다. 포도상구균은 이러한 사례의 주범이기도 하다.

1928년 알렉산더 플레밍이 우연히 발견한 페니실린은 당시 포도상구균의 생장을 억제하는 중이었다. 세균배양 접시에 들어 있던 것이 바로 포도상구균이었다. 14년 후 페니실린이 최초로 인간의 치료에 사용되었을 때 페니실린에 내성이 있는 포도상구균은 거의 없었다. 그러나 불과 8년이 흐른 1950년에는 포도상구균의 40퍼센트가 페니실린에 내성을 갖게 되었다. 1960년에 이르자 이 비율은 80퍼센트로 높아졌다. 1959년에는 페니실린의 특별한 사촌인 메티칠린을 도입하여 치료법을 전환하였다. 그로부터 2년 후, 메티칠린에 내성을 갖는 최초의 포도상구균MRSA이 보고되었다. 그러자 MRSA를 병원

안에 단단히 가두어놓고 반코미신vancomycin이라는 다른 종류의 항생제를 처방했다. 최초의 VRSA, 즉 반코미신에도 내성을 갖는 포도상구균이 1996년 일본에서 보고되었다.

이런 소식을 들으면 소름이 끼친다. 마치 월등한 기술을 보유한 상대방과 군비경쟁이라도 벌이는 듯하다. 하지만 이것이 이야기의 전부는 아니다. 박테리아가 더 날렵할지는 몰라도 대신 인간은 지능이 더 우수하다. 인간은 진화가 어떻게 진행되는지 파악해서 스스로에게 유리한 쪽으로 활용할 수 있는 능력이 있는 반면, 상대방은 생각하는 능력이 전혀 없다. 박테리아는 다른 모든 생물과 마찬가지로 생존과 번식이라는 생물학적 명령을 통해 움직인다는 점을 명심하자. 그렇다면 특정 박테리아가 몸이 아픈 인간보다 '건강한' 인간 몸속에서 더 쉽게 살아남도록 만들면 어떻게 될까? 그러면 인간을 유익한 방향으로 행동하게 만드는 진화 압력이 생기지 않을까?

폴 에왈드Paul Ewald가 바로 그런 생각을 하고 있다.

에왈드는 진화생물학의 선구자 가운데 한 명이다. 특히 전염병의 진화와 함께 병원체가 숙주를 해치는 형질을 어떻게 선택하는지 또는 선택하지 않는지를 전문적으로 연구한다. 미생물이 숙주를 파괴하는 정도를 병독성이라고 한다. 인간에게 영향을 주는 병원체의 병독성 정도는 요충처럼 백해무익한 녀석에서부터 불편하지만 크게 위험하지는 않는 것(감기), 급속히 치명적인 수준에 이르는 것(에볼라)까지 광범위하다. 그렇다면 병독성이 강하게 진화되는 미생물도 있고 숙주를 건강하게 살려두는 미생물이 있는 이유는 무엇인가? 에왈드는 병독성을 결정하는 핵심 요소는 기생균이 한 숙주에서 다른 숙주로 옮겨가는 방식에 있다고 본다.

모든 감염인자에는 새로운 숙주를 감염시켜 생존하고 번식한다는 공통의 목표가 있음을 떠올려보면 충분히 납득이 간다. 세균이 한 숙주에서 다른 숙주로 옮겨가는 세 가지 기본 방법을 살펴보자.

- 공기나 신체 접촉을 통한 감염이 가능할 정도로 접근하기: 감기, 성병STD
- 모기나 파리, 벼룩 등 중간 매개체를 운송수단으로 활용하기: 말라리아, 아프리카 수면병, 발진티푸스
- 오염된 음식이나 물을 통해 이동하기: 콜레라, 장티푸스

그러면 이것이 병독성의 관점에서 의미하는 바를 생각해보자.

에왈드에 따르면 첫 번째 범주에 해당하는 질병은 병독성을 멀리하는 진화 압력을 받는다. 왜냐하면 숙주가 미생물을 품은 채 돌아다니면서 새로운 숙주를 만나게 해줘야 하기 때문이다. 즉 숙주는 돌아다닐 수 있을 정도로 비교적 건강해야 한다. 그래서 감기에 걸리면 괴롭기는 하지만 일어나서 출근할 정도는 되는 것이다. 감기 바이러스는 숙주로 하여금 지하철 타고 출근할 수 있을 정도로는 해준다. 물론 가는 길에 계속 재채기와 기침을 하게 된다. 에왈드는 감기 바이러스가 진화 대박을 터뜨렸다고 본다. 인간을 움직일 정도로는 만

들어놓고 자신은 살아남는 정도로 병독성을 진화시킨 것이다. 그는 감기 바이러스가 인간을 죽이거나 심각하게 드러눕게 하는 수준까지는 절대로 진화하지 않을 것으로 본다.

한편, 숙주가 돌아다니지 않아도 되는 감염인자의 경우에는 문제가 심각해질 수 있다. 앞서 언급했듯이 말라리아는 인간의 도움 없이도 새로운 숙주를 만날 수 있기 때문에 숙주를 기진맥진하게 만드는 방향으로 진화했다. 말라리아가 바라는 것은 인간이 피를 빨아먹는 모기의 공격에 무방비 상태로 노출되는 것이다. 사실 말라리아 기생균이 숙주를 거의 죽음으로 몰고 가면 진화의 '이득'을 얻을 수 있다. 인간의 피 속에 기생균이 많을수록 모기가 빨아먹는 기생균이 많아진다. 모기가 기생균을 많이 빨아먹을수록 다른 사람을 물 때 감염시킬 확률이 높아진다.

콜레라도 비슷하다. 인간이 돌아다니지 않아도 새 숙주를 찾을 수 있기 때문에 병독성을 선택하지 않을 이유가 없다. 오염된 옷가지나 침대보를 강물이나 연못, 호수 또는 하수구 물에 씻으면 위생 처리가 부실한 상수도를 통해 쉽게 퍼진다. 콜레라 역시 강한 병독성을 진화시킬 때 이점을 얻는다. 박테리아가 왕성하게 번식하면서 감염된 사람은 심한 설사를 통해 수백만 마리의 미생물을 배설한다. 따라서 이 중 일부가 새로운 숙주를 찾아갈 확률이 높아진다.

요점을 정리하면 이렇다. 감염인자에게 동맹군(예: 모기)이나 견실한 이송체계(위생 처리가 부실한 상수도 시설)가 있으면, 숙주와의 평화로운 공존은 우선순위에서 밀려난다. 이 경우에 기생균은 숙주를 최대한 이용하면서 본인은 최대한 많이 번식하는 방향으로 진화한다. 숙주 입장에서는 매우 나쁜 소식이다.

그러나 인류 전체로 볼 때는 꼭 나쁜 소식이라고 할 수 없다. 에왈드는 이 점을 이해하면 기생균의 병독성을 약화시키는 방향으로 진화를 유도할 수 있다고 생각한다. 기본 이론은 이렇다. 인간이 개입되지 않는 이동 경로를 차단하면 진화 압력은 인간 숙주가 일어나서 돌아다닐 수 있게 하는 방향으로 작용한다.

이 점이 콜레라 발생에 어떻게 적용되는지 살펴보자. 에왈드의 이론에 따르면, 특정 개체군에서 콜레라의 병독성은 상수도의 질과 안전성에 직접적인 관계가 있다. 사람들이 들어가서 몸을 씻고 먹을 물도 퍼올리는 강물에 오수가 쉽게 흘러든다면, 콜레라는 병독성을 향해 진화할 것이다. 숙주를 마음껏 이용하고 상수도를 통해 퍼지면서 자유롭게 번식할 수 있다. 그러나 상수도가 철저히 위생 처리된다면 콜레라균은 병독성이 없는 방향으로 진화할 것이다. 돌아다닐 수 있는 숙주 몸 안에 오래 머물수록 전염 개연성이 높아지기 때문이다.

1991년 페루에서 시작하여 수년간 중남미에서 유행한 콜레라는 에왈드 말이 맞다는 강력한 증거이다. 각국의 상수도 체계는 심히 원시적인 수준에서 비교적 잘 발달한 것까지 다양했다. 에콰도르같이 상수도 위생이 불량한 국가에 박테리아가 침입하자 바이러스는 퍼져나가면서 더욱더 해로워졌다. 반면, 칠레처럼 상수도 위생이 양호한 국가에서는 박테리아가 병독성이 낮아지는 방향으로 진화하면서 사망자가 적었다.

이 사례가 시사하는 바는 크다. 항생제 군비경쟁을 하면 박테리아가 더 강하고 위험해진다. 반면, 박테리아를 인간과 사이좋게 지내게 만드는 방법이 있다. 이 이론이 콜레라 같은 수인성 전염병에 어떻게 적용되는지 생각해보자. 상수도를 깨끗이 유지한다면 오염된 물을 마시는 사람들이 줄어든다. 따라서 감염자도 줄어들 것은 자명하다. 그러나 에왈드의 말이 맞다면 상수도의 위생 상태를 개선하여 전염병의 통로를 차단하는 데 투자한다면 질병 자체가 덜 해로운 존재로 진화하는 결실을 맺을 것이다. 에왈드의 말처럼,

> 우리는 질병을 일으키는 미생물의 진화를 통제해야 한다. 순한 종을 선택함으로써 미생물을 길들여 예전보다 순한 버전으로 만들어야 한다. 순한 버전에 감염되면 대부분의 사람들은 감염 사실조차 모를 것이다. 마치 이들이 살아 있는 공짜 백신을 접종받는 것과 같을 것이다.

말라리아 환자가 모두 모기망 안에서 지내거나 실내에서 머문다면 말라리아를 일으키는 원생생물인 열대열원충은 이와 비슷한 방향으로 유도된다. 모기가 침대에 누워 꼼짝 못 하는 말라리아 환자들을 물지 못한다면, 말라리아균은 감염된 사람이 돌아다님으로써 퍼질 수 있는 기회를 늘리는 방향으로 진화 압력을 받을 것이다.

물론 이 이론이 항상 적용되지는 않는다는 점을 에왈드는 알고 있다.

숙주 몸 밖에서도 장기간 살아남을 수 있는 일부 기생균 때문에 일

이 복잡해진다. 숙주 후보가 나타날 때까지 몇 년이고 잠복할 수 있는 병원균은 전염 압력에 크게 좌우되지 않는다. 탄저균은 바로 이렇게 환자를 잡아먹는 균 가운데 하나이다. 이 치명적인 박테리아는 숙주 몸 바깥에서 어떤 경우에는 10년 이상 존재할 수 있다. 이 경우에는 병원균의 전염 통로를 줄이는 것만으로는 병독성을 통제하기 어렵다. 이 병원균은 숙주 몸 밖에서 생존할 수 있기 때문에 진화 관점에서 보자면 전염에 신경을 덜 쓴다.

인간이 박테리아의 진화에 영향을 미칠 수 있다는 사실은 이미 알고 있다. 항생제에 내성이 있는 포도상구균 종의 진화가 확실한 증거이다. 그러나 에왈드의 이론은 박테리아 진화가 인간 대신 박테리아에게 유리하다는 생각을 다음과 같이 뒤집는다.

> 세균에게 한 가지 항생 무기를 사용하면 그 세균은 그에 대항할 방어 무기를 진화시키고, 그러면 인간은 다시 다른 무기를 들고 나오는 과정이 끊임없이 반복되는 군비경쟁에서 벗어나야 한다. 인간은 진화의 종착점을 알고 있으며, 세균이 그곳을 향해 자유롭게 진화해가도록 환경을 조절한다. 그러면 인간에게도 세균에게도 이득이 된다.

전염병을 일으키는 세균이 어떻게 인간과 더불어, 인간 곁에서, 인간 몸속에서 진화를 거치면서 인간에게 그리고 자신의 진화에 영향을 미쳤는지 이해한다면, 이러한 질병이 인간에게 영향을 주는 방법과 더불어 이들을 인간에게 득이 되도록 통제할 수 있는 새로운 통찰력을 얻게 된다. 이로써 인간은 기니충 같은 끔찍한 기생충의 전염 통로를 차단할 수 있게 되었다. 유사 이전부터 오랫동안 인류를 괴롭혀온 콜레라, 말라리아를 비롯한 질병의 행로를 바꿀 수 있는 강력한 방안도 제시되고 있다.

결국 살아 있는 모든 것은 생존과 번식이라는 두 가지 사명에 매진하려 한다. 기니충, 말라리아 원충, 콜레라균이 그렇고 물론 우리 인간도 마찬가지다. 한 가지 차이점이자 인간에게 크게 유리한 요소가 있으니, 인간은 그 사실을 알고 있다는 점이다.

제 6 장

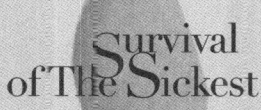

Survival of The Sickest

바이러스의 재발견

SURVIVAL OF THE SICKEST

아파야 산다

에드워드 제너는 18세기 말 영국 글로스터셔 주에 사는 시골 의사에 불과했다. 그는 어느 날 놀라운 패턴을 발견했다. 젖 짜는 여자들이 젖소와 많은 시간을 보내다 보니 우두에 걸렸다. 사람이 우두에 걸리면 아주 가볍게 앓고 지나간다. 그런데 한번 우두를 앓고 나면 천연두에는 걸리지 않는 듯했다. 천연두는 인간에게 치명적인 병이다. 그래서 제너 박사는 인위적으로 이러한 효과를 빚어낼 수는 없을지 고민했다. 우두에 걸린 젖 짜는 여자에게서 긁어낸 종기를 주사해서 여러 명의 십대 소년들을 감염시켜봤다. 그의 직감은 맞아떨어졌다. 우두에 한 번 감염되면 천연두에는 걸리지 않았다. 제너는 최초의 백신을 손에 넣게 되었다. 결국 단순한 시골 의사가 아니었던 것이다. 백신은 사실 우두를 뜻하는 라틴어 vaccinia에서 온 말이다.

오늘날 예방접종의 원리는 많이 알려져 있다. 먼저 예방하려는 바이러스를 약화시키거나 죽인 후 분해해 비교적 해가 없게 만든다. 아니면 우두의 경우처럼 체내에서 인식될 정도로 유해 바이러스 비슷하긴 하되 심각한 질병을 일으킬 만큼은 아닌 바이러스를 활용한다. 이러한 무해 바이러스를 체내에 주사하면 면역 체계에서는 항체를 생산하기 시작한다. 이 바이러스에 대항하기 위해 특별히 제작된 항체이다. 따라서 인체는 나중에 유해 바이러스에 노출되더라도 즉각 방어할 채비를 갖추게 된다. 예를 들어 사람이 우두에 걸리면 아주 가볍게 앓고 지나가지만, 우두와 천연두의 구조가 흡사하기 때문에 우두 퇴치를 위해 생산된 항체가 천연두 퇴치에도 효과를 볼 수 있다. 이와 달리 적합한 항체가 미리 만들어져 있지 않은 상태에서 바이러스 공격을 받으면 면역 체계에서 미처 항체를 만들 새도 없이 병에 걸린다.

여기서 실로 흥미로운 이야기가 시작된다. 인간을 공격할 수 있는 세균의 가짓수는 실로 방대하다. 인체는 이들을 퇴치하기 위해 각 세균에 대응하는 고유의 항체를 만들어낸다. 어떻게 그것이 가능한지는 오랫동안 과학자들도 이해하지 못했다. 인간 몸속에 이 많은 항체를 다 생산하도록 지시를 내릴 만한 활성 유전자가 충분한 것 같지 않았기 때문이다.

물론 당시 과학자들은 유전자가 변할 수 있다는 사실을 몰랐다.

인간이라면 누구나 가장 간단한 박테리아 형태로 시작한다. 갖고 있는 세포 수가 똑같다. 즉 단세포로 출발하는 것이다. 이 단세포를 접합자라고 한다. 인간을 만들기 위해 결합하는 두 개의 세포, 즉 아버지의 정자 세포와 어머니의 난자 세포가 만나 탄생한 결과물이다. 수백만 년에 걸쳐 진행된 진화 압력과 반응, 적응, 선택의 결과가 이 접합자에 집대성되어 있다. 이 첫 세포에는 인체 구성 성분인 단백질을 만들기 위한 모든 유전 명령이 빠짐없이 들어 있다. 이 모든 명령이 기억되어 있는 약 30억 쌍의 뉴클레오티드를 DNA 염기쌍이라고 한다. 이 각 염기쌍마다 3만 개 미만의 유전자가 있는 것으로 여겨진다. 유전자 자체는 스물세 쌍의 염색체로 구성되어 있어 염색체 수는 총 마흔여섯 개가 된다.

스물세 개 염색체 한 벌은 어머니에게서, 나머지 한 벌은 아버지에게서 각각 물려받는다. 스물세 번째 성 염색체를 제외한 모든 쌍은 서로 짝이 있다. 즉 각 염색체에는 똑같은 명령이 기억되어 있다. 단, 신체 내에서 명령이 지시되는 방식은 크게 다르다. 예를 들어, 한 염색체에는 손가락에 털이 나는지 여부에 대한 명령이 들어 있다고 하자. 아버지에게는 손가락에 털이 나는 염색체를, 어머니에게는 손가락에 털이 안 나는 염색체를 물려받은 자식은 손가락에 털이 난다. 털 나는 손가락 형질은 우성이고 털 안 나는 손가락 형질은 열성이기 때문이다. 즉 털 나는 손가락을 만드는 이 가상 유전자는 복제본이 한 개만 있어도 털 나는 손가락 형질이 표현된다. 손가락에 털이 안 나려면 손가락에 털 안 나는 유전자의 복제본을 어머니와 아버지에게서 각각 하나씩 받아 총 두 개를 갖고 있어야 한다.

대개 모든 체내 세포에는 똑같은 DNA가 들어 있다. 즉 염색체가 두 벌씩 갖춰져 있고 이 속에 포함된 유전자에는 각종 단백질과 세포 형성에 필요한 모든 명령이 기억되어 있다. 그런데 매우 중요한 예외가 있다. 바로 후손을 생산하기 위해 결합하는 생식세포이다. 정자와 난자에는 각각 스물세 개 염색체가 한 벌씩만 들어 있다. 정자와 난자가 결합하여 형성된 접합자 세포는 스물세 개짜리 염색체 두 벌, 총 마흔여섯 개의 염색체를 갖추게 된다. 그러나 아빠의 눈에서 번쩍 빛이 나고 단세포 접합자가 엄마의 자궁에 착상하기 위해 여정을 시작하는 그 순간, 다른 모든 세포에는 이미 인체의 완벽한 청사진이 들어 있다. 발톱에는 뇌세포를 만드는 유전암호가 들어 있으며 뇌세포에는 발톱, 손톱, 적혈구, 그 밖에 신체 모든 부위를 만드는 유전암호가 들어 있다.

그런데 더욱 흥미로운 점은 세포를 만드는 데 필요한 명령이 들어 있는 DNA는 전체 DNA 가운데 3퍼센트가 채 안 된다는 점이다. 97퍼센트에 달하는 대다수의 DNA는 무언가 만드는 활동을 전혀 하지 않는다. 한번 생각해보자. 몸속의 아무 세포를 떼어다가 그 속에 있는 DNA를 다 이어 붙이면 미국 프로 농구선수 샤킬 오닐 키(2미터 16센티미터) 정도 높이가 된다. 반면, 몸을 만드는 유전부호를 활발하게 지정하는 DNA를 이어 붙이면 그의 발목 높이에도 이르지 못한다.

과학자들은 이런 여분의 유전물질을 처음에는 '쓰레기 DNA'라고 불렀다. 세포 생산을 위한 암호화 활동을 하지 않는, 수백만 년 동안 유전자 풀에서 빈둥거리면서 살림에 아무런 보탬이 되지 않는 식객이나 마찬가지라고 본 것이다. 즉 과학자들이 보기에 이 DNA는 인간을 위해 하는 일이 없었다. 인간에게는 무해무익하고 오직 자신을 위해 무임승차나 한다고 보았다.

그러나 새로운 연구가 진행되면서 소위 쓰레기 DNA라는 생각이 터무니없음이 밝혀지기 시작했다. 이들 대다수 DNA에 들어 있는 막대한 양의 유전정보가 진화에서 핵심 역할을 할지도 모른다는 것이다. 이 유전물질은 그 중요성이 재평가됨에 따라 과학계에서 받는 대우도 달라지기 시작했다. 표준 명칭도 쓰레기 DNA에서 비암호화noncoding DNA로 격상되었다. 비암호화 DNA란 단백질 형성에 직접 가담하지 않는다는 의미이다.

이 비암호화 DNA의 근원을 탐색하면 실로 놀라운 점을 발견할 수 있다. 박테리아와 바이러스, 그리고 인간이 행복하고 건강하게 더불어 살아가는 미래라는 상상이 실제로 구현되고 있다면 어떻겠는가?

인간의 세포는 거의 모두 미토콘드리아라는 초소형 일꾼을 거느리고 있다. 미토콘드리아는 세포를 가동할 에너지를 생산하는 전용 발전소 역할을 한다. 대부분의 과학자들은 미토콘드리아가 인류의 진화 과정에서 포유류 이전의 조상과 상호 유익한 관계를 진화시킨, 독자적이면서도 기생적인 박테리아였다고 보고 있다. 이 전생 박테리아는 인간의 거의 모든 세포에 살고 있을 뿐 아니라 유전되는 자체 DNA인 미토콘드리아 DNAmtDNA를 갖고 있다.

전생 박테리아 외에도 인간과 결혼한 미생물은 또 있다. 이제 연구원들은 인간 DNA의 3분의 1가량이 바이러스에서 왔다고 믿는다. 즉 인간의 진화는 바이러스와 박테리아에 대한 적응뿐 아니라 그 둘의 결합에 의해서 이루어졌을 것이다.

최근까지 과학계는 유전적 변화가 돌연변이의 산물이며 돌연변이의 원인이 되는 오류는 오직 임의로 드물게 발생한다는 데 의견이 일치했다. 이 같은 돌연변이의 발생 과정을 살펴보면 다음과 같다. 세포가 만들어지면 '부모' 세포에서 '딸' 세포로 DNA가 복제된다. 대부분 정확히 복제되지만 DNA를 구성하는 긴 정보열을 만드는 과정에서 오류가 발생하기도 한다. 생물체는 이러한 오류를 방지하기 위해 교정체계를 갖추어 전사 과정을 보완한다. 이 교정 담당자들은 만약 출판계로 나선다면 편집자들이 일자리를 잃을 정도로 실력이 출중하다. 뉴클레오티드를 복제할 때 불과 10억 분의 1이라는 경이적인 오류율을 자랑한다. 어찌되었든 그 오류 하나가 살아남아 DNA 배열이 새로 결합되면 아무리 미미하더라도 돌연변이가 일어난다.

돌연변이는 생물체가 방사선이나 강력한 화학물질(담배 연기에서 발생하는 화학물질 등 발암물질)에 노출될 때에도 발생한다. 돌연변이가 발생하면 DNA가 재배열될 수 있다. 지금은 유전공학 기술의 발달로 분자 수준의 식품 변형이 가능해졌지만, 그전에는 작물의 내한성을 높이거나 과실을 늘리는 등 효율을 높일 수단으로 방사선 조사照射 방법이 동원되었다. 영화 〈스타트렉〉에서 막 튀어나온 듯한 광선총으로 무작정 씨앗에 방사선을 쏘아댄 후 뭔가 좋은 결과가 나오기를 기도한 것이다. 방사선을 맞은 씨앗은 싹조차 트지 않은 경우가 대부분이었지만 이러한 가혹한 유전 조작의 결과로 가끔은 유익한 형질이 태어나기도 했다.

태양 역시 돌연변이를 일으킬 수 있다. 단지 피부를 태우고 피부암을 일으키는 수준이 아니라 전 지구적 수준으로 영향을 미친다. 태양 흑점 활동은 11년에 한 번씩 절정에 달하는데 이때 늘어난 복사에너지가 폭발을 일으킨다. 이 폭발적인 에너지는 대부분 강력한 자기장 때문에 지구를 비켜가지만 일부는 대기권을 뚫고 들어와 대혼란을 일으킬 수 있다.

1989년 3월 절정에 달한 태양흑점 활동 때문에 대규모 전력 서지(surge: 전기회로에서 전류나 전압이 순간적으로 크게 증가하는 충격성이 큰 펄스)가 발생했다. 미국 북동부와 캐나다 일부 지역 주민 600만 명이 정전 사태를 겪었다. 태양에서 뿜어져 나온 과다한 에너지로 인공위성이 궤도에서 이탈했고, 미 캘리포니아 주의 차고 문이 마구 여닫히기 시작했으며, 일종의 북극광이 남쪽 쿠바까지 내려와 수백만 명이 감탄했을 정도로 장관을 연출했다.

태양흑점 활동이 절정에 달하면서 일으킨 혼란은 이뿐만이 아니다. 이것은 독감의 유행과 묘한 상관관계가 있다. 20세기 들어 태양흑점 활동은 아홉 차례 절정에 이르렀는데 그중 여섯 번은 대규모 독감 발병과 시기가 일치했다. 수백만 명의 사망자를 남긴 20세기 최악의 독감은 1917년 태양흑점 활동이 절정에 이른 후인 1918년과 1919년에 일어났다. 물론 우연의 일치일 수도 있다.

하지만 그렇지 않을 수도 있다. 전염병이 발생해 전 세계적으로 유행하는 원인은 첫째, 바이러스의 DNA에 돌연변이가 발생하는 항원

소변이, 둘째, 바이러스가 연관 종으로부터 새 유전자를 획득하는 항원대변이로 생각된다. 바이러스의 항원소변이나 항원대변이는 그 정도가 심하면 인체가 이를 인식하지 못하므로 대항할 항체도 만들지 못한다. 이러면 문제가 발생한다. 마치 추적자들에게 들키지 않도록 신원을 바꿔버리는 도주중인 범죄자와 같다. 항원소변이의 원인은 무엇일까? 방사선 조사에 의해 발생할 수 있는 돌연변이다. 태양은 11년에 한 번씩 방사선을 평소보다 훨씬 많은 양을 뿜어낸다.

진화의 가능성이 생기는 시기는 어떤 생물체의 생식 과정에 돌연변이가 발생할 때이다. 이 돌연변이는 대부분 해를 끼치거나 아무런 영향을 끼치지 않는다. 임의로 일어나는 돌연변이가 생존과 번창, 번식 확률을 높여주는 식으로 이득을 주는 경우는 드물다. 이득을 주는 돌연변이는 자연선택을 통해 후대를 거쳐 전 개체군에 퍼지고 이로써 진화가 일어난다. 생물종이 실로 큰 혜택을 받을 수 있는 적응 형태는 결국 종 전체로 퍼져나가는 것이다. 그 예로 독감 바이러스 한 종이 전 세계적으로 유행할 수 있는 새로운 특성을 획득할 때를 들 수 있다. 그러나 상식적으로 생물체가 유익한 돌연변이를 만나는 것은 우연에 불과하다(물론 한 생물 종에게 유리한 것이 다른 종에게는 불리할 수 있음을 잊지 말아야 한다. 한 예로, 인간에게 해를 끼치는 세균이 항생제 내성을 얻는 적응 형태는 세균에게는 유리하겠지만 인간에게는 그렇지 않다).

이런 사고방식에 따르면, 크든 작든 모든 생물체의 게놈은 생물체의 생존과 번식력을 위협하는 환경 변화에 유전 수준에서 의도적으로 반응할 수 없다. 유익한 돌연변이 찾기는 운에 달렸다. 많이 감염되는 연쇄상구균이 항생제 내성을 갖는 형질을 진화시키는 것도 운이요, 급속히 시작된 어린 드라이아스에 적응하기 위해 인간이 진화한 것도 운이었다. 명확히 하자면, 자연선택은 환경의 영향을 받지만 돌연변이는 환경의 영향을 전혀 받지 않는다. 이것이 과학자들의 생각이었다. 돌연변이는 우연히 발생했고 이게 쓸모가 있어 자연선택이 일어났다는 것이다.

이 가설의 문제점은 진화에서 진화를 배제해 버리는 데 있다. 돌연변이를 통해 게놈이 환경 변화에 반응할 수 있고 유용한 적응 형태를 후대에 물려줄 수 있다면 이보다 더 유용한 돌연변이가 어디 있겠는가? 진화 과정에서 생물체의 생존에 도움이 되는 적응 형태를 찾게 해주는 돌연변이가 선호될 것임에 분명하다. 이를 부정하는 것은 생명에서 진화 압력의 영향을 받지 않는 유일한 부분은 진화 그 자체라고 말하는 것이나 다름없다.

최근 진행된 인간 게놈 지도 그리기를 감안하면 '오직 임의의 변화'론은 더 힘을 잃는다. 유전학자들은 처음에는 눈 색깔 유전자, 이마의 V자 모양을 이루는 머리털 유전자, 붙은 귓불 유전자 하는 식으로 유전자 한 개마다 목적을 하나씩 갖고 있다고 보았다. 유전자가 잘못되면 낭포성 섬유증 유전자나 혈색증 유전자, 잠두중독증 유전자 등을 갖게 된다는 것이다. 이 가설이 성립되려면 유전자가 10만 개 이상 있어야 한다. 그러나 오늘날 게놈 지도 작성을 위한 연구를 통해 추정한 유전자 총수는 약 2만 5000개에 불과하다.

돌연, 유전자마다 임무가 있는 게 아니라는 점이 확실해진다. 유전자마다 각자 임무가 하나밖에 없다면 인간 생명에 필요한 그 많은 단백질을 다 만들기에는 유전자가 턱없이 부족할 것이기 때문이다. 그 대신 각 유전자는 복제와 자르기, 접합 등 복잡한 명령을 거쳐 다양한 단백질을 많이 만들어낼 수 있는 능력이 있다. 마치 쉴 새 없이 카드를 섞는 카지노 딜러처럼 유전자는 끝없이 섞고 또 섞는 과정을 거쳐 방대한 단백질 배열을 만들어낼 수 있다. 어떤 초파리 종은 유전자 하나로 만들 수 있는 단백질이 거의 4만 가지나 된다!

이 모든 섞기 작업은 개별 유전자에만 국한되는 것도 아니다. 이 유전자 딜러는 다른 패에서 카드를 빌려올 수 있다. 한 유전자의 일부를 다른 유전자와 결합하는 것이다. 게놈 수준에서 보면 가장 복잡한 부분이다. 인간을 인간답게 만드는 유전 작업이 실제로 일어나는 곳이기도 하다. 인간은 다른 여러 생물체와 유전자가 똑같을지 모르지만 중요한 것은 그 유전자를 가지고 무엇을 하느냐이다. 인간의 게놈이 변할 수 있다는 개념이 제기되면서 실제 유전자란 정확히 무엇인지, 그 정체가 갑자기 불확실해진 것은 사실이다. 유전자가 수완이 좋고 기존 유전 부위를 최대한 활용한다는 것은 효율성 관점에서 볼 때 충분히 납득이 간다. 이는 1980년대에 유명해진 일본의 '개선' 경영 체계와 비슷하다. 개선 체계에 따르면 공장 작업장에서 실무와 관련한 결정들을 내린 후 경영진에게 전달한다. 조립 라인 전체를 새로 설계하느니 약간의 수정만 가하는 편이 훨씬 효율적이기 때문이다.

이 밖에도 이 체계에는 각종 잉여 기능이 들어가 있다. 이 같은 사실은 과학자들이 어떤 생물체의 특정 기능과 관계된 특정 유전자를 분리해본 결과 밝혀졌다. 이 '녹아웃KO' 실험 결과 특별한 일이 일어나지 않는 경우가 많다는 것을 깨달은 과학자들은 충격을 받았다. 문제의 유전자를 제거해도 아무런 영향이 없었다. 다른 유전자들이 나서서 KO된 동료의 빈자리를 메웠기 때문이다.

이에 과학자들은 유전자를 개별 명령의 집합이 아니라 변화에 반응할 수 있는 총체적인 조절 구조를 갖춘 복잡한 정보망으로 인식하기 시작했다. 공사 현장에서 한 용접공이 결근하면 작업 속도가 빠른 동료 용접공으로 하여금 공정을 만회하도록 지시하는 현장 주임처럼, 게놈체계는 KO된 유전자가 생기더라도 지장을 받지 않고 똑같은 몸을 만들어낼 수 있다. 단, 여기서는 현장 주임이라는 특정 유전자가 명령을 내린다기보다는 전체 체계가 서로 긴밀하게 연결되어 각 부분의 부족한 점을 자동으로 메워준다.

이처럼 새로 발견한 사실을 감안한다면, 지구상의 모든 생물체가 생존할 수 있었던 것은 다양한 적응 형태 덕분이고, 이 적응 형태를 찾아낸 것은 개별 유전자 암호에서 임의로 발생한 작은 변화 덕이라는 진화의 시나리오는 더욱 설득력을 잃는다. 유전자를 통째로 들어내도 생물체가 영향을 받지 않는 마당에 어떻게 그 미미한 변화로 새로운 종이 진화하거나 심지어 기존 종이 성공적으로 적응할 수 있겠는가?

아마 불가능할 것이다.

장 밥티스트 라마르크는 프랑스 출신 사상가이자 박물학자이다. 그는 1809년 저서 《동물철학》을 통해 진화와 유전에 대한 당시 사상의 일부를 대중에게 알렸다. 진화론 역사에서 회자되는 라마르크는 진화에 대한 그릇된 이론을 주장하다가 찰스 다윈과의 지성 전쟁에서 결국 '패배'한 약간 바보 같은 과학자 이미지로 굳어져 있다.

라마르크는 획득형질 유전론의 선봉장이라고들 알려져 있다. 획득형질 유전론의 핵심 사상은 부모가 일평생 획득한 형질을 자식들이 물려받는다는 것이다. 라마르크가 많이 언급되는 예를 들어보겠다. 기린의 목이 긴 이유는 대대로 높은 나뭇가지에 달린 잎을 따 먹기 위해 목을 늘이려 했기 때문이라거나, 대장장이의 아들은 모루에 망치질을 하면서 근육이 발달한 아버지 덕에 튼튼한 팔을 타고난다는 이론을 신봉했다. 그러던 중 다윈이 등장해 부모가 일평생 획득한 형질을 자식이 물려받는다는 개념이 틀렸음을 폭로하여 라마르크의 신념을 완전히 뒤엎었다, 대략 이런 식이다.

사실 이 이야기는 대부분 진실이 아니다. 라마르크는 과학자라기보다는 철학자에 가깝다. 그의 저서 또한 과학적 분석을 다룬 전문 서적이라기보다는 일반인을 염두에 두고 당시 진화사상을 평이하게 설명한 대중서이다. 라마르크가 '획득형질 유전'이라는 개념을 주창한 것은 사실이지만 그는 진화 개념도 주창했다. 그렇다고 획득형질 유전과 진화 개념을 제안한 건 아니며, 본인이 제안자인 양 행세하지도 않았다. 당시에 획득형질의 유전은 다윈을 비롯해 많은 사람들이 인정하던 개념이었다. 다윈은 《종의 기원》에서 라마르크가 진화의 개념을 널리 알리는 데 일조한 공로를 인정하고 치하하기까지 했다.

불운한 라마르크에게는 안타까운 일이지만 그는 자신이 발전시키지도 않은 이론의 교과서적인 버전의 희생양이 되고 말았다. 어떤 과학 저술가(그의 이름은 역사에 묻힘)가 획득형질 유전론의 책임자가 라마르크라는 개념을 '획득'했고 후대 과학 저술가들에게 그 개념이 '유전'되어 전해진 것이다. 즉 누군가 그 이론이 라마르크의 고안물이라고 몰아붙였고 다른 많은 사람들이 오늘날까지 이를 수없이 따라한 것이다. 라마르크 이론을 신봉하는 연구원들이 자신들의 이론을 증명하기 위해 대대로 쥐의 꼬리를 잘라내면서 꼬리 없이 태어날 쥐를 부질없이 기다리고 있다는 어이없는 이야기가 아직도 교과서에 버젓이 실려 있다.

라마르크가 획득형질 유전론 때문에 대접을 못 받는 것이라는 주장은 좀 우습다. 획득형질 유전론이 100퍼센트 맞는 것은 아니지만 완전히 틀린 것도 아닐 수 있기 때문이다.

죄라고는 당시 널리 인정되던 이론을 그대로 전한 죄밖에 없는 사람 이야기는 잠시 접어두고, 당시 널리 무시되던 이론을 주장한 여성 이야기를 해보자. 바바라 매클린톡은 유전학계의 에밀리 디킨슨이었다. 두뇌가 명석하고 영향력이 있으며 혁명적인 사상가였지만 동료들에게 인정받지 못했다. 그녀는 1927년에 스물다섯 나이로 박사학위를 취득한 후 50년 동안 비범한 사상을 추구했다. 이 사상은 거의 인정이나 격려를 받지 못했지만 매클린톡은 그런 걸 바라지도 않았다.

그녀의 주요 연구 분야는 옥수수의 DNA와 돌연변이, 진화 등 옥수수 유전학이었다. 앞서 언급한 대로 20세기 유전학계에서는 유전적 돌연변이가 임의로 드물게 일어나며 그 영향도 미미하다고 생각했다. 그러나 1950년대 들어 매클린톡은 어떤 상황에서는 게놈의 일부에서 기존 생각보다 훨씬 큰 변화가 촉발된다는 증거를 찾아냈다. 단순히 어느 염색체에 있는 한 유전자의 작은 변화가 교정체계에 걸리지 않고 빠져나갈 때 발생하는 경미한 돌연변이의 증거가 아니라 유전적 규모로 일어나는 엄청난 변화의 증거였다. 매클린톡은 특히 식물이 스트레스를 받으면 전체 DNA 배열이 한 곳에서 다른 곳으로 이동할 뿐만 아니라 심지어 활성 유전자에 삽입되기도 하는 것을 발견했다. 유전자가 스스로 오려 붙이기cut and pasted를 통해 옥수수 DNA의 한 곳에서 다른 곳으로 이동하면서 DNA 서열을 바꾸어 인접 유전자에게 실제로 영향을 미쳤다. 유전자 스위치를 켤 때도 있고 끌 때도 있었다. 아울러 이 방랑 유전자가 순전히 제멋대로 방황하는 게 아니라 일정한 방식에 따르는 것으로 확인되었다. 첫째, 이 유전자들은 게놈 내에 특정 부분으로 이주하는 빈도가 더 높았다. 둘째, 이 활발한 돌연변이는 외부 요인, 혹서나 가뭄 등 옥수수의 생존을 위협하는 환경 변화에 의하여 유발되는 듯했다. 간단히 말해 옥수수가 의도적으로 모종의 돌연변이를 일으키는 듯했다. 이는 기존 돌연변이와는 딴판이었다.

매클린톡이 발견한 유전 방랑자는 오늘날 '튀는 유전자jumping genes'라고 한다. 튀는 유전자는 기존 돌연변이와 진화 개념에 새로운 지평을 열었다. 그러나 매클린톡의 사상이 널리 인정받기까지는 오랜 시간이 걸렸다. 1951년 자신의 근무지였던 롱아일랜드의 유명한 콜드스프링하버연구소Cold Spring Harbor Laboratory에서 이 참신한 사상을 처음 발표했으나, 늘 그렇듯이 찬사가 아닌 회의와 냉소만이 돌아왔다.

그후 30년에 걸쳐 분자생물학과 유전학이 발전함에 따라 매클린톡의 연구는 서서히 인정받기 시작했다. 튀는 유전자는 옥수수에 국한되지 않고 다른 생물체의 게놈에서도 발견되었다. 돌연변이에 대한 인류의 이해는 달라지기 시작했다.

1983년 바바라 매클린톡은 여든한 살에 노벨상을 수상했다. 특유의 집중력으로 기존 사상을 초월하는 독창적인 시각을 계속 보여준 그녀는 수락 연설에서 다음과 같은 미래를 상상했다.

> 틀림없이 게놈에 관심이 집중될 것이며, 게놈 활동을 모니터링하고 공통 오류를 수정하며, 특이하고 예기치 못한 사건을 감지하고 게놈을 재구성함으로써 이에 대응하는 등, 민감도 높은 세포 기관으로서 게놈의 중요성에 대한 인식이 높아질 것이다.

매클린톡이 '튀는 유전자'를 발견함에 따라, 이론상 가능했던 임의의 돌연변이에 비해 훨씬 강력한 돌연변이 가능성이 열렸다. 즉 진화 자체가 그동안 상상한 것보다 훨씬 빠르고 급작스럽게 진행될 수 있다는 얘기다. DNA 노래책 한 소절의 한 단어에서 발견되는 미미한 오타에 그치는 것이 아니라 전체 선율이 게놈 여기저기에 끼어들 수 있는 것이다. 실력 있는 힙합 아티스트처럼 게놈도 자신을 '샘플링' 해서 다르면서도 비슷한 반복 악절을 만들 수 있다. 네트워크화된 견고한 게놈, 즉 활성 유전자가 KO되는 등의 문제에 대처할 수 있다는, 새롭게 부각되는 개념의 게놈은 그런 예기치 못한 사건에서 살아남는 경우가 많으며 혜택을 얻기도 한다.

튀는 유전자(또는 트랜스포존)가 실제로 어떤 방식으로 행동하는지는 과학자들이 이제 겨우 이해하기 시작한 단계이다. 복사해 붙이기 기법(copy and paste: 스스로를 복제한 후 복제한 새 물질을 게놈의 다른 부분에 삽입하되 자신은 원래 위치에 머무름)이 사용될 때도 있고 오려 붙이기 기법(원래 있던 지점에서 떠나 다른 곳에 삽입됨)이 사용될 때도 있다. 새로운 유전 성분은 제자리에 머무르기도 하고 교정체계에 의해 제거되거나 다른 방식에 따라 억제되기도 한다.

이같이 위치 변경이 가능한 유전 성분이 삽입되면, 활성 유전자 내에서 변화가 일어나기도 한다는 점만은 확실하다. 조건만 맞으면 튀는 유전자가 얼마나 큰 변화를 가져올 수 있는지 최근 연구로 입증되었다. 한 종류의 초파리에 있는 튀는 유전자 하나가 그 초파리 전체 종을 준準수퍼히어로 초파리로 탈바꿈시켰다. 이 초파리는 굶주림과 고온에도 견딜 수 있을 뿐만 아니라 기대 수명도 일반 초파리에 비해 35퍼센트나 길어 '므두셀라(구약성경에서 969세까지 살았다는 최장수 인간 — 옮긴이)'라는 절묘한 이름이 붙었다.

이제 과학자들이 풀어야 할 핵심 과제는 '왜' 이러한 트랜스포존들이 이동하려 드는가이다. 매클린톡은 세포가 기존 상황에서는 대처할 수 없는 안팎의 스트레스에 반응하여 게놈이 이동한다고 보았다. 결국, 생물은 무엇보다 중요한 생존에 도움이 될 변화를 찾기 위해 돌연변이라는 주사위를 던진다는 것이다. 그녀는 자신이 연구하던 옥수수에서 그런 일이 벌어지고 있다고 생각했다. 극심한 고온과 물 부족에 시달린 결과 옥수수는 목숨을 걸고 생존에 도움이 될 만한 돌연변이를 찾아나섰다. 이 경우 교정 기제는 억제되고 돌연변이가 만개할 수 있다. 그러면 자연선택이 작동되어 후세대에 부적응 돌연변이 대신 적응 돌연변이가 선택된다. 즉 진화가 일어나는 것이다!

매클린톡은 스트레스를 받는 시기에 튀는 유전자가 가장 활발할 뿐만 아니라 특정 유전자로 더 많이 이동하는 경향이 있음을 발견하고 이를 의도적인 현상으로 판단했다. 임의로 이동하는 거라면 게놈 곳곳에서 비슷한 빈도로 나타날 것이다. 하지만 매클린톡은 이와 반대로 게놈 내에서 돌연변이가 유익한 효과를 가져올 가능성이 가장 높은 쪽으로 튀는 유전자가 유도된다고 보았다. 조금이나마 옥수수에게 이득이 되도록 주사위가 가공된 것이다.

과학자들이 튀는 유전자에 얼마나 매료되었는지는 집시, 므탕가(mtanga: 방랑자를 뜻하는 스와힐리어), 난파자, 이블크니블(자전거를 타고 뛰는 묘기를 선보인 미국 스턴트맨 이블 크니블Evel Knievel을 빗댄 말—옮긴이), 선원 등, 이 유전자에게 붙여진 다양한 이름을 보아도 알 수 있다. 이들 유전자는 특정 종에 속하지 않고, 그 다양한 기능에 대한 연구가 진행중이다. 하지만, 대부분의 유전자에 ApoE4같이 무미건조한 이름이 붙는 상황임을 감안할 때 아마도 튀는 유전자의 가르침에 넋을 잃고 열렬한 팬이 된 과학자들이 많은 모양이다. 심지어 어떤 유전자는 마이클 조던의 경이적인 점프 능력에 비견되어 워싱턴 대학 연구원들이 '조던'이라는 이름을 붙였다.

매클린톡을 필두로 이제 과학자들은 게놈이란 불변의 도면을 모아놓은 것이고 돌연변이, 따라서 진화는 드물 뿐 아니라 임의의 오류에 의해서만 촉발된다는 기존 개념에서 벗어나고 있다. 텍사스 주립대학교의 그레고리 디미잔Gregory Dimijian 박사가 기술한 바와 같이,

> 오랫동안 게놈은 생명의 청사진 모음, 비교적 영구적인 기록으로 여겨졌다. (매클린톡의 튀는 유전자와 같이) 이동성을 갖춘 유전 성분이 등장하면서 이러한 견해는 리모델링이 계속 진행되면서 짧게 지속되는 환경이 바로 게놈이라는 견해로 대체되고 있다.

다시 말해 게놈은 가구 재배치를 좋아한다.

1980~90년대에 진행된 연구에 힘입어, 돌연변이를 놓고 도박하는 게놈의 능력을 더 깊이 이해할 수 있게 되었다. 그 첫 번째 사례는 1987년 하버드 대학교 존 케언스John Cairns 연구원이 〈네이처〉 지에 실은 보고서에 기록되었다. 이 보고서는 획득형질 유전론(라마르크의 탓으로 오해되는 그 이론)을 상기시키는 내용 때문에 논란을 불러일으켰다. 케언스의 연구대상은 대장균이었다(비록 대장균은 악성 변종이

엉뚱한 곳에 출현해 인명을 앗아가는 바람에 악명 높지만 해로운 점보다는 이로운 점이 훨씬 많다. 앞서 다루었듯이 지금 이 순간에도 우리 소화기관에서 열심히 일하고 있는 필수 박테리아 중 하나이다).

대장균은 인체의 소화를 담당하는 일꾼으로, 다양한 변종이 있는데 그중 한 변종은 유당을 자연적으로 소화하지 못한다. 박테리아에게 배를 곯는 것보다 더 큰 위협(진화 압력)은 없다. 그래서 케언스는 우유를 싫어하는 대장균에게서 유당만 남기고 모든 음식을 없애버렸다. 그랬더니 유당불내증(우유에 함유된 유당을 섭취하면 설사나 복통을 일으키는 질환)을 없앨 수 있는 돌연변이가 생겨났다. 그 등장 속도는 우연에 의한 경우보다 훨씬 더 빨랐다. 매클린톡이 옥수수에 대해서 주장했던 것과 마찬가지로 케언스 역시 세균이 게놈 중 특정 부분, 즉 돌연변이에 유리할 가능성이 가장 높은 부분을 겨냥하는 것 같다고 보고했다. 케언스는 세균이 어떤 돌연변이를 추구할지 '선택'한 다음, 습득된 유당 소화 능력을 후대 세균에게 물려준다고 결론지었다. 그는 대장균이 "어떤 돌연변이를 만들어낼지 선택할 수 있고, 후천적인 유전을 담당하는 기제를 갖고 있을지도 모른다"는 진화계의 이단적인 성명을 발표했다. 획득형질의 유전이라는 표현을 사용하면서 그 가능성을 기탄없이 제기한 것이다. 이는 마치 뉴욕 양키스 홈구장에서 열린 플레이오프 7차전에서 9회 보스턴 레드삭스가 1점 차로 앞서 있는 상황에서 "레드삭스 파이팅"을 외치는 격이었다.

이 사건 이래로 연구원들은 케언스의 연구 내용을 입증 또는 반박하거나 설명이라도 해볼 작정으로 각자 세균배양 접시에 코를 박고 연구하기 시작했다. 케언스의 보고서가 발표되고 1년이 지난 후 로체스터 대학교의 과학자 배리 홀Barry Hall은 세균이 유당을 처리할 수 있을 정도로 빨리 적응한 이유는 돌연변이 속도가 엄청나게 빨라졌기 때문이라고 주장했다. 이를 '초超돌연변이(마치 돌연변이가 스테로이드라도 맞은 것 같은 현상)라고 하면서 이를 통해 이 세균의 생존에 필요한 돌연변이가 평소보다 1억 배나 빨리 일어났다고 설명했다.

1997년에 다른 연구결과가 발표되면서 초돌연변이론에 힘을 실어주었다. 대장균에게 평소 먹던 것을 빼앗고 유당만 주자 돌연변이 속도가 크게 증가되는 것이 관찰되었다. 세균 게놈 전반에 걸쳐 돌연변이 발생 횟수가 늘어난 것으로 보고되었다. 케언스가 관찰한 것처럼 유당불내증 극복을 목적으로 한 돌연변이뿐만 아니라 다른 돌연변이에서도 마찬가지였다. 이 연구에서 발견된 돌연변이는 케언스가 발견한 것보다 더 광범위하게 일어났지만, 전반적으로 돌연변이가 증가했다는 것은 정규 유전 프로그래밍이 불충분할 때 게놈이 필요에 따라 돌연변이를 지시할 수 있다는 것을 암시한다. 프랑스 국립의학연구소의 이반 마티크Ivan Matic가 이끄는 프랑스 연구팀은 전 세계 수백 가지 세균을 연구한 결과 이들 세균도 스트레스를 받으면 엄청난 속도로 돌연변이를 일으킨다는 것을 발견했다. 초돌연변이는 그 증거가 늘어가고 있음에도 확정판결은 아직 유예되어 있는 사건이다.

NBA 농구선수 이름을 딴 미친 옥수수라는 유전자와 유당불내증 세균은 모두 양성이고 유익하기는 한데 인간과는 대체 무슨 관계가 있다는 것인지 의아할 것이다. 인간 유전자 풀에 풍덩 뛰어들기에 앞서 먼저 몇 가지 구칙을 살펴보자. 그중 첫 번째는 일반적으로 인정되는 와이즈만 장벽이라는 유전 원칙이다. 아우구스트 와이즈만August Weismann은 생식세포원형질론germ plasma theory을 발전시킨 19세기 생물학자이다. 이 이론에 따르면 인간의 세포는 생식세포와 체세포로 구분된다. 생식세포는 자녀에게 유전되는 정보가 들어 있는 세포이다. 궁극의 생식세포는 난자와 정자이다. 그 밖의 체내 세포는 모두 체세포로서 적혈구, 백혈구, 피부세포, 털세포 등이다.

와이즈만 장벽은 생식세포와 체세포 사이를 가로막는 장벽이다. 와이즈만 이론은 체세포 내의 정보가 생식세포로 절대 전해지지 않는다고 주장한다. 예를 들어 적혈구 같은 체세포 쪽에서 발생한 돌연변이는 장벽에 가로막혀 생식세포 쪽으로 건너갈 수 없기 때문에 자식에게 전해지지 못한다. 그러나 반대로 생식 계열의 돌연변이는 자손의 체세포에 영향을 끼칠 수 있다. 인체의 형성, 유지와 관계된 모든 명령은 부모의 생식 계열에서 비롯되었기 때문이다. 따라서 생식 계열의 돌연변이로 인해 털 색깔을 담당하는 명령이 바뀌면 자식의 털 색깔이 영향을 받는다.

와이즈만 장벽은 유전 연구의 근본이 되는 중요한 원칙이기는 하지만, 한때 생각한 것만큼 난공불락은 아니라는 연구결과도 있다. 곧 자세히 다루겠지만 일부 레트로바이러스는 와이즈만 장벽을 뚫고 체세포에서 생식세포로 DNA를 운반할 수도 있다. 그렇다면 이론상 후천적으로 획득한 적응 형태를 후대에 물려줄 수 있게 될 것이다.

그렇다면 자신이 고안한 것도 아닌 개념들 중 하나를 퍼뜨렸다는 이유로 망신을 당한 라마르크는 그야말로 억울할 수밖에 없다.

진화의 관점에서 보면 생식계열 돌연변이가 가장 잘 알려져 있다. 생식계열 돌연변이란 정자나 난자의 유전자를 변화시켜 자손에게 새로운 형질이 나타나게 하는 돌연변이를 말한다. 알다시피 새로운 형질로 인해 자손의 생존 또는 번식력이 향상된다면 그 형질을 갖고 있는 자손 1세대가 이를 다음 세대로 물려주면서 개체군 전체로 퍼져나갈 가능성이 높다. 반대로 새로운 형질이 생존이나 번식에 방해가 된다면 보인자의 궁극적인 생존 확률이 떨어지기 때문에 그 형질은 결국 사라질 것이다. 그러나 돌연변이는 생식계열 외부에서 항상 발생한다. 물론 암은 가장 흔하면서도 가장 무서운 예 중에 하나이다. 기본적으로 암은 암종을 억제해야 할 유전자의 돌연변이로 인해 세포가 무작정 자라는 것이다. 어떤 암은 최소한 부분적으로는 유전성이다. 예를 들어 BRCA1 유전자나 BRCA2 유전자의 돌연변이는 유방암 위험을 크게 증가시키고 한 세대에서 다음 세대로 유전될 수 있다. 다른 암은 흡연이나 방사선 노출 같은 외부 요인에 따른 돌연변이 때문에 발생할 수 있다.

대부분의 돌연변이는 제대로 작동하지 않는 것이 사실이다. 흡연으로 인한 폐세포의 돌연변이 등 체세포 돌연변이의 경우 특히 그렇다. 그럴 만도 하다. 특히 인간 같은 생물체는 매우 복잡하기 때문이다. 그러나 돌연변이는 그 정의상 꼭 나쁜 것만은 아니다. 단지 다를

뿐이다. 돌연변이는 튀는 유전자가 인간에게 도움을 주는 두 가지 중요한 방식에 대한 궁금증을 풀어주는 열쇠인지도 모른다.

튀는 유전자는 뇌 발달 초기에 매우 활발히 움직인다. 발달중인 뇌의 모든 부분에 정신없이 돌아다니면서 유전물질을 삽입하는 것은 정상적인 뇌 발달 과정의 일부이다. 엄밀히 말하면 이 튀는 유전자가 뇌세포에 유전물질을 삽입하거나 뇌세포의 유전물질을 변경하는 것은 모두 돌연변이에 해당된다. 이 유전자 이동은 매우 중요한 목적을 갖고 있는지도 모른다. 뇌마다 고유한 다양성과 개성을 창조하는 데 일조할 수도 있다. 이 광란의 유전물질 복사해 붙이기 과정은 뇌에서만 일어난다. 개성의 혜택을 입는 곳이 바로 뇌이기 때문이다. 어쨌든 이 현상을 발견한 연구 논문의 주요 저자인 프레드 게이지Fred Gage 교수의 말처럼 "심장의 개성이 강해지는 것은 바라지 않을 것"이다.

다양성은 뇌 속의 신경망 이외에도 여러 가지 복잡한 체계에서 환영받는다. 면역 체계도 마찬가지이다. 사실상 면역 체계에는 그 다양성 측면에서 역사상 유례를 찾을 수 없는 종업원이 일하고 있다. 이 종업원이 없었다면 인류라는 종은 오랫동안 살아남지 못했을 것이다. 인간을 위협하는 세균 침입자 후보는 그 수가 어마어마하며, 이 대군에 대항하기 위해 인간 면역 체계는 100만 개 이상의 다양한 항체를 동원한다. 항체는 특정 침입자를 표적으로 하는 특수 전문 단백질이다. 인간이 어떻게 이 많은 항체를 다 생산하는지 그 비밀은 완전히 밝혀지지 않았다. 특히 인간이 보유한 유전자 개수로는 이를 설명하기에 부족하기 때문이다(앞서 언급했듯이 암호화를 담당하는 활성 유전자는 약 2만 5000개에 불과한데 여기서 말하는 항체는 100만 가지가 넘는다). 그러나 존스 홉킨스 대학 과학자들이 주도한 새로운 연구를 통해 면역 체계의 항체 생산 기제와 튀는 유전자 행동 간의 연결 고리가 발견되었다.

B-세포는 항체의 기본 재료이다. 체내에서 특정 항체를 생산해야 할 때면 B-세포는 자체 DNA 내에서 해당 항체의 제작 설명서를 찾아나선다. 이때, 필요한 설명서의 각 부분은 대개 다른 항체의 제작 설명서와 섞여 있다. 따라서 B-세포는 다른 항체의 제작 설명서 부분을 싹둑 잘라낸 다음 나머지 부분을 꿰매 다시 붙여놓는다. 자신의 유전암호를 재작성하는 과정에서 전문 제품을 생산해내는 것이다. 이를 V(D)J 재조합이라고 한다. 이러한 찾기-오려내기-꿰매기 기법에 사용되는 유전자가 있는 지역의 이름을 딴 것이다.

이 과정은 일부 튀는 유전자가 사용하는 오려 붙이기 기제와 비슷해 보이지만 한 가지 중요한 차이점이 있다. V(D)J 재조합에서는 남은 가닥이 깔끔하게 연결되지 않고 작은 고리를 남긴다. 튀는 유전자 내에서 이 고리 효과를 처음 발견한 과학자는 존스 홉킨스 대학 연구팀이었다. 집파리에서 V(D)J와 똑같이 행동하는 헤르메스Hermes라는 튀는 유전자를 발견한 것이다. 이 연구에 참가한 과학자 낸시 크레그Nancy Craig는 다음과 같이 말했다.

> 헤르메스의 행동은 면역 체계에서 다른 단백질 100만 개를 인식하기 위해 사용하는 과정에 더 가까우며 (……) 기존에 연구했던 튀는 유전

> 자와는 사뭇 다르다. 이는 항체 다양성을 (……) 설명하는 유전 과정이 헤르메스의 사촌뻘인 튀는 유전자의 활동에서 진화했을 수 있다는 최초의 증거이다.

특정 침입자에 대항할 항체는 일단 몸속에서 만들어지면 사라지지 않기 때문에 나중에 다시 공격받아도 유리한 경우가 많다. 홍역을 앓고 난 사람들이 대부분 그러하듯 면역력이 생겨 차후에 같은 병에 걸리지 않기도 한다. 인체의 B-세포에서 발생하는 돌연변이는 없어지지는 않지만 자식에게 물려줄 수는 없다. 체세포 쪽에 속해 있어 와이즈만 장벽에 가로막히기 때문이다. 아기들은 극히 소수의 항체만 갖고 태어나기 때문에 신생아의 면역 체계는 처음부터 활발히 가동되어야 한다. 모유 수유가 좋은 이유가 여기에 있다. 모유에는 산모의 항체가 일부 함유되어 있어서 아기의 면역 체계가 준비될 때까지 당분간 예방접종 역할을 한다. 위치 이동이 가능한 성분, 즉 튀는 유전자가 생명과 진화에서 하는 역할은 이제 이해하기 시작한 단계일 뿐이다. 튀는 유전자는 지금까지 파악한 것보다 틀림없이 훨씬 더 큰 역할을 하는 듯하다. 인간의 활성(암호화) 유전자는 그중 4분의 1이 튀는 유전자에서 DNA를 통합했다는 증거를 보여준다.

존스 홉킨스 의대 분자생물학과 제프 뵈케Jef Boeke 교수는 튀는 유전자에 대해 다음과 같은 견해를 제시한다.

> (튀는 유전자는) 호스트 게놈을 종전에 알고 있던 것보다 더 많이 리모

델링하고 있다. (……) 이러한 변화의 결과는 치명적인 경우가 많았겠지만, 가끔은 무해하게 유전 변종을 늘리거나 심지어 생존성이나 적응성을 개선한 경우도 있었을 것이다. 이런 리모델링은 인간 진화 과정에서 수천 번 발생했을 것이다.

그동안 대규모 환경 변이가 여러 차례 일어났음이 밝혀졌기 때문에, 임의의 점진적인 변화로 인간이 생존할 만한 적응 형태가 발생했다고 보기는 어렵다. 저명한 진화 사상가인 스티븐 제이 굴드와 닐스 엘드리지Nils Eldredge는 단속평형론을 발전시켰다. 중간중간에 대규모 환경 변이에 의해 엄청난 변화가 발생하여 전반적인 평형이 깨지곤 하는 상태로 진화를 설명할 수 있다는 개념이다. 튀는 유전자의 도움을 받아 생물 종이 이러한 진화의 느낌표를 통해 적응해갈 수 있었을까? 물론이다.

튀는 유전자는 흡사 대자연에서 유전공학이 활동하는 것처럼 보인다. 튀는 유전자의 활동 방식을 폭넓게 이해한다면 질병과 싸우는 인간 면역 체계와 환경 스트레스에 반응하는 유전 구조에 대해 더 상세히 알 수 있을 것이다. 그렇게 된다면 새로운 방법을 통해 질병에 대한 면역력을 키우고, 기능을 잃은 면역 체계를 복원하는 것은 물론, 위험한 돌연변이를 유전 수준에서 되돌릴 수 있을지도 모른다.

앞서 말한 '쓰레기 DNA'를 기억하는가. 이 DNA는 세포 형성에 직접 관여하는 유전암호가 들어 있지 않아서 비암호화 DNA라는 이름이 붙은 물질이다. 대체 왜 이 같은 수백만 개의 DNA 가닥에게 진화를 통한 무임승차를 허락하는지 인간은 너나 할 것 없이 궁금해 한다. 그래서 애초에 과학자들이 쓰레기라고 부른 것이다. 그래도 이제는 그 비암호화 유전자의 비밀을 밝혀내기 시작했는데 처음 그 열쇠를 제공한 것은 바로 튀는 유전자였다.

과학계에서 튀는 유전자의 실재와 중요성이 인정되자 연구원들은 인간 게놈을 비롯한 각종 게놈에서 튀는 유전자를 찾아보기 시작했다. 그들이 먼저 놀란 점은 인간의 비암호화 DNA의 거의 절반에 해당하는 부분이 튀는 유전자로 이루어졌다는 것이다. 그런데 이보다 더 놀라운 점은 이 튀는 유전자가 아주 특수한 바이러스와 심하게 닮았다는 것이다. 그렇다. 인간 DNA는 상당 부분 바이러스와 친척 관계이다.

여러분은 매일 바이러스 생각을 한다. 컴퓨터 바이러스든 생물학적 변종이든, 어떻게 하면 이를 막을까만 생각할 것이다. 오래전에 생물 교과서에서 읽었을 바이러스에 대한 기억을 상기시키자면, 바이러스는 스스로 번식할 수 없는 유전 명령 조각이다. 바이러스의 유일한 번식 방법은 숙주를 감염시킨 후 숙주의 세포기관을 습격하는 것이다. 바이러스는 세포 내에서 수천 번 자가복제를 거친 후에 세포벽을 뚫고 새로운 세포로 이동한다. 대부분 과학자들은 바이러스가 '살아 있다'고 보지 않는다. 스스로 번식하거나 신진대사를 할 수 없기 때문이다.

레트로바이러스는 바이러스 중에도 아주 특별한 부분집합이다. 왜 레트로바이러스가 그렇게 중요한가? 유전정보가 어떤 방식으로 사용되어 세포, 그리고 궁극적으로 생물체를 형성하는지 이해하면 도움이 된다. 일반적으로 신체는 DNA에서 RNA를 거쳐 단백질로 이어지는 경로를 따라 형성된다. DNA는 마을 전체를 건설하기 위한 기본 청사진 집합이고 몸속의 각종 세포는 학교, 공공기관, 집, 아파트 같은 건물이라고 생각하면 된다. 생물체가 특정 건물을 지어야 할 경우 RNA 폴리메라아제라는 도우미 효소를 활용하여 해당 건물의 도면을 mRNA라는 전령 RNA의 가닥으로 복사한다. mRNA는 이 설명서를 건설현장으로 가져가서 필요한 건물(단백질) 건설 작업을 지시한다.

오랫동안 과학계에서는 유전정보가 DNA에서 RNA로, 다시 단백질로 일방통행한다고 생각했으나 HIV 같은 레트로바이러스가 발견되면서 상황은 달라졌다. RNA로 구성된 레트로바이러스는 역전사효소를 활용하여 RNA에서 DNA로 자신을 전사한다. 실제로 정보 흐름을 역전시키는 것이다. 전령이 도면을 복사하여 전달하는 것이 아니라 기본 청사진을 다시 작성하는 것과 같다. 이것이 암시하는 바는 엄청나다. 레트로바이러스가 말 그대로 인간 DNA를 바꿀 수 있는 것이다. DNA로 돌아갈 수 있는 RNA가 발견된 덕택에 새로운 약물이 개발되었다. 이 약물은 HIV 감염 치료에 사용되는 '칵테일' 요법에서 중추적인 역할을 하고 있다. 트럭 운전사들이 휠 블록을 사용하여 화물을 고정하는 것처럼 이 새로운 약물 중에는 역전사효소를 길에서 멈추게 하는 것이 있다. 그러면 HIV는 DNA에 무임승차하려

하지만 올라타지는 못하는 상태로 RNA 트럭 정류장에서 오도 가도 못 하게 된다.

레트로바이러스나 바이러스가 한 생물체의 생식계열 세포 DNA에 침투하면 어떤 일이 벌어질지 상상해보자. 그 생물체의 자손은 바이러스가 영구적으로 암호화된 DNA를 갖고 태어난다. (그건 그렇고 HIV가 와이즈만 장벽을 뚫고 난자나 정자의 DNA로 들어가는 게 아니라, HIV에 감염된 엄마가 아이를 낳을 때 태아에게 바이러스가 전달된다는 것이 과학자들의 견해이다. 출산 중에는 산모와 태아의 혈액이 서로 섞일 일이 많다.)

물론 모든 돌연변이가 그러하듯이 부모의 생식세포 중 하나에 있는 레트로바이러스에 의해 바뀐 DNA는 십중팔구 해로울 것이기에 이 DNA를 갖고 태어난 자손은 오래 살지 못한다. 반면 자식의 생존 및 번식 확률을 낮추는 게 아니라 오히려 높이는 바이러스라면 유전자 풀에 영구히 자리 잡을 수도 있다. 바이러스 출신의 유전암호가 생물체 유전자 풀의 일부가 되면 바이러스의 종점과 생물체의 시점을 파악하기 매우 힘들다. 바이러스와 생물체가 일심동체가 되었기 때문이다. 오늘날 우리는 인간 게놈 중 최소한 8퍼센트가 레트로바이러스 및 DNA에서 영구히 자리 잡은 성분으로 이루어져 있음을 알고 있다. 이를 인간 내생 레트로바이러스HERV라고 한다. 과학자들은 HERV가 인간의 건강에서 수행하는 역할을 이제 알기 시작한 단계지만 벌써 흥미로운 상관관계를 찾아냈다. 특정 HERV가 건강한 태반 형성에 중요한 역할을 할 수도 있음이 밝혀지기도 했고, HERV와 피부 건선이 연관돼 있다는 증거를 보여준 연구도 있었다.

그렇다면 그 기운 넘치는, 튀는 유전자는 어떠한가? 튀는 유전자 역시 바이러스의 자손일 것이다. 튀는 유전자에는 기본적으로 두 종류가 있다. 첫 번째 종류는 DNA 트랜스포존이라고 하는데 오려 붙이기 과정을 통해 이동한다. 두 번째 종류인 레트로트랜스포존은 복사해 붙이기 방식으로 이동한다. 알고 보니 복사해 붙이기 방식의 튀는 유전자(레트로트랜스포존)는 레트로바이러스와 매우 흡사하다. 그럴 만하다. 복사해 붙이기 유전자가 다른 유전자로 끼어들기 위해 사용하는 기제는 레트로바이러스가 사용하는 기제와 매우 유사하기 때문이다. 먼저 레트로트랜스포존은 정상 유전자처럼 RNA에 자신을 복사한다. 그런 다음, 게놈 내에서 본인이 상륙하고자 하는 장소에 RNA가 도달하면 역전사 방법을 사용하여 DNA에 자신을 붙여 넣는다. 레트로바이러스처럼 정상적인 정보 흐름을 역전시키는 것이다.

그렇다면 '레트로' 튀는 유전자가 레트로바이러스의 후손이라는 뜻인가?

루이 빌라레알Luis Villarreal만큼 바이러스 마케팅의 힘을 신봉하는 사람은 없다. 최소한 지구상에 바이러스보다 메시지를 더 잘 전파하고 모든 것에 더 잘 침투하며 경쟁자보다 오래 살아남는 것은 없다고 믿는다. 캘리포니아 주립대학 어바인 캠퍼스 바이러스 연구센터 소장인 빌라레알은 인간 진화에 바이러스가 미치는 영향이 의미하는 바를 궁극에까지 추적해보았다.

빌라레알은 바이러스가 외부뿐만 아니라 내부에서 인간 진화를 도왔을 것이라는 주장이 처음 제기된 것을 살바도르 루리아Salvador Luria의 공으로 돌린다. 루리아는 1940~80년대에 연구를 수행했으며 노벨상을 수상한 미생물학자이다. 1959년 루리아는 바이러스가 게놈으로 이동하면 "살아 있는 모든 세포의 근간이 되는 성공적인 유전 패턴"을 만들어낼 가능성이 있다고 기술했다.

빌라레알은 이 개념이 쉽게 받아들여지지 않을 것이라고 예측했다. 사람들은 인간이 기생균에 의해 형성되었다는 주장에 본능적으로 불쾌한 반응을 보이기 때문이다.

> 종류를 막론하고 기생생물이라는 개념에는 문화적으로 매우 강한 부정적 반응이 나타난다. 아이러니가 아닐 수 없다. (……) 기생생물은 창조에서 핵심적인 역할을 한다. (……) 진화하고 싶다면 기생생물에 기꺼이 몸을 맡겨야 한다.

2005년에 출간된 《바이러스와 생명의 진화Viruses and the Evolution of Life》에서 빌라레알은 이제 바이러스를 새로운 시각으로 바라봐야 한다고 주장한다. 빌라레알은 잘 알려진 HIV나 천연두 같은 치명적인 기생균을 그가 '존속 바이러스'라 명명한 바이러스와 구별한다. 존속 바이러스란 수백만 년에 걸쳐 인간 게놈에 이주하여 진화 과정에서 인간의 파트너가 됐을지도 모를 바이러스이다. 인간 게놈 모선에 마련된 불변의 보금자리를 통해 이 바이러스가 얻는 것은 바로 생명을 통한 무임승차이다. 그렇다면 인간이 얻는 것은 무엇인가? 바이러스는 돌연변이 일으키기의 달인이다. 유전 가능성을 담은 거대한 창고인 바이러스는 인간보다 최대 100만 배 빠르게 돌연변이를 일으켜 이 가능성을 믿기 어려울 정도로 빨리 전달할 수 있다. 바이러스 세계에서 유전적 잠재력의 엄청난 양을 가늠해볼 수 있도록 빌라레알은 전 세계 대양에 있는 모든 바이러스 수를 상상해보라고 주문한다. 다 합치면 자그마치 100,000,000,000,000,000,000,000,000,000,000개이다(0이 몇 개인지 헤아리다 지친 사람들을 위해 알려드리면 10의 32제곱이다). 유전암호를 담은 이 소형 용기들은 눈으로 볼 수 없을 정도로 작지만 일렬로 세워놓는다면 그 거리가 천만 광년에 달할 것이다. 내일이면 이들 대부분은 새로운 세대를 낳을 것이다. 바로 이 일을 수십억 년 동안 해오고 있는 중이다. 빌라레알은 바이러스를 가리켜 "새로운 유전자를 다수 발명해내는 궁극의 유전 창조자"라고 부른다. "새로 발명된 유전자 중 일부는 안정적인 바이러스 식민지 건설 후에 숙주의 혈통으로 찾아들어 간다."

이것이 어떻게 인간에게 유리하게 작용하는지는 다음과 같이 설명할 수 있다. 인간의 생존과 번식은 인간 당사자에게도 물론 중요하지만 인간 게놈에 들어 있는 존속 바이러스에도 그에 못지않게 중요하다. 인간 DNA의 일부인 그들은 인간의 성공 여부와 진화적인 이해관계가 있다. 지난 수백만 년간 인간은 생명의 차에 바이러스를 태워주었고 바이러스는 그 보답으로 그들의 방대한 유전 집합체로부터 일부 암호를 빌려올 수 있는 기회를 인간에게 주었다. 바이러스는 돌연변이 일으키기에 능한 덕에 유용한 유전자와 마주칠 수밖에 없고 그 속도는 바이러스의 힘을 빌리지 않은 인간에 비해 훨씬 빠르다. 결국 인간은 바이러스와의 공조에 힘입어 복잡한 생굴체로 빨리 진화했는지 모른다. 인간이 독자적으로 진화했다면 복잡한 생물체로 진화하는 속도는 훨씬 느렸을 것이다.

튀는 유전자 연구가 진행되면서 빌라레알의 이론을 지지하는 증거가 등장했다. 튀는 유전자는 이미 언급한 대로 십중팔구 바이러스의 후손일 것이다. 생굴체는 복잡성이 높을수록 튀는 유전자를 많이 갖는 것으로 나타났다. 인간과 인간의 아프리카 영장류 친척이 공유한 특정 유전형질은 바이러스 시장에서 인간 게놈 사업을 더 수월하게 할 수 있도록 돕기도 한다. 인간 게놈은 특정 레트로바이러스 한 개에 의해 개조되었다. 그 덕분에 인간이 다른 레트로바이러스에 의해 더 쉽게 감염될 수 있는 길이 열렸다. 빌라레알에 따르면 아프리카 영장류는 다른 바이러스에 지속적으로 감염될 수 있었기 때문에, 다른 레트로바이러스에 노출되어 돌연변이 속도가 더욱 빨라졌다. 그 결과 인간의 진화가 '빨리감기' 모드로 들어갔을 수도 있다. 요컨대 바이러스에 쉽게 감염되는 아프리카 영장류의 능력은 인간으로의 진화에 박차를 가했을지도 모른다.

결국 '쓰레기 DNA'가 제공한 암호를 통해 생물체는 인간 사촌 격인 영장류로 진화했다가 다시 인간으로 진화했다는 얘기다. 이것은 결국 인간이 바이러스의 암호에 감염되었음을 의미한다. 이는 감염에 의한 설계를 의미하는 게 아닐까?

제 7 장

Survival of The Sickest

콩 심은 데 팥 나는 사연

SURVIVAL OF THE SICKEST

아파야 산다

미국 어린이들 중 3분의 1에 해당하는 2500만 명이 과체중이거나 비만이다. 지난 30년간 아동 비만률은 2~5세에서 두 배, 6~7세에서는 세 배 늘어났다. 2000년에 태어난 여자아이가 제2형 당뇨병에 걸릴 확률은 이제 거의 반반에 가까운 40퍼센트에 달한다. 이는 과체중 아동의 급증 현상과 직접 관련돼 있다.

더욱 슬픈 소식은 이들은 어린 나이임에도 비만 질환 증상을 나타내는 경우가 적지 않다는 점이다. 최근 조사 결과에 따르면 5~10세 비만 아동 약 60퍼센트에서 이미 고콜레스테롤, 고혈압, 고트리글리세라이드, 고당분 수치 등 심장병 주요 위험 인자가 하나 이상 나타났다. 위험 인자가 두 개 이상인 아이들도 25퍼센트에 달했다. 〈뉴잉글랜드 의학저널The New England Journal of Medicine〉 2005년도 보고서는 근대 들어 최초로 미국인 기대 수명이 최대 5년까지 단축될 수 있는 주요 원인으로 아동 비만의 유행을 지목했다.

기름 범벅 감자튀김과 설탕 덩어리 탄산음료를 먹고 마시면서 방과 후에 운동보다는 TV와 비디오게임에 많은 시간을 보내는 생활습관은 살이 찌는 지름길이라는 점은 확실하다. 그런데 이것이 비만의 전말이 아닐지도 모른다는 새로운 연구결과가 나왔다.

부모의 식습관, 특히 임신 초기 여성의 식습관이 자녀의 신진대사에 영향을 미칠 수 있다는 증거가 속속 등장하고 있다. 임신을 앞둔 여성이라면 본인의 몸매는 물론 태어날 아기를 위해서라도 햄버거에 입을 대기 전에 심사숙고해야 한다는 뜻이다.

부모가 얻은 과체중 문제가 아이에게 유전되기 때문에 뚱뚱한 부모 밑에 뚱뚱한 아이가 태어난다는 순전히 라마르크식 발상을 주장하려는 건 아니다. 단지 새로운 연구가 진행됨에 따라 유전자의 표현방식과 시기, 표현 여부 등에 대한 기존 이해가 하루가 다르게 변하고 있다는 점을 지적하는 것이다. 다시 말해 유전자 내 명령이 수행되는 방식과 시기, 수행 여부 등에 대한 새로운 연구결과가 쏟아지고 있다. 일례로 지난 5년에 걸쳐 진행된 획기적인 연구에 따르면 특정 화합물이 특정 유전자에 달라붙어 그 유전자가 표현되지 못하도록 억제할 수 있음이 입증되었다. 유전자에 결합된 화합물은 해당 유전자를 켜고 끌 수 있는 유전적 스위치 역할을 한다. 실로 흥미로운 부분은 우리가 먹는 음식이나 피우는 담배 등 환경 요인에 의해서도 스위치가 켜지거나 꺼질 수 있다는 것이다.

이 연구결과는 전체 유전학을 변모시키고 있으며 후생유전학이라는 하위 학문 분야까지 탄생시켰다. 이는 겉보기에 새로운 형질을 부모에게 물려받은 자녀가 그 기반이 되는 DNA는 변함없이 이 형질을 표현하는 현상을 연구하는 학문이다. 다시 말해 명령은 그대로인데 뭔가 다른 것 때문에 그 명령이 무시되는 현상을 연구한다.

이제 유전자의 명성이 전 같지 않다.

후생유전학이라는 말은 1940년대에 생겼지만 현대 학문 자체는 아직 걸음마 단계이다. 2003년 갈색 날씬이 쥐 연구를 통해 이 연구는 획기적으로 도약하게 되었다.

이 갈색 날씬이 쥐의 충격적인 출생의 비밀은 부모가 모두 노란색 뚱보 쥐라는 점이다. 그것도 대대로 노란색 뚱보 쥐 가문 출신이다. 노란색 뚱보 쥐는 어구티agouti라는 유전자를 보존할 목적으로 번식시킨 종이다. 어구티 유전자를 보유한 쥐는 외피 색이 연하고 살이 잘 찌는 특징이 있다. 수컷 어구티 쥐가 암컷 어구티 쥐와 짝짓기를 하면 어김없이 노란색 뚱보 아기 어구티 쥐를 낳는다. 그러다 이들이 미국 듀크 대학교에 가면서 사정은 달라졌다.

듀크 대학 연구팀은 어구티 쥐들을 통제집단과 실험집단으로 나눈 뒤 통제집단에는 특별한 조치를 하지 않았다. 평범한 먹이를 주었고, 노란색 뚱보 미키 마우스가 노란색 뚱보 미니 마우스와 짝짓기 하도록 했다. 예상대로 노란색 뚱보 아기가 태어났다.

실험집단의 쥐들도 짝짓기를 했는데 이 집단의 예비 엄마는 좀더 나은 출산 전 관리를 받았다. 연구자들은 정상적인 식단 이외에 비타민 보충제를 먹였다. 오늘날 임신 여성이 먹는 비타민B_{12}, 엽산, 베타인, 콜린 등에 변화를 준 화합물을 섞어 먹인 것이다.

노란색 뚱보 수컷 쥐와 짝짓기한 노란색 뚱보 암컷 쥐가 갈색 날씬이 쥐를 낳은 사건이 터지면서 유전학계에 난리가 났다. 유전에 대한 과학계의 기존 지식을 몽땅 폐기처분해야 할 판이었다. 설상가상으로 갈색 아기 쥐의 유전자가 부모의 유전자와 똑같았다. 갈색 날씬이 쥐의 어구티 유전자는 있어야 할 곳에 제대로 있었고 노래지고 살찌라는 명령을 내보낼 태세를 갖추고 있었다. 대체 어찌된 영문일까?

기본적으로 예비 엄마에게 먹인 비타민 보충제 중 몇몇 성분이 태아 쥐에게 도달해서 어구티 유전자를 '끔' 위치로 돌려놓은 것이다. 태어난 아기 쥐의 DNA에는 어구티 유전자가 변함없이 들어 있었지만 발현되지는 않았다. 화학물질이 유전자에 달라붙어 그 명령을 억제했기 때문이다.

이 유전 억제 과정을 DNA 메틸화라고 한다. 메틸화는 메틸기methyl group라는 화학물질이 유전자와 결합하여 해당 유전자의 발현 방식을 변경하되 DNA는 바꾸지 않을 때 발생한다. 비타민 보충제 성분에는 메틸 공여자가 들어 있다. 메틸 공여자는 위와 같은 유전 멈춤 신호가 되는 메틸기를 형성하는 분자이다.

메틸화 덕분에 얼떨결에 날씬해지고 갈색 털을 얻은 쥐에게는 또다른 축복이 기다리고 있었다. 어구티 유전자가 있는 쥐는 당뇨병과 암이 많이 발병하는 것으로 알려져 있다. 따라서 어구티 유전자가 '꺼진' 쥐는 그 부모에 비해 암과 당뇨병에 걸릴 확률이 훨씬 낮아진다.

태아가 건강하려면 예비 엄마가 영양분을 골고루 섭취하는 것이 중요하다는 개념은 물론 잘 알려져 있었다. 이것은 충분한 영양 상태와 출산 시 정상 체중 등 쉽게 눈에 띄는 특성뿐만 아니라 나중에 특정 질병이 걸릴 확률이 낮아진다는 사실과도 연관돼 있다. 하지만 그것이 '어떻게' 가능한지는 듀크 대학의 연구가 있기 전까지 오리무중이었다. 이 연구를 주도한 랜디 저틀Randy Jirtle 박사는 다음과 같이 말했다.

> 산모의 영양 상태에 따라 자식이 병에 걸릴 확률이 크게 달라진다는 사실은 오랫동안 알고 있었으나, 그 인과관계의 고리는 전혀 파악하지 못했다. 우리는 엄마에게 제공되는 영양 보충제가 정확히 어떻게 유전자 자체에 변화를 주지 않고도 자식의 유전자 발현을 영구적으로 바꿀 수 있는지 사상 최초로 입증했다.

듀크 대학 연구는 엄청난 파장을 몰고 왔고, 이 연구결과가 발표된 이래 후생유전학 연구는 폭발적으로 늘어났다. 왜 그런지는 능히 짐작하리라 믿는다.

첫째, 후생유전학이 등장하면서 유전 청사진이 불변잉크로 작성된다는 믿음이 무너졌다. 특정 유전자 모음이 절대 불변의 청사진이나 명령이 '아니다'라는 과학적 개념을 부랴부랴 도입할 수밖에 없었다. 똑같은 유전자라도 메틸화 여부에 따라 결과가 달라질 수 있다. 새롭게 고려해야 할 측면이 많다. 예를 들어 일련의 반응은 유전암호 외부에서, 그리고 유전암호를 초월하여 작용함으로써 암호 자체를 바꾸지 않고도 그 결과를 바꾸었다(외부에서, 초월하여 등의 표현에서 후생유전학epigenetics이라는 이름이 나왔다. 그리스어 접두어 epi는 그 위로, 그후에, 추가로 등을 의미한다). 그러나 이것이 100퍼센트 예상 밖의 결과는 아닐 것이다. 이미 50년 전부터 일부 연구원들은 유전자가 같다고 해서 결과가 항상 같지는 않다는 점을 지적하기 시작했다. 예를 들어 (똑같은 DNA를 공유한) 일란성 쌍둥이라 하더라도 그들이 걸리는 병이나 갖고 있는 지문은 똑같지 않으며 단지 비슷할 뿐이다.

둘째, 듀크 대학 연구는 라마르크의 망령을 품에 안았다. 산모의 환경 요소가 자녀의 유전형질에 영향을 미친다는 것이 입증되었다. 환경 요소는 아기 쥐가 물려받은 DNA를 바꾸지는 않았지만 DNA가 발현되는 방식에 개입해 유전형질을 바꾼 것이다.

이 최초의 쥐 실험 후에 듀크 대학의 다른 과학자들은 임신한 쥐의 먹이에 약간의 콜린을 추가하는 것만으로 쥐의 뇌에 에너지를 과다 공급할 수 있음을 입증하였다. 콜린은 뇌의 기억중추에서 세포 분할 억제를 담당하는 유전자를 꺼버리는 메틸화 패턴을 유발했다. 세포 분할 통제기가 꺼지자 기억세포가 대량생산에 돌입하여 쥐의 기억력이 마이티 마우스급으로 향상되었다. 뉴런의 발화 속도와 빈도가 높아져 성인이 된 이 메가브레인 쥐들은 미로 찾기 경기의 기록을 모조리 깨버렸다.

포유류에서 파충류와 곤충에 이르기까지 각종 동물을 연구하는 과학자들은 임신 중 산모의 경험에 따라 맞춤형으로 자식을 생산할 수 있는 생물이 있다는 것을 오래전부터 알고는 있었다. 그러나 제대로 설명하지는 못했다. 그러던 중 유전형질이 후생유전학의 영향을 받을 수 있다는 사실이 알려지자 위와 같은 현상이 더 그럴 듯하게 느껴졌다.

들쥐는 살진 생쥐처럼 생겼으며 몸집이 작고 모피로 덮인 설치류이다. 엄마 들쥐의 출산이 연중 어느 시기냐에 따라 아기 들쥐는 두껍거나 얇은 외피를 입고 태어난다. 두꺼운 외피 유전자는 항상 존재한다. 단지 엄마가 수태 당시 주위 환경에서 감지한 빛의 양에 따라 켜지거나 꺼질 뿐이다. 발달 단계의 게놈은 기본적으로 세상 밖으로 나가기 전에 어떤 외피를 준비해야 할지 파악하기 위해 일기예보를 듣는 셈이다.

다프니아Daphnia라는 조그만 민물벼룩(사실 벼룩이 아니라 갑각류임)의 엄마는 아기를 낳을 곳에 포식자가 많으면 더 큰 투구와 척추를 갖춰 자식을 세상에 내보낸다.

사막 메뚜기는 먹이의 양과 메뚜기 개체수에 따라 삶의 방식이 크게 둘로 갈라진다. 늘 먹이가 부족한 자생 사막지역에서는 위장색을 타고나 고독하게 살아간다. 그러나 어쩌다 비가 많이 내려 식물이 크게 자라기라도 하면 모든 것이 바뀐다. 메뚜기들은 우선 계속 혼자 살면서 풍부한 먹이를 즐기다가 남은 식물들이 하나둘씩 죽어가기 시작하면 다른 메뚜기들과 함께 모여든다. 돌연 밝은 색깔을 띠면서 벗을 갈망하는 아기 메뚜기들이 태어난다. 포식자의 눈을 피해 꼼짝

하지 않고 위장술을 부리며 동료들과도 어울리지 않던 메뚜기들이 떼로 움직이면서 음식도 같이 먹고 엄청나게 많은 수로 포식자들을 압도한다.

한 도마뱀 종은 꼬리가 길거나 짧게, 몸집도 크거나 작게 태어나는데 이를 좌우하는 요인은 단 한 가지이다. 엄마 도마뱀이 임신중에 도마뱀 잡아먹는 뱀의 냄새를 맡은 적이 있느냐가 관건이다. 뱀이 우글거리는 세상에 태어나는 아기는 될 수 있으면 뱀에게 안 잡아먹히려고 긴 꼬리와 큰 몸집을 갖고 태어난다.

앞서 살펴본 들쥐와 물벼룩, 메뚜기, 도마뱀의 경우 모두 태아 발달 단계에 발생하는 후생유전 효과에 의해 자손의 특징이 좌우된다. DNA가 달라지는 대신 DNA가 발현되는 방식이 달라진다. 엄마의 경험에 따라 자손의 유전자 발현이 영향을 받는 이 현상을 전조적응반응predictive adaptive response 또는 모계효과라고 한다.

이 현상이 인간에게는 과연 어떤 의미가 있을까? 제대로 된 후생유전학적 신호를 보내면 아기의 건강과 지능, 적응성을 개선할 수 있다. 연구에 매진하다 보면, 아기를 낳은 후에라도 해롭게 발현되는 유전자는 억제하고 꺼져 있는 유용한 유전자는 다시 켜는 방법을 터득할지도 모른다. 후생유전학은 참신한 건강 관리법을 발굴해낼 잠재력을 갖고 있다. 운명을 새롭게 쓸 수 있는 메틸 매직펜이 있는 한 DNA는 더이상 운명이 아니다.

현재 인간 후생유전학은 태아 발달을 중점 연구하고 있다. 수태 후

며칠 동안은 엄마가 아직 임신 사실조차 모르고 있을 기간이지만 그 중요성은 기존에 알던 것보다 훨씬 크다. 중요한 여러 유전자가 켜지거나 꺼지는 시기이기 때문이다. 후생유전학적 신호가 전송되는 시기가 빠르면 빠를수록 태아가 겪을 변화의 폭도 훨씬 더 커진다. (어찌 보면 작은 진화 실험실 같은 여성의 자궁은 새로운 형질이 태아의 생존과 번영에 도움이 되는지 살펴보고 도움이 안 된다고 판단하면 유산시킨다. 연구원들은 실제로 유산된 태아 중에는 유전으로 인한 기형인 경우가 적지 않음을 주목해왔다.)

후생유전학이 어떻게 아동 비만의 유행에 일조했는지 살펴보자. 많은 미국인들이 주로 먹는 정크푸드에는 칼로리와 지방은 많지만 정작 중요한 영양소, 특히 태아 발달에 중요한 영양소는 부족하다. 임신부가 임신 초기 몇 주 동안 정크푸드 위주로 식사를 한다면, 장차 처할 환경에 영양가 있는 음식이 부족하다는 신호가 태아에게 전달될지도 모른다. 여러 후생유전학적 효과가 조합되면서 다양한 유전자 스위치가 켜지고 꺼지는 과정을 거친 후 아기는 음식을 조금만 먹어도 살아남을 수 있도록 작은 몸집으로 태어난다.

하지만 이야기를 여기서 끝내면 하나만 알고 둘은 모르게 된다. 20여 년 전 데이비드 바커David Barker라는 영국 의학 교수(2005년 국제 다농상Danone International Prize 수상자)는 태아 때 영양이 부실하면 자라서 비만하게 된다는 주장을 최초로 제기했다. 바커 가설 또는 절약표현형thrifty phenotype 가설이라는 이 이론은 그후 계속 기반을 확장하고 있다. (표현형이란 유전형이 실제로 발현된 것을 말한다. 다시 말해, 부모 중

한 명의 귓불은 붙어 있고 나머지 한 명의 귓불은 떨어져 있다면 자식은 떨어진 귓불을 갖게 된다. 그 형질이 우성이기 때문이다. 떨어진 귓불은 자식의 표현형 중 일부가 된다. 후생유전학 효과는 유전형은 바꾸지 않고 표현형에 영향을 미친다. 따라서 이 가상의 예에서 메틸 표지에 의해 떨어진 귓불 유전자가 꺼진다면, 표현형이 달라져서 귓불이 붙겠지만 유전형은 변함이 없다. 떨어진 귓불 유전자는 여전히 갖고 있으며 꺼짐 상태나 켜짐 상태로 자식에게 물려줄 수 있다. 단지 자식의 몸속에서 활성화되지 않았을 뿐이다.)

절약표현형 가설에 따르면, 영양이 부실한 태아는 에너지 비축 효율이 높은 '절약형' 신진대사를 발달시킨다. 절약표현형 아기가 1만 년 전 식량 기근이랄 수 있을 시기에 태어났다면 절약형 신진대사 덕분에 살아남기 쉬웠겠지만, (영양가는 없으나 칼로리는 높은) 음식이 풍부한 21세기에 태어나면 살이 찌고 만다.

산모의 식습관이 자식의 신진대사 구성에 어떻게 영향을 미치는가. 이에 대한 이해를 돕는 후생유전학 덕분에 절약표현형 가설이 한층 더 흥미로워진다. 아기를 가질 계획이라면 임신중에 무엇을 언제 먹어야 할지 벌써부터 신경이 쓰일 것이다. 아직은 관련 정보가 충분치 않아 태아가 정확히 언제 후생유전 유발점에 도달하는지 모르지만, 동물을 대상으로 한 연구결과로 미루어 이 과정은 아주 일찍부터 시작됨을 알 수 있다.

최근에 쥐를 이용한 연구에 따르면 임신 첫 4일 동안(태아가 자궁에 착상하기도 전임)에만 저단백질 음식을 먹었는데 아기 쥐들이 고혈압에 걸릴 확률이 높게 나타났다. 양에게도 실험했더니 비슷한 모계 효과가 나타났다. 임신 초기(역시 엄마 자궁에 태아가 착상하기도 전임)에 음식을 제대로 먹이지 않은 산모 양이 낳은 자식은 신진대사가 느리다. 따라서 먹은 음식이 지방으로 많이 변환되다 보니 동맥경화가 일어났다.

이런 현상이 산모의 영양 결핍으로 인한 출산 결함이 아니라 적응 반응임을 알 수 있는 이유는 정상적인 음식을 먹였을 때만 동맥경화와 체중 증가 등 건강문제가 나타났기 때문이다. 임신중 영양이 결핍되었던 엄마에게서 태어난 아기 양이 어렸을 때 엄마처럼 영양이 결핍될 경우 동맥경화 조짐이 전혀 나타나지 않았다.

현재 연구중인 후생유전 효과는 대부분 아빠가 아니라 엄마와 관련이 있다. 그 이유는 부분적으로 태아가 아빠의 환경과 거의 접촉하지 않기 때문이다. 따라서 수태 이후에만 후생유전적 변화가 나타난다고 믿는 과학자들이 적지 않았다. 이런 변화는 태아가 엄마의 환경 정보에 반응하면서 나타난다고 본 것이다. 그러나 아빠도 자식에게 정보를 전달할 수 있다는 새롭고도 흥미로운 증거가 있다. 영국에서 진행된 연구에 따르면 사춘기 전에 흡연을 시작한 남성의 아들은 아홉 살이 되면 정상아보다 훨씬 뚱뚱했다. 이 상관관계는 아들에게만 나타나기 때문에 후생유전적 표지가 Y염색체로 전달된다는 것이 과학자들의 생각이다. (언뜻 생각하기에 흡연 아버지의 자식은 몸집이 왜소할 것 같지만 이러한 효과는 절약표현형과 유사한 예라고 보면 된다. 즉 임신 초기 영양 결핍으로 절약형 신진대사를 갖고 태어난 작은 아기가 살이 찔 확률이 훨씬 높은 것과 마찬가지이다. 이 경우에는 아버지가 들이마신 담배 연기에 들어 있는 독성 때문에 아버지 정자에 후생유전적 변화가 초래될 수 있다. 이러한 독성물질은 거친 환경을 암시하므로 정자는 절약형 신진대사를 가진 아기를 만들 태세를 갖춘다. 이러한 절약형 신진대사가 서양식 식습관과 합쳐지면 아기가 비만아로 자랄 확률이 크게 높아진다.)

본 연구의 수석 과학자인 영국의 유전학자 마커스 펨브리Marcus Pembrey는 이 연구결과가 모계 효과뿐만 아니라 부계 효과의 존재를 입증한다고 믿으며 이를 '원칙의 증거'라고 했다. "정자가 조상의 주변환경에 대한 정보를 입수한 결과 후대의 발달 상태와 건강이 달라지는 것이다."

이는 아버지의 죗값을 치르는 아들들에게 새로운 생각거리를 던져준다.

당신의 인생에 후생유전적 영향을 미치는 것은 비단 엄마, 아빠뿐만은 아니다. 할아버지와 할머니도 당신들의 흔적을 남길 수 있다. 이는 듀크 대학의 노란색 뚱보 쥐 연구자로부터 런던의 흡연 아버지 연구자에 이르기까지, 저명한 후생유전학 연구자 다수의 공통 견해이다. 이들은 모두 후생유전적 변화가 생식계열을 타고 여러 세대에 걸쳐 유전된다고 믿는다.

모계 유전의 경우 궁극적인 유전형이 외할머니의 메틸 구성을 직접 취할 기회를 얻는다. 여아는 평생 쓸 난자를 이미 난소에 담아 태어난다. 좀 묘하게 들리겠지만 우리 염색체 중 절반의 근원이자 발달 모체인 난자는 어머니가 아직 외할머니 배 속에 들어있을 때 어머니의 난소 속에서 만들어졌다. 새로운 연구에 따르면 외할머니가 어머니에게 전달하는 후생유전학적 신호는 어머니의 난자, 즉 여러분의 DNA 중 절반을 제공할 그 난자에 똑같이 전해지고 있음이 밝혀지고 있다.

후생유전학은 외피가 얇은 들쥐와 사회성 높은 메뚜기의 비밀을 밝히는 데 일조했듯이, 이제는 지난 100여 년간 풀리지 않았던 상관관계를 설명해준다. 미국 LA의 한 연구팀은 외할머니가 임신중에 담배를 피운 아이들은 엄마가 임신중에 담배를 피운 아이들보다 천식에 걸릴 확률이 더 높다는 점을 발견했다. 후생유전적 암호를 풀기 전에는 이 상관관계를 설명할 수 없었다. 그러나 과학자들은 이제 담배 피우는 외할머니가 뱃속에 있는 태아의 난자에 후생유전학적 영향을 유발했음을 깨닫는 중이다(외할머니의 흡연 습관이 왜 태아보다 태아의 난자에 더 영향을 미치는지는 아직 과학자들도 풀지 못한 숙제이다).

1944년과 1945년 네덜란드에서는 혹한의 겨울에 나치의 무자비한 봉쇄 조치가 겹쳐 기근이 발생했다. 이 '기아의 겨울'을 나는 동안 3만 명이 사망했다. 기근 이후 출산 기록을 조사해보니 바커의 절약표현형 가설을 확인할 수 있었다. 임신 첫 6개월간 기아의 겨울을 보낸 여성들은 몸집이 작은 아기를 낳았고 이 아기들은 성인이 되었을 때 비만과 관상동맥 질병, 그리고 각종 암에 걸리기 쉬웠다.

이 결과는 아직 논쟁의 여지가 있지만 그로부터 약 20년 후에 과학자들은 더욱 놀라운 결과를 발표하였다. 그 여성들의 손자 또한 저체중으로 태어난 것이다. 기근중에 부실한 영향 섭취로 유발된 메틸 표지가 후대로 유전될 수 있을까? 그것은 아직 확실치 않으나 메틸화 효과는 부정할 수 없을 듯하다.

대표적인 후생유전학자들 중에서 후생유전학적 변화가 기존 게놈을 미세 조정하기 위한 진화의 미묘한 노력이라고 생각하는 사람들이 적지 않지만 이는 아직 논쟁의 여지가 많다. 쥐 연구를 발표한 듀크 대학 과학자들은 다음과 같이 썼다.

> 본 연구팀의 연구결과는 초기의 영양 상태가 후생유전학 표지 수립에 영향을 미치고 (……) 생식 계열을 포함한 모든 조직에도 영향을 미칠 공산이 있음을 보여준다. 따라서 영양 상태로 인한 후생유전학적 변화가 완전히 제거되지 않으면, 포유류에서 적응 진화가 발생할 수 있는 그럴듯한 기제가 탄생한다.

다시 말해, 제거되지 않은 메틸 표지는 대대로 유전되어 결국 진화가 발생할 수 있다는 뜻이다. 부모나 조부모가 획득한 형질이 그 후손들에게 유전될 수 있다는 뜻이기도 하다. 라마르크가 무덤에서 벌떡 일어날 판이다. 그가 창시하지는 않았지만 이 이론이 다시 유행할 조짐을 보이고 있다. 부모의 흡연 연구를 진행했던 과학자 마커스 펨브리는 자칭 '신新용불용설주의자'이다. 앨라배마 대학 연구원 더글러스 루덴Douglas Ruden은 〈사이언티스트〉 지 기자에게 이렇게 말했다. "후생유전학은 항상 용불용설이었다. 나는 정말이지 어떠한 논란거리도 없다고 생각한다."

지금까지 논의한 메틸 효과는 대부분 출산 전에 일어나는 변화와 연관되어 있지만 후생유전학적 변화는 평생 일어난다. 메틸 표지가 자리를 잡으면서 꺼지는 유전자가 생기고 메틸 표지가 제거되면 다른 유전자가 다시 켜지는 식이다.

2004년 캐나다 맥길 대학교의 마이클 미니Michael Meaney 교수가 발표한 보고서는 듀크 대학의 노란색 쥐와 갈색 쥐 보고서 못지않게 세상을 떠들썩하게 했다. 미니 교수의 연구에 따르면 출산 후 엄마와 자식 간의 교감으로 자리를 잡은 메틸 표지는 엄청난 후생유전학적 변화를 초래한다.

미니 교수는 생후 첫 몇 시간 동안 엄마로부터 받는 관심의 정도가 각각 다른 쥐들의 행동을 연구했다. 엄마가 부드럽게 핥아준 새끼는 성격이 비교적 차분할 뿐 아니라 스트레스가 많은 상황에도 대처할 수 있는 자신감 넘치는 쥐로 자라났다. 반면 엄마의 관심을 전혀 받지 못한 경우 정서가 불안한 쥐로 자라났다.

이 실험은 본성이냐 양육이냐 하는 논쟁을 불러일으킬 만하다. 본성을 지지하는 사람은 사회성이 부족한 엄마 쥐의 아기는 엄마의 정서 장애 유전자를 물려받아 사회성이 부족한 쥐로 자라난 반면, 적응성이 훌륭한 쥐는 자식에게 잘 적응된 유전자를 물려주었다고 주장할 것이다. 거기까지는 그런대로 납득할 만하다. 단, 이 실험에서는 짝짓기 후 자식을 바꿔치기하는 수법을 사용했다는 점을 유의해야 한다. 무관심한 엄마가 낳은 아기를 다정한 엄마에게 맡겼고, 반대로 다정한 엄마가 낳은 아기를 무관심한 엄마에게 맡겼다. 애정을 듬뿍

받고 자란 새끼는 생모의 행동과는 무관하게 성격이 침착했다.

이쯤 되면 양육 옹호론자들은 승리의 미소를 지을 것이다. 제대로 돌본 쥐가 유전적 구성과 관계없이 제대로 자라났다면 성격이 양육 방식에 반응하여 발달했다는 의미이다. 어머니의 양육이 1:0으로 앞서나간다.

잠깐, 너무 앞서나간 것은 아닌지?

이 두 집단의 쥐 유전자를 분석해보니 메틸화 패턴이 눈에 띄게 다른 것이 밝혀졌다. (생모든 아니든) 엄마가 지극정성으로 돌본 새끼 쥐는 뇌 발달과 관련된 유전자 주변의 메틸 표지가 감소했다. 엄마의 따뜻한 관심 덕분에 메틸 표지가 제거돼버린 것이다. 마치 엄마 쥐가 그 메틸 표지를 핥아서 없애기라도 한 것 같다. 이 메틸 표지가 제거되지 않고 남아 있었다면 아기 뇌 일부의 발달이 저지되었을 것이다. 이 쥐들의 뇌에서는 스트레스 반응을 경감시키는 부분이 더욱 발달했다. 본성이냐, 양육이냐의 문제가 아니었다. 본성과 양육이 함께 작용했기 때문이다.

미니 교수의 논문은 후생유전학계의 또다른 히트작이었다. 부모의 양육 같은 간단한 요인이 살아 있는 동물의 유전암호 발현을 변화시키고 있었다. 일각에서는 받아들이기 어려울 정도로 충격적인 개념이다. 저명한 학술지의 한 편집위원은 연구원들이 정성 들여 정리한 증거에도 불구하고 이것을 받아들일 수 없다고 적기까지 했다. 그런 일이 일어날 수는 없다는 것이다.

하지만 그런 일은 일어난다.

쥐처럼 인간 유아의 경우에도 부모의 양육이 두뇌 발달에 똑같은 영향을 주는지는 확실히 알려져 있지 않다. 어찌 보면 결과가 어떻든 크게 상관은 없다. 출생 시점부터 유년 초기에 이르기까지 부모 자식 간 유대감은 정서 발달에 깊은 영향을 미친다는 점은 이미 알려져 있기 때문이다. 다정다감하고 반응 속도가 빠른 부모의 정서가 일종의 정신 메틸화를 통해 자식에게 전달된다고 알려져 있다. 부모의 불안감을 증폭시키는 요인도 마찬가지이다. 순탄치 못한 결혼생활에서 건강문제와 경제문제에 이르기까지 온갖 문제로 부모의 스트레스가 높아지고 부모 자식 관계가 악화될 수 있다. 과도한 스트레스를 받는 부모의 자식은 우울증에 걸리기 쉽고 자제력이 부족하다. 부모 마음이 편안하고 곁에 있어줄 경우 자식은 더 행복하고 건강한 경향이 있다.

부모의 신생아 양육 방식이 실제로 뇌 발달을 변화시키는지는 알려져 있지 않지만, 동물을 대상으로 이 후생유전학적 상관관계를 연구하는 과학자들은 인간도 마찬가지일 거라고 믿는다. 실제로 전체적인 그림을 보면 인간은 유년 시절 후생유전학적 효과에 더 민감할 듯하다. 인간은 대부분의 포유동물에 비해 생후의 인식 발달과 물리적 발달이 훨씬 더 중요하기 때문이다.

돌연변이와 마찬가지로 메틸화도 그 자체만으로는 좋지도 나쁘지도 않다. 모든 것은 어떤 유전자가 켜지고 꺼지느냐, 그리고 그 이유는 무엇이냐에 달려 있다. 임신한 쥐에게 양질의 영양소를 공급했더니 어구티 유전자에 메틸 표지가 추가됨으로써 아기 쥐 한 세대가 노란색 뚱보 쥐가 될 운명에서 벗어났다. 부모 쥐가 정성스럽게 아기 쥐들을 돌보아주었더니 뇌 발달을 담당하는 유전자 주위의 메틸 표지가 제거되었다. 인간도 마찬가지이다. 꺼져야 좋은 유전자가 있는 반면 24시간 내내 근무해줬으면 하는 유전자도 있다. 메틸화가 된다고 해서 그 유전자가 항상 완전히 꺼지는 것도 아니다. 유전자의 경우 일부 메틸화가 일어날 수 있으며 메틸화의 정도는 메틸화 후 유전자의 활성도와 서로 관련이 있다. 메틸화 정도가 낮을수록 유전자 활성도는 높아진다.

항상 당번을 서주었으면 하는 유전자는 종양 억제 유전자와 DNA 복구 유전자이다. 이들은 항암 군단의 돌격대원이자 공군 의무관이다. 현재 십수 가지가 파악돼 있는 이런 유전 수호자들이 활동을 중단하면 암세포는 고삐 풀린 망아지가 된다.

〈사이언스 뉴스〉 지는 최근에 1939년 11월 19일 태어난 일란성 쌍둥이인 엘리자베스와 엘레노어(가명)의 이야기를 다루었다. 이 쌍둥이 자매들은 태어난 직후부터 똑같은 대우를 받았다. 이들의 엄마는 쌍둥이 자매가 자신이나 다른 한 명이 편애를 받는다고 느끼기를 원치 않았기 때문이다. 엘리자베스는 "우리는 한 세트 같은 대우를 받았다. 서로 다른 두 사람이라기보다는 마치 한 사람 같았다"고 말했다. 이 두 자매는 20대 초반부터 서로 떨어져 살았지만 40년도 더 지난 지금 여전히 서로 매우 닮았다. 외모부터 소중하게 생각하는 것에 이르기까지 이들은 의심할 여지 없는 일란성 쌍둥이이다. 그런데 한 가지 큰 예외가 있다. 7년 전 엘레노어는 유방암 진단을 받았다. 반면 엘리자베스는 유방암 진단을 받은 적이 없다.

일란성 쌍둥이는 똑같은 DNA를 공유하고 있지만 DNA가 운명은 아니다. 그 이유 중 하나는 메틸화이다. 40년 넘게 서로 다른 환경에 노출되어 있던 터라 엘레노어의 유전자 주위에 다른 메틸화 패턴이 생겼을 개연성이 있다. 이 달라진 패턴 때문에 안타깝게도 유방암에 걸렸을 것이다.

2005년 스페인 국립암센터의 마넬 에스테예르Manel Esteller는 동료들과 공동으로 발표한 보고서를 통해, 일란성 쌍둥이는 출생 당시 거의 동일한 메틸화 패턴을 갖고 있으나 성장하면서 그 패턴이 달라진다는 것을 보여주었다. 만일 쌍둥이가 엘레노어와 엘리자베스처럼 일생 대부분을 떨어져서 보낸다면 그 패턴이 달라지는 정도가 훨씬 더 심하다고 한다. 에스테예르의 말을 인용하면 다음과 같다.

> 이처럼 쌍둥이에게서 나타나는 상이한 후생유전적 패턴은, 상이한 화학물질이나 식단·흡연 등에 노출된다든지, 대도시나 시골에서 거주한다든지 하는 환경 요소에 좌우되는 경우가 많다고 믿는다.

특정 유전자의 메틸화가 암과 밀접하게 연관돼 있음을 뒷받침하는 증거가 속속 등장하고 있다. 에피제노믹스Epigenomics라는 독일 회사의 과학자들은 유방암 재발과 PITX2라는 유전자의 메틸화 양 사이에 압도적인 상관관계가 있음을 보고했다. PITX2 유전자의 메틸화 정도가 낮은 여성 중 90퍼센트가 10년 후에 암에 전혀 걸리지 않은 반면, 메틸화 정도가 높은 여성은 그 비율이 65퍼센트에 불과했다. 결국 의사들은 이 같은 정보를 바탕으로 맞춤식 암 치료법을 시행할 수 있게 될 것이다. 타고난 항암 전사들의 도움을 많이 받을수록 화학요법과 방사선요법의 강도를 줄일 수 있다. 에피제노믹스 사의 자료는 PITX2 메틸화가 낮은 여성들이 종양 제거 수술 후 화학요법의 필요성 여부를 결정할 때 보조 도구로 이미 활용되고 있다.

과학자들은 항암 유전자의 메틸화와 발암 행동의 확실한 연결 고리를 구축하고 있다. 흡연 등의 습관이 오래 지속되면 이들 유전자 주위의 메틸 표지가 대량 축적될 수 있는데 과학자들은 이 현상을 초超메틸화라고 한다. 흡연자들의 경우 폐암과 전립선암에 각각 대항해야 할 유전자들에서 초메틸화가 일어난다.

암을 유발할 수도 있을 습관의 초메틸화 효과 때문에라도 메틸화 패턴을 초기 경고 신호로 받아들 수도 있다. 인도에서는 수백만 명이 비틀넛betel nut에 중독되어 있다. 비틀넛은 매운맛이 나는 열매인데 씹으면 치아와 잇몸이 빨갛게 변색된다. 니코틴처럼 약간의 취기를 유발하고 중독성이 강하며 심각한 발암물질이다. 비틀넛 씹기를 즐기는 통에 인도 남성에게 가장 흔한 암은 구강암이다. 더구나 구강암은 오랫동안 아무런 증상이 나타나지 않는 경우가 많아서 치사율이 높다. 인도에서 구강암 진단을 받은 사람 중 70퍼센트는 결국 사망한다. 평생 비틀넛을 씹으면 종양 억제 유전자, DNA 복구 유전자, 고립된 암세포를 색출해 자폭시키는 유전자 등 세 가지 항암 유전자의 초메틸화가 진행될 수 있다. 이런 연결고리를 찾아낸 릴라이언스 라이프 사이언시스Feliance Life Sciences라는 회사는 이 유전자의 메틸화 정도를 측정하는 테스트를 개발했다. 이 회사의 과학자인 다난자야 사라나스Dhananjaya Saranath 박사는 "어떤 사람이 구강암에 걸리기 전 어느 단계까지 와 있는지 정량적으로 파악할 수 있도록 이 세 가지 유전자 인근에서의 메틸화 정도를 예측 표지로 활용하려 한다"고 말했다. 결국 이 테스트는 암 위험을 측정하는 유용한 도구로 활용되어 암 조기 진단과 생존율 향상에 도움이 될 것이다.

현재 후생유전학은 '알면 알수록 아리송한' 단계에 있다. 단, 해롭다고 알려진 것은 자손들에게도 해로울 수 있다, 이 한 가지만은 분명하다. 후생유전학 표지가 대대로 유전되기 때문이다. 따라서 담배를 하루에 두 갑씩 피우고 패스트푸드를 수퍼사이즈로 먹는 생활을 계속한다면 자식뿐만 아니라 손자까지도 병에 쉽게 걸리는 체질로 바뀐다.

그렇다면 메틸 표지를 활용하여 아이들에게 긍정적인 영향을 미칠 수는 있을까? 쥐에게서 효과를 보았던 엽산과 B_{12}가 인간에게도 효과가 있을까? 대대로 체중 문제가 약간 있는 집안에서 몇 가지 메틸 표지를 가지고 비만의 대물림을 멈출 수 있을까? 알 수 없다. 심지어 우리가 아직 무엇을 모르고 있는지조차도 다 모른다.

우리가 모르는 것을 보자. 첫 번째, 어떤 유전자가 어떤 메틸 공여자에 의해 꺼지는지 제대로 모른다. 예를 들어, 털 색깔에 영향을 미치는 유전자가 메틸화될 때 생기는 변화는 해가 없을지 몰라도 그 메틸화 유발 과정에서 어떤 종양 억제자가 억제될 수도 있다. 메틸 정지 신호는 근처의 트랜스포존, 즉 튀는 유전자에 상륙하는 경우가 많은데 이러면 일이 더 복잡해진다. 그 트랜스포존이 게놈의 다른 장소에 끼어들 때 다른 유전자에 들러붙을 수 있는 곳으로 메틸 표지를 데리고 갈 수 있다. 딸려 간 메틸 표지가 다른 유전자에 들러붙으면 그 유전자는 아예 발현되지 않거나 크기가 줄어든다.

실제로 잠재적인 후생유전학 효과가 미칠 엄청난 범위를 통감한 듀크 대학 연구자들은 자신들의 연구결과를 인간에게 적용하는 데 관심이 있는 이들에게 경고의 말을 남겼다.

> 영양 보충제는 오랫동안 유익하다고 여겨졌으나 본 연구결과에 비추어 볼 때 인체 내 후생유전학적 유전자 조절 확립에 의도하지 않은 해악을 끼칠 수도 있다.

다시 말해 여기서 무슨 일이 일어나고 있는지 다 알지는 못한다는 뜻이다.

그렇다고 의사가 임신을 준비중인 사람에게 처방한 비타민제를 통째로 갖다 버리라는 뜻은 아니다. 이 비타민제는 권장할 만한 이유가 적지 않다. 앞서 언급했다시피 엽산은 임신부에게는 필수 영양소이다. 일련의 연구에서 입증된 바, 엽산 보충제는 뇌 또는 척추 발달에 손상을 일으킬 수 있는 출생 시 결함을 줄여준다. 이 상관관계는 워낙 확고해서 정부는 식수를 불화물로 강화한 것처럼 곡물을 엽산으로 강화하는 조치를 의무화했다. 그 결과 임신 여성의 엽산 결핍과 관련된 척추 피열 같은 질병이 감소하기 시작했다.

참으로 잘된 일임에는 분명하지만 그것이 전부는 아닐지도 모른다. 후생유전학에 대한 이해도가 낮기 때문에 혹시 의도하지 않은 결과가 발생하지는 않는지 주의를 기울여야 한다. 음식에 투입된 메틸 공여자 때문에 어떤 유전자가 영향을 받게 될지 아직 알 수 없다. 아마도 몇 년이 지나도록 알지 못할 것이다.

미숙아 출산이 예상되는 여성은 태아 폐의 발달 속도를 높이기 위해 베타메타존이라는 약물을 주로 투여받는다. 그 결과 태아의 생존율은 대폭 상승되었다. 그러나 베타메타존을 여러 번 맞은 산모의 아이는 극도의 활동 과다 상태가 되며 전반적으로 발육 속도가 정상 이하로 느리다. 최근 캐나다 토론토 대학의 연구로 여러 대에 걸쳐 이런 결과가 나타날 수 있음이 밝혀졌다. 수석 연구자는 베타메타존이 태아에게 후생유전적 변화를 일으키고 그 변화가 자손에게 차례로 유전된다고 믿는다. 한 미숙아 치료 전문의는 이 연구결과가 "상상을 초월할 정도로 끔찍하다"고 논평했다.

비타민과 약물이 애초의 목적을 이루는 데 그치지 않고 메틸화를 초래한다, 이건 사실 시작에 불과하다. 실제로 메틸화 패턴에 영향을 미칠 목적으로 제작된 약물이 등장하기 시작했다. 이 약물은 2004년 미국 식품의약청FDA의 승인을 받았다. 상표명 없이 아자시티딘 azacitidine이라고 하는데, 골수이형성증후군MDS의 획기적인 치료법으로 각광받았다. MDS는 여러 가지 혈액 장애가 합쳐진 난치병으로, 치사율 높은 백혈병으로 발전하는 경우가 많아 새로운 치료약 개발은 큰 진전이라 할 수 있다. 아자시티딘은 적혈구 내 특정 유전자의 메틸화를 억제함으로써 적절한 DNA 기능을 회복시키고 MDS가 백혈병으로 발전할 위험을 줄여준다. 아자시티딘이 처음 도입되었을 때 반응은 열광적이었다. 피터 존스Peter Jones 남가주 대학 생화학 및 분자생물학 교수는 다음과 같이 말했다.

> 이 약물은 후생유전적 치료법에서 최초로 승인된 약물로, 이 질병뿐만 아니라 다른 여러 질병의 치료에도 엄청나게 중요하다.

그는 또한 일부 동료와 함께 발표한 보고서에 다음과 같이 덧붙이는 것을 잊지 않았다.

> 후생유전학이 인간 질병에 실제 기여하는 바를 이제 겨우 이해하는 단계에 불과하며, 예기치 못한 결과가 많이 기다리고 있을 것이다.

"예기치 못한 결과가 많이 기다리고 있을 것"이라는 그의 말은 과연 틀리지 않았다. 아자시티딘이 승인된 지 6개월 후, 존스 홉킨스 대학 연구원들은 두 가지 약물의 후생유전적 효과를 조사하여 그 결과를 발표했다. 그중 한 약물은 화학적으로 아자시티딘의 사촌 격이었다. 이들 약물은 게놈에 새로운 메틸화 패턴을 떡칠하다시피 해서 수백 가지 유전자를 끄고 켰다.

여기서 오해할까봐 덧붙이면 후생유전학은 분명 인간의 건강에 긍정적인 영향을 미칠 수 있는 놀라운 잠재력을 갖고 있다. 미국 러트거스 대학의 밍주팡Ming Zhu Fang 교수는 녹차가 인간 생식 시스템에 미치는 영향을 연구한 결과, 녹차 성분이 결장암, 전립선암, 식도암과의 싸움에 도움이 되는 유전자에 대한 메틸 표지가 자리 잡지 못하도록 방해한다는 것을 발견했다. 메틸화된다면 이들 유전자의 암 억제 활동 사업은 간판을 내릴 판인데 녹차는 메틸화를 저해함으로써 이들 유전자의 항암 활동이 지속되도록 돕는다.

비타민으로 어구티 쥐들의 메틸화를 유발한 원조 연구를 수행한 듀크 대학 연구팀도 제니스타인에서 비슷한 메틸화 효과가 있음을 입증했다. 제니스타인은 대두에 들어있는 에스트로겐 비슷한 화합물이다. 이 연구팀은 제니스타인이 인간의 비만 위험을 줄이는 데 도움이 될 뿐만 아니라 아시아인의 비만율이 상대적으로 낮은 이유를 설명해줄 수 있을 것으로 보았다. 그러나 이들 역시 경고의 말을 잊지 않았다. 이 연구의 저자 가운데 한 명인 다나 돌리노이Dana Dolinoy는 다음과 같이 말했다.

> 소량일 때는 이로운 것도 대량일 때는 해로울 수 있다. 우리는 매일 의도적으로 또는 무심코 섭취하는 수백 가지 화학물질의 효과를 알지 못한다.

인간 게놈에는 30억 개의 뉴클레오티드 염기쌍이 인간을 인간답게 만드는 복잡한 군무를 추고 있다. 안무를 바꿀 경우 극도로 신중해야 한다. 특히 지금같이 정확성이 부족한 상태에서는 더욱 그렇다. 일렬로 선 무용수들이 일사불란하게 움직이는 가운데 한 명만 옮기겠다고 불도저를 몰고 온다면 거기에 달랑 한 명만 딸려 올라오지는 않을 것이다.

이 정도야 별로 복잡할 것 없다고 생각할지 모르지만 메틸 표지 말고도 유전자 스위치를 켜거나 끄는 방법은 또 있다. mRNA에 자신을 전사한 후 단백질로 변환함으로써 특정 유전자의 발현 정도를 조절하는 촉진자와 억제자 시스템이 있다. 이 시스템은 체내의 수요 변화에 맞춰 특정 단백질 생산을 가동하거나 중단하고 가속화할 수 있는 일종의 내부 조절기제이다.

예를 들자면 약물과 알코올에 대한 내성도 그렇게 생긴다. 술을 마신 사람의 간세포에 있는 유전자 촉진자는 알코올 분해를 돕는 효소(알코올 탈수소효소 기억나시는지?)의 생산성을 높인다. 술을 많이 마실수록 간에서 알코올 탈수소효소도 많이 생산된다. 술이 더 들어올 것을 예상함에 따른 생물학적인 반응이다. 그 반대 경우도 마찬가지이다. 한동안 술을 마시지 않으면 알코올 내성이 떨어진다. 알코올 탈수소효소가 정기적으로 필요하지 않다고 느끼면 체내 생산량이 줄어들기 때문이다.

카페인부터 여러 처방약에 이르기까지 다른 약물의 경우에도 비슷한 현상이 나타난다. 처방받은 약에 불쾌한 부작용이 있어서 의사에게 문의했더니 몇 주 있으면 없어질 거라는 말을 들은 적이 있으신지? 그런 적이 있고 실제로 부작용도 없어졌다면 다른 형태의 유전자 발현을 경험한 것으로 보면 된다. 체내에 약물이 들어왔을 때 이를 처리하는 데 도움이 되도록 특정 유전자 발현을 촉진하거나 억누름으로써 이 약물에 몸이 적응한 것이다.

가능한 후생유전적 효과와 모계 효과에 대해서 우리가 얼마나 아는 것이 없는지는 다음 예를 보면 잘 알 수 있다. 뉴욕과 워싱턴에서 발생한 9·11 테러 직후 몇 달 동안 캘리포니아 주에서는 임신 말기 유산 건수가 대폭 늘어났다. 예비 엄마가 스트레스를 많이 받다보니 당연히 몸 관리를 하기 힘들었기 때문이 아니겠느냐고 생각하기 쉽겠지만 유의할 점이 한 가지 있다. 유산 건수가 늘어난 것은 오직 태아가 남아일 때뿐이었다.

2001년 10월과 11월에 캘리포니아 주에서는 남아 유산율이 25퍼센트 늘어났다. 산모의 후생유전적 또는 유전적 구조 내의 그 무엇인가가(정체는 아직 모름) 배 속에 남자 아이가 있음을 감지하여 유산을 유발했다.

이 현상이 왜 일어났는지 짐작만 해볼 수 있을 뿐 진실은 모른다. 남아는 임신중인 산모의 체내에서 더 높은 생리학적 요구를 할 뿐만 아니라 아이 때 영양 공급을 충분히 받지 못할 경우 생존률이 더 낮다. 인간은 위기에 고종의 자원 절약 시스템이 절로 가동되도록 진화했는지도 모른다. 여성이 다수이고 강한 남성이 몇 명 있을 때가 그 반대 경우보다 전체 개체의 생존률이 높다.

진화 관련 원인은 차치하고라도 이 임신 여성들이 환경 위협을 감지한 후 극적이고 자동적으로 반응한 것은 분명하다. 실제 테러가 일어난 곳은 캘리포니아와는 거리가 멀다는 점이 더욱 흥미롭다. 이 같은 반응은 과거 기록에서도 찾아볼 수 있다. 1990년 독일이 통일할 당시에 (그로 인해 고통과 혼란, 불안감이 야기되던) 구동독에서는 여아가 더 많이 태어났다. 1990년대 발칸 분쟁 당시 슬로베니아의 10일 전쟁 후 출생 패턴과 1995년 일본 고베 지방에서 발생한 한신 지진 이후 출생 패턴 역시 유사한 것으로 조사됐다.

한편, 대규모 분쟁 이후에는 남아 출생률이 증가한다는 증거도 있다. 1차대전과 2차대전 이후에 그랬다. 최근 영국 글로스터셔에 거주하는 산모 600명을 대상으로 조사한 결과 본인은 장수할 거라고 답한 여성이 비교적 요절할 거라고 답한 여성들보다 아들을 낳을 확률이 높았다.

예비 엄마의 정신 상태가 어떻게든 생리적 또는 후생유전적 사건을 유발하여 임신에 영향을 주고 태아의 성별에도 영향을 줄 수 있다. 호시절에는 아들이, 힘든 시절에는 딸이 더 많이 태어난다. 후생유전학은 배울 것이 참 많은 학문이다.

후생유전학 최초의 획기적인 성과가 발표된 시기에 인간 게놈프로젝트Human Gemone Project가 완료되었다는 소식도 들려왔다. 인간 DNA를 구성하는 뉴클레오티드 쌍 30억 개의 배열을 장장 10년에 걸쳐 작성한 것이다. 프로젝트 완료 후 조직위원회 측은 "인간 몸을 만드는 데 필요한 설명서 전체"를 성공적으로 만들어냈다고 발표했다.

그런데 후생유전학이 잔칫상에 재를 뿌렸다. 과학자들은 10년이나 고생하며 만든 지도가 끝이 아니라 시작이라는 것을 알게 되었다. 과학계는 "지도 만드시느라 고생은 하셨는데요. 그럼 이제 어떤 길이 뚫려 있고 어떤 길은 막혀 있는지 알려주시겠어요? 그래야 지도를 좀 써먹을 수가 있거든요"라는 반응을 보였다.

물론 후생유전학 때문에 인간 게놈 프로젝트가 무용지물이 된 것은 아니다. 그 반대로 에피게놈 지도는 게놈 지도가 없다면 시작할 수 없다. 에피게놈 지도 작성 작업은 이미 개시되었다. 2003년 가을 유럽의 한 연구팀은 인간 에피게놈 프로젝트Human Epigenome Project를 발표했다. 메틸 표지가 달라붙어 특정 유전자의 발현을 바꿀 수 있는 곳이라면 빼놓지 않고 지표를 추가하는 것이 목적인 이들 과학자들은 다음과 같이 말했다.

> 인간 에피게놈 프로젝트의 목적은 DNA 암호에 기능을 제공하는 화학적 변화와 관계를 모두 파악하는 것이다. 이를 통해 정상적인 발달과 노화, 암을 비롯한 질병에 관여하는 비정상적 유전자 통제 등은 물론이고, 인간의 건강에 영향을 미치는 환경의 역할을 더욱 온전히 이해할 수 있게 될 것이다.

돈이 슬슬 몰려들고 있다. 사람들은 향후 몇 년 안에 에피게놈 지도가 대부분 작성되기를 바라고 있다. 그러나 만만치는 않을 것이다. 과학 세계는 결코 만만치 않다.

제 8 장

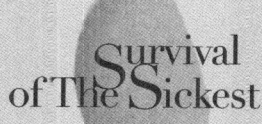

Survival of The Sickest

죽어야 사는 생명의 대원칙

SURVIVAL OF THE SICKEST

아파야산다

세스 쿡Seth Cook은 특히나 희귀한 유전병을 앓고 있는 최고령 미국인이다. 머리카락은 다 빠졌고 피부는 쭈글쭈글하다. 동맥경화증에 관절염으로 여기저기 쑤신다. 아스피린과 혈액 희석제를 매일 달고 산다.

그의 나이는 열두 살.

세스가 걸린 병은 허친슨-길포드 선천성 조로 증후군Hutchinson-Gilford progeria syndrome이다. 흔히 조로증이라고 한다. 조로증은 400~800만 명에 한 명꼴로 타고나는 희귀병으로 말 그대로 일찍 늙는 병이다. 조로증을 타고난 사람들에게는 가혹한 운명이 기다리고 있다. 조로증에 걸리면 정상 어린이에 비해 최대 열 배나 빠르게 나이를 먹는다. 한 살 반쯤 되면 벌써 피부에 주름이 생기고 머리카락이 빠지기 시작한다. 동맥경화 등 심장 혈관 질환과 관절염을 비롯한 퇴행성 질환이 곧 뒤따른다. 이들은 대개 십대를 넘기지 못하고 심장병이나 뇌졸중으로 사망한다. 서른이 넘게 산 사람은 없는 것으로 알려져 있다.

허친슨-길포드 선천성 조로 증후군이 노화를 촉진하는 유일한 병은 아니지만, 실로 가슴 아픈 병이다. 태어나면서부터 시작되어 가장 빠른 속도로 진행되기 때문이다. 베르너 증후군이라는 다른 노화 장애의 경우에는 돌연변이 보인자가 사춘기가 되어야 발현되므로 성인 발병성 조로증adult-onset progeria이라고 부르기도 한다. 사춘기가 지나면 노화가 급속도로 진행된다. 베르너 증후군이 있는 사람은 대개 50대 초반에 노환으로 사망한다. 베르너 증후군은 허친슨-길포드 조로증보다는 흔하지만 여전히 100만 명 중에 한 사람만 걸리는 희귀병이다.

노화가 급속히 진행되는 질병이 흔치 않다 보니 집중 연구 대상에서 제외되었지만(그 때문에 고아 질병이라고 한다) 정상적인 노화 과정에 대한 단서를 쥐고 있다는 점이 인식되면서부터 관심을 받게 되었다. 2003년 4월, 조로증을 일으키는 유전자 돌연변이를 발견했다는 소식이 발표되었다. 이 돌연변이가 일어나는 장소는 라민A lamin A라는 단백질 생산을 담당하는 유전자이다. 정상적인 라민A는 핵 세포막을 구조적으로 지지해주는 역할을 한다. 핵 세포막이란 각 세포의 중심에서 유전자를 에워싸고 있는 패키지이다. 정상적인 라민A는 마치 텐트를 지탱하는 봉과 같다. 그 주위로 핵 세포막 조직이 형성되어 봉의 지지를 받는다. 조로증이 있는 사람은 라민A가 결핍되어 있기 때문에 세포가 정상인보다 훨씬 빠른 속도로 퇴화된다.

2006년, 다른 연구팀이 라민A 퇴화와 정상적인 인간의 노화의 상관관계를 밝혀냈다. 미국 국립보건원NIH의 연구원 톰 미스텔리Tom Misteli와 파올라 스카피디Paola Scaffidi가 〈사이언스〉 지에 발표한 내용에 따르면, 정상적인 노인들의 세포에서 찾아볼 수 있는 결함은 조로증 환자의 세포 결함과 종류가 똑같다. 이 결과는 매우 중요한 의미를 갖고 있다. 조로증의 특징인 노화 가속화가 정상인의 노화와 유전 차원에서 연관되어 있음을 최초로 확인한 결과이기 때문이다.

이 연구결과는 광범위하게 영향을 미쳤다. 과학자들은 다윈이 적응과 자연선택, 진화를 설명하는 내용을 발표한 시기를 전후해 그 속에서 노화는 어떤 위치를 차지하는지 논쟁을 벌이기 시작했다. 노화란 자주 입는 셔츠가 시간이 지날수록 조금씩 때가 묻고 보풀이 일어나 찢겨나가다 결국 해어지고 마는 것 같은 단순한 마모 현상인가? 아니면 진화의 부산물인가? 다시 말해 노화란 우연인가, 고의인가?

조로증 같은 질병을 감안하면 노화가 사전에 프로그램되었다는 설이 유력하다. 즉 노화는 설계의 일부라는 것이다. 한번 생각해보자. 단 하나의 유전적 오류로 아기나 청소년의 노화가 가속된다면 노화의 원인이 평생에 걸친 마모뿐이라고 단정할 수 없다. 조로증 유전자가 있다는 것만으로도 유전적으로 노화를 통제하는 장치가 있을 수 있다는 증거가 된다. 그렇다면 이렇게 물을 수밖에 없다. 우리는 결국 죽도록 프로그램된 것인가?

레너드 헤이플릭Leonard Hayflick은 현대 노화 연구의 창시자 중 한 명이다. 1960년대에 그는 세포가 정해진 횟수만큼만 분열하고 나면 분열을 멈춘다는 사실(한 가지 특별한 예외는 있음)을 발견했다. 이 같은 세포 복제의 한계는 그 이름도 적절하게 헤이플릭 한계라고 한다. 인간의 헤이플릭 한계는 52~60회이다.

헤이플릭 한계가 생기는 이유는 염색체 끝에 있는 텔로미어telomere라는 유전적 완충장치가 손실되기 때문이다. 세포 복제가 일어날 때마다 세포 DNA가 조금씩 손실된다. 이러한 정보 손실로 인하여 차이가 생기는 것을 막기 위해 염색체 끝부분에 보유한 여분의 정보가 바로 텔로미어이다.

예를 들어 초벌원고 50부 복사를 맡겼는데 복사가게에서 꼼수를 부렸다고 해보자. 복사비를 받는 대신, 한 부 복사할 때마다 초벌원고 끝에서 한 장씩 떼어낼 작정인 것이다. 이러면 곤란하다. 초벌원고가 모두 200매인데 한 부 복사할 때마다 한 장씩 없어진다면 마지막 복사본은 150매밖에 안 될 것이다. 이야기의 4분의 1이 사라져버린다. 하지만 당신은 고등생물답게 기지를 발휘한다. 초벌원고 마지막에 아무것도 안 쓰여 있는 종이 50쪽을 붙여 250매짜리로 만든 초벌원고를 복사가게에 맡긴다. 그러면 복사된 50부에는 이야기가 온전히 들어 있게 된다. 51부 째를 복사하지 않는 이상 중요한 정보는 한 쪽도 손실되지 않는다. 텔로미어는 마치 아무것도 안 적힌 종이와 같다. 세포가 복제를 거듭하면서 텔로미어는 짧아지고 진정 귀중한 DNA는 보호된다. 그러나 세포 복제 횟수가 50~60회에 도달하면 텔로미어가 바닥나고 귀중한 정보는 손실될 위험에 처한다.

세포 복제 횟수를 제한하는 기제가 진화되는 이유는 무엇일까?

한 마디로 암 때문이다.

암이란 말은 거의 공포와 죽음의 대명사라고 해도 과언이 아니다. 암은 사형선고라는 인식이 널리 퍼져 있어서 수백만 암 환자 가정에서는 이 말을 큰 소리로 입에 올리는 것조차 피한다. 어쩔 수 없이 말해야 할 때는 들릴락말락하게 속삭인다.

잘 알다시피 암은 구체적인 하나의 질병이 아니다. 세포가 걷잡을 수 없이 마구 증식하는 특징을 갖고 있는 여러 질병의 통칭이다. 사실 치료 가능성이 높은 암도 있다. 심장마비와 뇌졸중보다 생존율과 완치율이 높은 암도 많다.

앞서 논의한 바와 같이 인체는 항암 전선을 다수 구축하고 있다. 암 억제를 담당하는 특정 유전자, 암세포를 색출하여 파괴하도록 프로그램된 암 전문 사냥꾼 양성을 담당하는 유전자, 항암 유전자 복구를 담당하는 유전자 등이 있다. 세포에는 일종의 할복을 저지르는 기제도 있다. 아포프토시스라는, 이 프로그램된 세포사細胞死는 세포 자체가 감염되거나 손상되었음을 감지했을 때 또는 문제를 감지한 타 세포가 유해 세포를 '설득'하여 자살하게 할 때 발생한다. 이와 더불어 헤이플릭 한계도 작용한다.

헤이플릭 한계는 암 억제 효과가 탁월하다. 세포가 완전히 잘못되어 암세포로 변하더라도 헤이플릭 한계 덕분에 복제가 계속되지 않고 멈춘다. 종양 발육이 본격적으로 시작되기 전에 중단시켜버리는 것이다. 세포가 복제 가능한 횟수가 정해져 있다면 걷잡을 수 없이 복제되는 일은 없지 않겠는가?

그렇기는 하지만 음흉한 꼬마 악당 암세포는 몇 가지 간계를 몰래 숨겨놓고 있다. 그중 하나는 텔로메라아제라는 효소이다. 앞서 소개한 것처럼 헤이플릭 한계는 텔로미어를 통해 작동한다. 텔로미어가 바닥나면 세포는 죽거나 복제 능력을 상실한다. 그렇다면 텔로메라아제가 하는 일은 무엇인가? 염색체 끝부분의 텔로미어를 길게 늘이는 일을 한다. 정상 세포에서는 텔로메라아제가 대개 활동하지 않기 때문에 텔로미어는 보통 짧아진다. 그러나 암세포는 텔로메라아제를 속성 가동함으로써 텔로미어가 더 빠르게 보충된다. 이렇게 되면 유전정보의 손실이 줄어든다. 텔로미어 완충장치가 바닥나는 일이 절대 없기 때문이다. 세포 속에 프로그래밍된 유효 기간이 취소되고 세포는 영원히 복제를 계속할 수 있다.

성공하는 암세포의 이면에는 대개 텔로메라아제의 도움이 숨어 있다. 인간의 암세포 중 90퍼센트 이상이 텔로메라아제를 사용한다. 텔로메아라제를 활용해서 세포가 종양으로 변하는 것이다. 텔로메라아제가 없다면 암세포는 50~60회 분열한 후에, 아니면 그보다는 조금 더 버텨보다가 사라지고 말 것이다. 암세포는 텔로메라아제 덕분에 헤이플릭 한계에 저촉되지 않고 무한정 증식할 수 있게 되었다. 그 결과 우리가 너무나 잘 알고 있듯이 몸속을 아수라장으로 만들어버린다. 이뿐만 아니라 성공한 암세포, 즉 인간 입장에서는 자살해주었으면 하는 세포는 프로그램된 세포사인 아포프토시스를 피해가는 방법을 찾아냈다. 건강한 세포가 감염되거나 손상되면 자살 명령에 복종하지만 암세포는 이러한 명령을 무시한다. 결국 암세포는 생물학 용어로 '불멸'의 존재가 된다. 영원히 분열할 수 있기 때문이다. 과학자들은 텔로메라아제의 활동이 증가할 때 이를 탐지할 수 있는 테스트를 완성하기 위해 연구를 진행중이다. 이 테스트를 완성한다면 의사들은 이 강력한 새 도구로 숨은 암세포를 발견할 수 있을 것이다.

그건 그렇고, 헤이플릭 한계가 적용되지 않는 또다른 예는 줄기세포이다. 현재 뜨거운 정치적·의학적·윤리적 논쟁에 휩싸인 줄기세포는 '미분화된' 세포로, 다른 종류의 세포들로 분화될 수 있다. 항체의 재료인 B-세포는 다른 B-세포로만 분화될 수 있고 피부세포는 다른 피부세포만 만들 수 있는 데 반해 줄기세포는 온갖 종류의 세포를 만들 수 있다. 모든 줄기세포의 모체는 물론 어머니에게서 온 단세포이다. (정자와 난자가 결합한) 접합자가 단세포로 머물러 있지 않고 인간으로 자라나는 것을 보면, 온갖 종류의 세포를 만들 수 있음이 분명하다. 줄기세포 역시 헤이플릭 한계가 적용되지 않는 불멸의 존재이다. 줄기세포가 이런 재주를 부릴 수 있는 것은 암세포처럼 텔로메라아제를 사용하여 텔로미어를 고정하기 때문이다. 과학자들이 왜 줄기세포가 질병을 치료하고 고통을 줄여줄 수 있다고 믿는지 알 수 있는 대목이다. 줄기세포는 어떤 세포라도 될 수 있는 가능성이 있으며 절대 지치는 법이 없기 때문이다.

세포가 복제할 수 있는 횟수가 제한된 상태로 진화한 '이유'가 암 예방 때문이라고 믿는 과학자들이 적지 않다. 물론 헤이플릭 한계 이면에는 양보해야 할 점이 존재한다. 그것은 바로 노화이다. 세포가 한계에 도달하면 그후 복제는 더 진행되지 않고 고장 나기 시작한다.

진화의 관점에서 노화 기제를 설명하려면 암 예방과 헤이플릭 한계만으로는 부족하다. 먼저 이 두 가지만 가지고는 서로 다른 동물들, 심지어 친족관계의 동물들까지도 왜 기대수명이 크게 다른지 설명할 수 없다.

포유동물의 경우 몇몇 예외는 있지만 흥미롭게도 크기와 기대수명 간에 밀접한 상관관계가 있다. 몸집이 클수록 오래 산다(오래 살려면 당장 아이스크림을 먹어 몸을 불려야 한다는 뜻은 아니다. 개인의 몸집이 아니라 종의 타고난 크기가 클수록 해당 종의 평균 구성원의 수명이 길다는 뜻이다). 몸집이 큰 포유동물의 기대수명이 긴 이유는 DNA 복구 능력이 탁월한 데서 어느 정도 찾을 수 있다. 그러나 이것은 우리가 더 오래 사는 방식을 부분적으로 설명할 뿐이지 왜 몸집이 큰 생물이 탁월한 복구 기제를 발달시켰는지를 설명하지 못한다.

한 가지 이론에 따르면 기대수명이 짧아지는 것과 외부 위협이 커지는 것 사이에는 직접적인 상관관계가 있다. 단순히 잡아먹힐 위험이 있어서 동물의 기대수명이 줄어든다는 것은 아니다. 물론 틀린 말은 아니지만 잡아먹힐 위험이 높은 동물들은 실제로 잡아먹히지 않더라도 수명이 짧아지는 방향으로 진화한다. 즉 어떤 종이 심각한 환경 위협과 포식자에 노출되면 조기에 번식해야 하는 진화 압력이 더 크게 작용한다. 그 결과 성인이 되는 속도가 빨라지는 방향으로 진화한다. (수명이 짧다는 것은 세대 간 시간도 짧음을 의미한다. 세대 간 시간이 짧으면 종이 빠른 속도로 진화할 수 있다. 빠른 진화 속도는 여러 가지 환경 위협에 처한 종에게는 중요하다. 예컨대 설치류는 독성에 대한 내성을 비교적 빨리 발달시킬 수 있다.) 그와 동시에, 시간이 지남에 따라 발생하는 DNA 오류를 복구하는 기제를 진화시키도록 하는 압력이 전혀 작용하지 않는다. 종의 개체는 대부분 그러한 오류를 경험할 수 있을 때까지 오래 살지 않기 때문이다. 예를 들어 아이 포드를 일주일 동안만 사용할 작정이라면, 굳이 장기 품질보증 옵션을 함께 구매하지 않는 것과 같은 이치이다. 반면, 환경을 지배하면서 평생 번식이 가능한 종은 축적된 DNA 오류를 복구하는 편이 유리할 것이다. 오래 살수록 더 많이 번식할 수 있기 때문이다.

나는 프로그래밍된 노화는 개체가 아닌 종에게 진화의 이득을 준다고 믿는다. 이러한 사고방식에 따르면 노화는 계획된 구식화planned obsolescence의 생물 버전이라 할 수 있다. 계획된 구식화란 개념은 부인되는 경우가 많지만 반박된 적도 없다. 제조업체가 냉장고에서 자동차에 이르기까지 모든 제품에 유효기간을 설정함으로써 정해진 기간 안에 마모되도록 한다는 개념이다. 계획적 구식화의 기능은 두 가지이다. 한 가지는 소비자 이익을 위한 것이다. 그러나 이 주장은 논란의 여지가 있다. 다른 한 가지는 제조업체의 이익을 위한 것이다. 이것은 확실하다. 첫째, 계획된 구식화는 개선된 새 버전이 출시될 수 있도록 길을 터준다. 둘째, 소비자들은 새 냉장고를 사야 한다. 몇 년 전 애플Apple 사는 히트 상품인 아이 포드를 개발할 때 계획적 구식화를 채택하는 바람에 비난받은 바 있다. 아이 포드의 배터리는 18개월이 지나면 못 쓰게 되는데 교체할 수도 없게 만들어놓았다. 배터리가 다 닳으면 소비자는 새 모델을 살 수밖에 없도록 한 것이다.

생명유지를 위한 구식화, 즉 노화도 이와 비슷하게 두 가지 목적을 달성한다. 첫째, 구식 모델을 처분하여 신형 모델이 등장할 수 있는 여지를 만들어준다. 이는 곧 변화, 나아가 어느 정도 진화가 일어날 수 있음을 뜻한다. 둘째, 노화는 기생균 투성이가 된 개체를 제거하여 후대가 감염되지 않도록 함으로써 집단을 보호할 수 있다. 성性과 번식을 통해 종은 업그레이드된다.

노화가 프로그래밍되어 있다고 가정한다면 여러 가지 흥미로운 가능성이 활짝 열린다. 이미 과학자들은 노화 기제를 끌 때와 다시 켤 때 어떤 이득이 있는지 연구하고 있다. 암세포의 텔로메라아제(암세포가 불멸의 존재로 거듭나기 위해 사용하는 효소)를 피해갈 수 있다면 강력한 항암 무기를 개발할 수 있다.

조로증으로 인한 노화와 정상 노화의 상관관계를 최초로 밝혔던 연구원들은 이보다 1년 앞서 조로증에 의한 세포 손상을 되돌릴 수 있다는 것도 입증했다. 실험실에서 조로증 세포에 '분자 반창고'를 붙이고 결함이 있는 라민A를 제거했더니 그 세포들 중 90퍼센트가 1주일 후 정상으로 돌아왔다. 사람의 조로 경향을 되돌리는 데에는 아직 성공하지 못했지만 새로운 통찰력은 올바른 방향으로 한 걸음씩 나아갈 수 있는 바탕이 된다. 이 두 가지 연구가 비록 폰세 데 레온Ponce de Leon 이야기에 나오는 청춘의 샘으로 가는 길을 가르쳐주는 건 아니지만 흥미로운 것은 사실이다. 늙어가는 인간의 세포는 조로증 세포와 비슷하게 소멸하도록 프로그래밍되어 있다. 과학자들은 실험실에서 이러한 소멸의 방향을 역전시키는 데 성공하였다. 이 두 문장에서 핵심 단어는 무엇일까?

바로 노화와 역전이다. 역전이라니 기대되지 않는가?

기대라는 말이 나와서 하는 말인데 이 책은 생명에 관한 책이다. 인간이 인간인 이유와 인간이 인간처럼 행동하는 이유를 다루고 있다. 이 모든 것이 집대성되는 장소가 한 군데 있다. 바로 진화의 궁극적인 실험실, 자궁이다.

축 임신!

앞으로 아홉 달 동안 아기가 만들어지는 과정은, 지난 수백만 년간 질병과 기생균·역병·빙하기·혹서 등 수많은 진화 압력과의 상호작용(여기에 약간의 로맨스는 필수)이 한 자리에 모여 지극히 복잡하게 벌이는, 유전정보의 교류와 세포 복제, 메틸 표시, 그리고 생식계열의 복잡하고도 놀라운 상호작용이다.

당신과 배우자는 진화라는 무용을 통해 영겁에 걸친 유전의 역사를 다음 세대에 전달하고 있다. 신기하고 행복하며 매우 감동적인 과정이다. 그래서 산모가 아기 낳으러 병원에 갔을 때 주변환경 때문에 조금 눈살을 찌푸리더라도 용서해주어야 한다. 병원에 있는 사람들 거의 대부분이 질병이나 죽음과 힘겨운 싸움을 벌이고 있는 와중에 당신은 작은 생명에게 세상 구경을 시켜주기 위해 병원에 왔다.

어디로 가야 할지 둘러보니 이런 표지판이 보인다.

심장내과

내분비과

소화기과

외과

아래로 쭉 내려가본다.

혈액학과

전염병학과

중환자실

실험의학 및 병리학과

마지막으로 듣기만 해도 가슴이 따뜻해지는 신경외과와 정신과 사이에 있는 산부인과를 드디어 발견한다.

곧 위층으로 올라가서 환자복으로 갈아입고 링거를 꽂는다. 마치 병들어 입원하는 기분이다. 아기를 낳겠다는데 좀 재미있게 해주면 안 될까?

물론 모든 의학 드라마에는 다 그만한 이유가 있다. 2000년 유엔이 발표한 추정치에 따르면 임신 합병증으로 사망한 산모가 50만 명이 넘지만 이중 선진국에서 발생한 사례는 1퍼센트도 되지 않는다.

현대 의학에 힘입어 분만에 따른 위험이 상당히 줄어든 것은 분명하다. 마치 질병처럼 관리하려는 경향이 있는데 임신은 옆에서 거들어 주어야 하는 진화의 기적이다.

인간과 질병과의 관계에 대해 똑같은 질문을 했듯이, 왜 인간이 현재의 분만 방식으로 진화했는지 질문해본다면 임신과 분만을 더 안전하고 편안하게 만들 수 있는 능력을 유익한 방향으로 활용할 수 있을 것이다.

인간의 출산은 유전적으로 사촌 격인 다른 동물들에 비해 더 위험하고 시간이 오래 걸릴 뿐 아니라 산통도 더 심하다. 그 기원을 거슬러 올라가면 결국 날말 퍼즐과 행진 악대라고 할 수 있다. 무슨 뚱딴지 같은 소리냐 할 텐데 큰 두뇌와 직립보행 때문이라는 뜻이다. 이 두 가지 특징은 출산을 어렵게 만든 주범이다.

인간은 두 발로 걸을 수 있도록 골격이 적응되면서 골반구조가 달라졌다. 인간의 골반은 원숭이와 유인원, 침팬지의 골반과 달리 정기적으로 상체 전체의 무게를 견뎌야 한다(침팬지도 가끔 두 발로 걷기는 하지만 음식을 나르거나 강과 냇물을 건널 때만 그렇다). 직립보행으로 진화하면서 그에 걸맞은 특수 골반이 선택되었다. 이 때문에 양보해야 할 일이 생겨났다. 출산의 진화 연구에 많은 시간을 바친 진화인류학자 웬다 트레바탄Wenda Trevathan에 따르면 인간 골반은 중간 지점에서 "뒤틀려 있다". 처음에는 제법 넓게 시작하여 산도 '입구'에서는 좌우 폭이 넓지만 갈수록 점점 좁아져서 마지막 지점인 '출구'는 태아의 두개골이 꽉 죄일 정도로 좁다.

인간은 두 발로 걸을 수 있게 된 후 수백만 년 동안 더 큰 두뇌를 진화시키기 시작했다. 두뇌가 커짐에 따라 두개골도 커지면서 결국(수백만 년 후에) 산도가 좁은 여성이 두개골이 큰 아기를 낳아야 하는 상황이 되었다. 그래서 신생아의 머리는 특히 취약하다. 두개골은 별도의 판들로 구성되어 있는데 이 판들은 봉합선이라는 조직으로 서로 연결되어 있다. 이 조직 덕분에 머리가 유연하게 압착되어 산도를 통과할 수 있다. 서로 떨어진 이 두개골 판들은 생후 12~18개월이 되어야 붙기 시작하고 성인이 돼서야 완전히 붙는다(그 시기는 침팬지보다 훨씬 늦다).

뇌가 크면 좁은 산도를 빠져나오기가 너무 힘들기 때문에 인간 뇌는 대부분 생후에 발달된다. 원숭이 신생아의 뇌 크기는 다 자랐을 때 뇌 크기의 65퍼센트 이상인데 반해 인간 신생아의 뇌는 그 비율이 25퍼센트에 불과하다. 그래서 생후 3개월까지 아기들은 스스로 아무것도 할 수 없다. 뇌가 빠르게 발달하는 중이기 때문이다. 실제로 이 3개월을 임신의 연장으로 보아 임신 제4기라고 부르는 의사들도 적지 않다.

이뿐만 아니라 인간 산도의 모양은 일정하지 않아 태아가 몸을 비틀어야만 지나갈 수 있다. 몸을 비틀다 보니 몸 밖을 빠져나온 태아의 얼굴은 대개 산모와 반대 방향을 하고 있다. 그 바람에 가뜩이나 어려운 출산이 더욱 어려워진다. 침팬지와 원숭이는 태어날 때 얼굴이 엄마 쪽으로 향한다. 엄마 침팬지는 쭈그리고 앉아 분만중이고 산도에서 나오는 아기 침팬지의 얼굴이 엄마를 향해 위쪽을 향하고 있는 모습을 상상한다면 제대로 그림이 그려진다. 엄마 침팬지는 아래로 손을 뻗쳐 아기 머리를 받친 채 수월하게 아기를 낳을 수 있다. 그러나 인간 산모는 그렇게 할 수 없다(쭈그리고 앉은 상태라고 해도 마찬가지이다). 아기 얼굴이 반대쪽을 향하고 있기 때문이다. 아기를 거들려고 하다가 자칫 목이나 척추가 잘못된 방향으로 꺾이면 심각한 부상을 초래할 수 있다. 트레바탄은 큰 뇌, 걷기에 최적화된 골반, 태어나는 아기 얼굴이 엄마 반대 방향으로 향하는 등 '삼중고'로 인해 인간은 세계 어느 곳이든 분만 시 서로 도와주는 전통이 생겨났다고 믿는다. 반면 다른 영장류는 출산 시기가 다가오면 보통 혼자 가서 낳는다.

이것을 진화 압력에 관한 기존 지식에 비추어 잠시 생각해보면 좀 혼란스럽다. 어떤 적응 형태로 인해 번식이 더 위험해진다면 이러한 적응 형태가 진화과정에서 선호된 이유는 무엇일까? 번식 위험이 커지더라도 이를 상쇄할 정도로 생존 가능성이 높아진 게 아니라면 그럴 이유가 없을 것이다. 예를 들어 어떤 적응 형태 덕에 성인까지 살아남아 임신하게 되는 아기 숫자가 두 배로 늘어난다면 그중 소수가 태어나다가 죽어버리는 위험을 감수할 만한 가치가 있을 것이다.

큰 뇌가 크게 유리한 것은 분명한데 직립보행은 어떨까? 왜 인간은 직립보행을 하는 방향으로 진화한 것일까? 왜 우리는 두 발로 인도를 걷는 대신 네 발로 기어 장 보러 가거나 타잔처럼 나무를 타고 도서관에 가는 똑똑한 인류가 아니게 된 걸까?

무언가에 의해 인간 조상들은 현대 침팬지나 유인원이 따라간 진화 방향과는 다른 쪽으로 갈라져 나온 것이 분명하다. 그게 무엇이든 한 적응 형태가 다른 적응 형태로 이어지는 진화 도미노 현상이 촉발되었다. 엘레인 모건Elaine Morgan이라는 작가의 설명에 따르면 "인간의 조상이 선신세기(Pliocene: 약 200~500만 년 전에 해당되는 지질학적 시간)에 진입할 당시에는 온몸이 털로 덮여 있었고 네 발로 걸었고 언어가 없었으나, 선신세기가 끝난 후에는 털이 사라졌고 직립보행을 하기 시작했으며 어떤 바나나가 가장 맛있는지에 대한 의견을 주고받을 수 있는 상태가 되었다". 그뿐만 아니라 인간은 살이 찌고 콧구멍이 아래로 향하는 두드러진 코가 발달했으며 후각 대부분을 잃었다.

대체 어찌된 영문일까?

인간이 네 발로 걷다가 두 발로 걷게 된 사건은 일반적으로 '대초원savanna 가설'로 설명된다. 대초원 가설은 인간의 유인원 조상이 아프리카의 검은 삼림을 버리고 풀이 자라는 넓은 평원으로 이동했다고 주장한다. 그 이유는 기후변화에 따른 대규모 환경 변화 때문으로 추측된다. 과실과 견과류, 이파리 등 식량이 풍부한 삼림에 비해 대초원에서는 삶이 더 고달팠기 때문에 우리 조상들은 식량을 구하기 위해 새로운 방법을 모색해야 했다는 얘기다. 수컷들은 풀을 뜯는 동물 중 몇 마리를 고깃감으로 잡아들이기 위해 용맹스럽게 사냥에 나서기 시작했다. 어디 먹을 것은 없는지 포식자가 얼씬거리지는 않는지 지평선 너머를 살펴보아야 했고, 먹을 것과 물을 다시 구할 때까지는 장거리 이동을 해야 하는 새로운 상황이 닥치자 대초원의 원시인류는 꼿꼿이 일어서서 걷기 시작했다. 다른 적응 형태도 이와 비슷하게 새로운 환경과 연관이 있었다. 사냥을 하려면 도구를 써야 했고 동료의 협력이 필요했다. 머리가 좋은 원시인류는 더 뛰어난 도구를 만들어냈고 능력이 더 탁월한 팀 동료를 확보했다. 따라서 더 오래 살았고 짝도 더 많이 거느렸다. 이 과정에서 더 큰 뇌가 선택되었다. 대초원의 무더운 날씨 속에 사냥감을 뒤쫓던 용맹한 수컷은 열을 식힐 목적으로 털을 없애버렸다.

기존 가설이 그렇다는 얘기다.

그러나 엘레인 모건은 기존 생각을 따르는 사람이 아닌지라 이 가설을 받아들지 않는다. 모건은 왕성한 집필 활동을 하는 웨일스 출신 작가로 진화에 관심을 갖게 된 지는 30년도 넘었다. 그녀는 대초원 가설을 설명한 책을 읽자마자 그 정당성에 의심을 품기 시작했다. 먼저 번식에 그토록 신경을 쓰는 진화가 수컷의 필요에 의해서만 진행된다는 것은 말이 안 된다고 생각했다. 그녀는 책 내용이 '죄다 남성 중심'이었다며 "사냥꾼인 남성의 진화가 중요하다는 가정을 하고 있었다. 그래서 '뭔가 잘못된 게 틀림없다'는 생각이 들기 시작했다"고 말했다. 진화란 여성과 아이들에게도 최소한 비슷하게 영향을 미쳐야 하는 것 아닌가?

지당하신 말씀이다.

모건이 이 문제를 고민하고 있을 즈음에는 이미 대초원 가설이 과학계에 깊이 자리 잡고 있었다. 대개 확립된 가설에 도전하는 사람은 무시되거나 조롱받기 일쑤이다. 그렇다고 물러설 모건이 아니었다. 남성 본위로 진화에 접근하는 대초원 가설이 말이 안 된다고 확신한 모건은 이 이론의 허점을 고발하는 책을 집필하기 시작했다. 과학책은 아니었다. 그녀는 모든 허풍을 효과적으로 반박할 수 있는 오래된 무기인 상식으로 대초원 가설을 공격했다.

1972년 출판된 《여인의 혈통The Descent of Woman》은 남성 행동이 인간 진화의 원동력이라는 주장을 맹렬히 비난했다. 인간이 두 발로 걷기 시작한 것은 네 발로 걸을 때보다 빠른 속도로 이동해서 물과 음식을 확보하기 위해서라고? 그렇다 치자. 설마 치타보다 빠를까? 어떤 네 발짐승은 치타보다는 느리더라도 인간보다는 빠르다. 인간의 털이 없어진 이유가 영양을 쫓던 남성이 너무 더워서라고? 그렇다면 어째서 여성들은 남성보다 털이 더 적은 것일까? 대초원을 누비고 다니는 다른 털 없는 동물들은 어떻게 된 것일까? 아, 맞다. 그런 동물은 없지. 털 없는 포유류는 물속에 살거나 최소한 진흙탕 속에서 논다. 하마나 코끼리, 아프리카 혹멧돼지를 생각해보라. 반면 영장류치고 털 없는 영장류는 없다. 집필을 위해 자료를 조사하던 모건은 앨리스터 하디Alister Hardy라는 해양생물학자의 연구를 접했다. 1960년 하디는 인간이 타 유인원에 비해 다른 진화 경로를 택하게 된 이유를 다른 이론을 들어 설명했다. 오늘날 에티오피아에 해당하는 지역 주변의 큰 섬에 삼림유인원 무리가 고립되었다고 가정했다. 이 유인원은 물에 적응하여, 정기적으로 걸어서 물을 건너고 수영도 하고 석호에 먹을 것을 찾아나서게 되었다. 하디에게 이 생각이 처음 떠오른 것은 30여년 전에 《포유류에서 인간이 차지하는 위치Man's Place among the Mammals》라는 우드 존스Wood Jones 교수의 책을 읽을 때였다. 이 책에서는 왜 육상 포유류 중 인간만이 피부에 지방이 붙어 있는지 의문을 제기했다. 개나 고양이를 손으로 잡아보면 사람과 달리 피부만 한주먹 잡히는 것이 느껴질 것이다. 해양 생물학자인 하디는 즉시 하마와 바다사자, 고래 같은 해양 포유류와 관련된 점을 생각해냈다. 이들 해양 포유류는 살갗에 지방이 직접 붙어 있다는 공통점을 갖고 있다. 그는 수생 포유류나 준수생 포유류에게만 발견되는 형질을 인간이 갖고 있다면 그 이유는 한 가지뿐이라고 생각했다. 수생이나 준수생 과거를 갖고 있기 때문이다.

수생 유인원인 것이다.

하디의 가설을 진지하게 받아들이는 사람은 아무도 없었다. 다들 반박할 가치조차 못 느꼈다. 그러나 모건은 달랐다. 그녀는 지금까지 관련 책을 다섯 권이나 집필할 정도로 하디의 이론을 진지하게 받아들였다.

모건의 주장에는 설득력이 있다. 현재 알려진 수생 유인원의 본질은 다음과 같다. 원시인류는 아주 오랜 기간 물속과 물 주변에서 시간을 보내면서 물그기를 잡아먹었고 물고기 사냥을 위해 물속에 뛰어들 때 숨을 오래 참는 법을 익혔다. 수생 유인원은 육상은 물론 물속에서도 살아남을 수 있는 능력을 갖춘 덕분에 육지에서만 살아가던 사촌들에 비해 포식자를 피할 수 있는 옵션이 두 배 많았다. 표범에게 쫓기면 물에 뛰어들 수 있었고 그러다 악어에게 쫓기면 다시 숲속으로 도망갈 수 있었다. 물속에서 시간을 보내던 유인원은 자연스럽게 직립보행을 진화시켰다. 꼿꼿이 서면 물속 깊이 들어가면서도 계속 호흡할 수 있었고 물속에서는 부력으로 상체가 수월하게 지탱되다 보니 두 발로 몸을 지탱하기도 쉬웠다.

수생 유인원 가설에 따르면 인간의 털이 없어진 까닭은 다른 여러 수생 포유류와 마찬가지로 물속에서 몸의 효율을 높이기 위해서라는 것을 알 수 있다. 물속에 뛰어들 수 있도록 두드러진 코와 아래 방향으로 난 콧구멍이 발달했다는 것도 알 수 있다. (우리가 알기로) 코가 두드러진 유일한 영장류는 그 이름만 봐도 알 수 있는 긴코원숭이이다. 긴코원숭이도 두 발로 물속을 걷거나 수영하는 준수생 생물이다.

수생 유인원 가설은 인간의 지방이 피부에 붙어 있는 이유도 설명할 수 있다. 지방이 피부에 붙어 있으면 돌고래와 물개 등 다른 수생동물처럼 에너지를 많이 쓰지 않고도 물속에서 부드럽게 흘러갈 수 있다. 인간은 아기 침팬지나 원숭이보다 훨씬 많은 지방을 갖고 태어난다. 태아에게 그 많은 지방을 다 공급하려면 산모에게 부담이 될 수밖에 없다. 따라서 지방이 많은 데에는 그만한 이유가 있음에 틀림없다. 대부분의 과학자들은 지방이 아기의 체온 유지에 도움이 된다는 데 의견을 같이한다. (갈색지방 생각나시는지? 이 특수한 발열지방은 인간 신생아에게서만 발견된다.) 모건은 여분의 지방이 아기의 체온을 유지할 뿐만 아니라 아기가 물에 계속 떠 있을 수 있도록 돕는다고 본다. 지방은 근육에 비해 밀도가 낮기 때문에 체지방 함량이 높은 사람은 물에 더 잘 뜬다.

준수생 유인원에 대한 논쟁은 끝날 기미를 보이지 않는다. 주류 인류학자들은 대부분 대초원 가설에 찬동한다. 준수생 유인원 가설과 대초원 가설이 격돌하다 보면 양측의 감정이 격해지곤 하여 문제 해결이 더욱 어려워진다. 이러한 과학적 논쟁 속에 묻히고 마는 것 중에 하나는 수생 유인원 가설의 실제 내용이다. 가설의 핵심은 원시 고래처럼 대부분 물속에서 살다가 숨 쉴 때만 주기적으로 수면에 올라오는 원시 인간 동물이 있었다는 게 아니다. 앨지스 쿨리우카스Algis Kuliukas라는 영국의 컴퓨터 프로그래머는 아내가 수중분만을 한 후 모건의 연구 내용을 읽게 되었다. 그는 모건의 이론을 비난하는 많은 학자들이, 인간 조상은 물속에서 시간을 보냈고 물속에서 보낸 시간이 진화에 영향을 미쳤으리라는 점을 거리낌 없이 인정하는 것을 알고 충격을 받았다. 반대파조차 그 가능성을 인정한다면 대체 무엇 때문에 그렇게 시끄러운 것일까?

쿨리우카스는 이 논쟁이 실제 이론에 대한 몰이해와 상당한 관련이 있음을 알고는 다음과 같이 썼다.

> (비판하는 사람들 중 일부는) 그 이론이 무엇인지조차 제대로 '이해'하지 못했다. 단지 이해하고 있는 줄로 착각했을 뿐이다. 그들은 그 이론이 마치 인간이 인어가 되다시피 하는 어떤 '단계'를 거쳤다고 주장한다고 여기고 그것은 말도 안 된다고 비난한다.

그리하여 쿨리우카스는 대화가 더 명확해지도록 수생 유인원 가설을 간단히 정리하여 제시하기로 했다.

> 물은 인간의 사촌인 유인원의 경우보다 인간의 진화에서 선택 동인으로 더 많이 작용했다. 그 결과 인간과 다른 유인원 사이에 나타나는 주요한 신체적 차이점은 다양한 물 매개체를 통한 움직임(예: 걸어서 건너기, 수영 또는 다이빙)에 대한 적응 형태이며, 그러한 서식처에서 확보할 수 있는 먹이를 많이 먹었기 때문에 나타났다고 보는 쪽이 가장 타당하다.

이렇게 정리하고 보니 거의 상식에 가깝지 않은가?

모건과 하디, 쿨리우카스 말이 다 맞다고 치자. 인간 조상 중 일부가 물속과 물 주변에서 많은 시간을 보내다 보니 진화에 영향을 미쳤다. 나아가 인간이 이 환경 속에서 두 발로 서는 법을 처음 배웠다 치자. 그 결과 골반이 변화되고 산도가 뒤틀리면서 출산이 더욱 힘들어졌다. 최초 두발짐승의 출산은 준수생 환경에서 준수생 유인원의 출산이었을 것이라는 뜻이다.

그렇다고는 해도 직립보행으로 인해 골반 모양이 변하면서 번식에 위험이 따랐음에도 불구하고 왜 이에 반하는 진화 압력이 없었는지는 설명되지 않는다. 단, 물이 개입함으로써 그 과정이 조금 쉬워졌다면 이야기는 달라진다. 물 덕분에 출산이 쉬워진다면 진화 압력은 대부분 직립보행으로 변화함에 따라 수생 유인원이 얻었던 장점을 계속 유지하는 방향으로 작용할 것이다.

그런데 물 덕분에 골반 입구가 작은 수생 유인원의 출산이 쉬워졌다면 골반 입구가 작은 인간의 출산도 쉬워져야 하지 않을까?

전해오는 바에 따르면 최초의 의학적 수중분만은 19세기 초 프랑스에서 진행되었다. 한 여성의 진통이 무려 48시간 이상 지속되었다. 거드느라 고생하던 조산원들 중 한 명이 산모를 따뜻한 목욕물에 담그면 산모가 긴장을 푸는 데 도움이 되지 않겠느냐고 제안했다. 산모가 욕조에 몸을 담근 후 얼마 되지 않아 아기가 태어났다고 한다.

현대 수중분만의 아버지로 많이 언급되는 사람은 이고르 차르콥스키Igor Tjarkovsky라는 러시아 연구원이다. 그는 1960년대에 수중분만용 특수 탱크를 개발했지만 서양에서 수중분만이 유행하기 시작한 것은 1980년대 초에 이르러서였다. 의학계는 못마땅하다는 반응이었다. 의사들은 의학 학술지와 대중 매체를 통해 수중분만이 감염과 익사의 위험이 높아 위험하다고 주장했다. 그러던 중 1999년 런던 아동건강연구소Institute of Child Health의 루스 길버트Ruth Glibert와 팻 투키Pat Tookey가 본격적인 연구결과를 발표한 후에야 비로소 수중분만이 최소한 전통적인 방법에 못지않게 안전하며 그동안 큰일 날 것처럼 부정적이었던 소란은 근거가 없음이 밝혀졌다.

2005년 이탈리아의 한 연구팀이 어느 기관에서 8년 동안 진행한 1600건의 수중분만을 전통 분만과 비교해본 결과 수중분만은 안전할 뿐만 아니라 큰 장점이 있는 것으로 밝혀졌다.

먼저, 수중분만을 할 때 산모나 신생아의 감염이 늘어나지 않았다. 오히려 신생아가 흡인성 폐렴에 걸리던 횟수가 확실히 줄어들었다. 아기들은 얼굴에 공기가 닿는 것이 느껴질 때에야 비로소 공기 호흡을 시작한다. 물속에 있을 때는 포유류라면 다들 그러하듯 다이빙 반사 작용에 따라 숨을 참는다. (엄마 배 속에 있는 태아의 '호흡'은 양수를 흡입하는 것이지 공기를 흡입하는 것이 아니다. 공기는 태아의 폐 발달에 중요한 역할을 한다.) 전통 분만 시에 아기는 얼굴에 공기가 닿는 순간 처음으로 공기 호흡을 한다. 의사가 얼굴을 닦아주기 전에 크게 숨을 들이쉬는 경우가 있는데 이러면 오물이나 '출산 찌꺼기'가 들어가 폐를 감염시킬 수 있다. 이것이 흡인성 폐렴이다. 그러나 수중에서 분만된 아기에게는 이러한 위험이 없다. 수면 밖으로 나오기 전까지는 태아 순환에서 정상 순환으로 바뀌지 않기 때문에 물을 들이킬 위험이 없으며, 아이가 물속에 있는 동안 조산원이 여유롭게 아기 얼굴을 깨끗이 씻어준 후에야 아기가 물 밖에 나와서 첫 호흡을 하게 된다.

이 연구에 따르면 수중분만의 장점은 이외에도 많다. 수중분만의 경우 초산모는 제1기 진통 시간이 훨씬 짧다. 물 때문에 긴장이 풀리거나 피로한 근육이 이완된 것일 수도 있고 그 밖에 다른 효과 때문인지도 모르지만 분만 속도가 빨라진 것은 분명하다. 수중분만 여성의 회음절개술 시술도 대폭 감소했다. 회음절개술은 병원에서 아기를 낳을 때 여성의 질 입구를 확장하고 여성의 회음부가 찢어지면서 생기는 합병증을 예방하기 위해 으레 시행하는 외과적 절개술이다.

수중분만 시에는 대부분 회음절개술이 불필요했다. 물의 도움을 받아 질 입구가 많이 확장되었기 때문이다.

가장 중요한 것은 수중분만한 대다수 여성에게 진통제가 필요없었다는 점이다. 물속에서 진통을 시작한 여성 중 5퍼센트만이 경막외 마취를 요구한 반면 전통적인 방식으로 출산한 여성은 그 비율이 66퍼센트에 달했다.

물속에서 인간 신생아의 행동을 보면 수생 유인원 이론이 틀리지 않다는 것을 어렴풋이 느낄 수 있다. 머틀 맥그로Myrtle McGraw라는 아동 발달 연구자는 1939년에 신생아의 이러한 놀라운 능력을 기록으로 남겼다. 생후 얼마 되지 않은 아기는 반사적으로 숨을 참을 뿐만 아니라 물속에서 전진 추진이 가능한 리듬감 있는 움직임을 보인다. 맥그로 박사는 아기의 이 '물 친화적' 행동이 본능에 따른 것이며 생후 4개월이 될 때까지 지속된다는 점을 발견했다. 생후 4개월이 되면 움직임의 조직성이 다소 둔화된다.

오늘날 무덥고 건조한 대초원 평야 같은 곳에서 진화한 동물에게 원시적인 수영 본능이 있다니 깜짝 놀랄 일이다. 그 동물이 태어난 직후에는 먹고 자고 숨 쉬는 것 이외에는 다른 본능적 행동을 할 줄 모르는 무력한 존재라면 특히 그렇다.

참, 울기도 할 줄 안다는 것을 빼먹으면 안 된다. 아기를 키워본 분이라면 공감하실 것이다.

아기가 몇 년 크다 보면 우는 것을 멈추는 대신 '왜'라는 질문을 하기 시작한다. 왜 자야 해요? 아빠는 왜 일하러 가야 해요? 왜 아침에 디저트 먹으면 안 돼요? 왜 배가 아파요? 왜요?

걸음마하는 아이가 계속 질문을 하도록 북돋아주기 바란다. 질문이야말로 이 책이 말하고자 하는 모든 것이다. 특히 두 가지 질문이 반복되는데 그중 첫 번째가 '왜?'이다.

왜 그 많은 유럽인들은 장기에 철분이 쌓이는 유전병을 물려받는가?

왜 제1형 당뇨병이 있는 사람은 대다수가 북유럽 출신인가?

왜 말라리아에 걸리면 드러눕게 되지만 감기에 걸리면 출근하는데 지장이 없는가?

왜 인간은 아무 쓸모도 없어 보이는 DNA를 그렇게 많이 갖고 있는가?

당연히 따라오는 두 번째 질문은 "그래서 그것으로 무엇을 할 수 있는가?"이다.

혈색증이 역병을 막아주었다는 사실을 어떻게 이용할 수 있는가?

당뇨병이 최근 닥친 빙하기에 대한 적응 형태라는 개연성을 어떻게 이용할 수 있는가?

말라리아에 걸리면 드러눕고 감기에 걸리면 돌아다니면서 병을 퍼뜨리게 된다는 것을 안다고 무슨 이로움이 있는가?

그리고 인간에게는 바이러스가 조상인 데다 게놈 주변을 돌아다니기도 하는 유전암호가 있다는 것이 무슨 뜻인가?

뭐 별 뜻 없다.

그냥 박테리아에게 철분 공급을 제한해서 감염 치료법을 새로 개발하고, 철분 결핍 덕분에 지독한 전염병으로부터 자연스럽게 보호받는 사람들을 위해 더 나은 치료법을 제공하자는 것이다.

그냥 높은 혈당을 이용해서 추위에서 살아남고 이것을 성공적으로 관리하는 숲개구리 같은 동물들을 연구해서 흥미진진한 새로운 연구 분야를 개척해보자는 것이다.

그냥 승산이 없는 항생 전쟁을 벌이는 것보다 감염인자의 진화 방향을 병독성이 아닌 무해성으로 유도할 방법을 찾아보자는 것이다.

그냥…… 혹시 또 모르지 않는가?

질문을 던지지 않는다면 답은 영영 알 수 없을 것이다.

결론

SURVIVAL OF THE SICKEST

아파야 산다

이 책을 계기로 독자 여러분이 올바르게 인식하기를 바라는 것은 다음 세 가지다. 첫째, 생명은 창조가 끊임없이 진행되는 상태에 있다는 점이다. 진화는 아직 끝나지 않았다. 우리 주위에서 얼마든지 일어나고 있고 시간이 지나면서 계속 변화하고 있다. 둘째, 이 세상에 고립되어 존재하는 것은 없다는 점이다. 인간과 동식물, 미생물 등, 우리는 모두 함께 진화하고 있다. 셋째, 우리와 질병의 관계는 종전에 알고 있는 것보다 훨씬 더 복잡한 경우가 많다는 점이다.

생명이란 결국 복잡하게 얽힌 선물이다. 생물학과 화학, 전기, 공학 등이 불가능에 가까우리만치 절묘하게 조화를 이루어 부분의 합보다 훨씬 더 큰 전체가 기적적으로 탄생한 것이 생명이다. 우주는 무질서를 향해 나아간다. 무질서로 이끄는 그 모든 힘을 생각하면 우리가 산다는 것 자체가, 나아가 우리 대부분이 이렇게 무사히 오래 산다는 것이 불가사의이다. 그렇기 때문에 우리는 건강을 당연하게 여기지 말고 경외심을 품고 감사해야 한다.

이처럼 사고를 완전히 전환하면, 다시 말해 건강과 생명이란 혼란으로 끌고 가는 우주의 불가해한 모든 힘에도 불구하고 우리에게 주어진 놀라운 선물이라고 생각하면 삶의 방향이 바뀐다. 장엄하게 아름답고 정교하게 설계된 지구상 모든 생명체에 대한 깊은 존경심이 샘솟는다. 그 생명은 수십억 년간 시행착오와 고난을 거쳐 창조와 재창조를 거듭해왔다. 도무지 상상할 수 없을 정도로 복잡하고 엄청난 시간이 소요되는 과정이다. 이것이야말로 사랑의 진통이리라.

지구상 생명의 기원과 발달 과정은 믿을 수 없이 복잡하고 엄청나게 다양한 동시에 단순하다. 더 많이 배울수록 그것은 더욱 기적처럼 보인다. 그것도 계속 진행되고 있는 기적, 진화의 기적이다.

감사의 글

토론토 대학교 매시 칼리지에서 마련해준 안식년과 활발한 학제간 교류 환경 덕택에 이 책의 여러 가지 아이디어가 생겨나 자라날 수 있었다. 매시 칼리지에서 연구지원금을 받을 수 있게 해주고 참으로 즐거운 시간을 보낼 수 있도록 도와준 존 프레이저 학장과 존 니어리께 감사드린다. 내가 집필을 끝내도록 온갖 준비와 배려를 해준 뉴욕 마운트 시나이 의과대학의 모든 분들께도 감사드린다. 지극히 헌신적인 나의 연구조교이자 사실 확인의 도사 2인방 리처드 버버와 애쉴리 자우더러에게도 깊이 감사한다. 오랜 기간 동고동락했던 동료 과학자들과 나보다 앞서 간 모든 연구자들 그리고 지원 인력들에게도 고마움을 전한다. 이들의 연구가 없었더라면 이 책의 소재도 없었을 것이다. 나는 특히 절친한 벗 매리 E. 퍼시와 가드 W. 오티스, 캐서린 엘리엇, 대니얼 P. 펄을 비롯한 여러 특별한 멘토들을 가까이 한 행운아였다. 하퍼콜린스 출판그룹의 클레어 워치텔은 우정과 진솔함으로 대해주었고 이 책을 열렬히 입양해서 유모의 손에 맡기지 않음으로써 나는 빚을 진 셈이다. 마이클 모리슨과 데이비드 로스아이, 린 그래디, 리사 갤러허는 이 프로젝트가 처음 시작할 때부터 믿음을 보여주었고, 디디 드바틀로는 이 책이 세상과 만날 수 있도록 해준 일등공신이였다. 이 책의 제작 과정을 인내심을 갖고 지휘해준 킴 루이스, 구원자 로레타 찰턴에게 감사한다. 처음부터 끝까지 지치지 않고 이 프로젝트를 이끌어주고 제목을 붙여준 윌리엄 모리스 에이전시의 도리언 카치마에게 감사한다. 이 책이 전 세계 독자를 만날 수 있게 해준 윌리엄 모리스 에이전시의 트레이시 피셔와 라파엘라 드 앤젤리스, 윌리엄 모리스(런던)의 샤나 켈리에게 감사드리고, 오디오 권리 문제를 처리해준 앤디 맥니콜에게 감사한다. 윌리엄 모로 출판사 팀 전체에게, 여러분의 노고를 결코 잊지 않았음을 전한다. 마지막으로 감사해야 할 분은 멋진 글 솜씨로 이 프로젝트의 질을 한층 높여준 조너선 프린스이다.

참고자료

이 책의 과학적 근거는 상당 부분 저자와 동료들의 연구에서 빌려왔다. 미발표된 연구를 비롯한 개인 인터뷰 등 다른 과학자들의 연구도 풍부하게 활용했다. 아래 참고자료로 출처를 상세하게 이해하고 책에서 다룬 주제를 자세히 알아볼 수 있기 바란다.

들어가는 글

할아버지와 나

Ann McIlory, "Teenager Sharon Moalem Suspected His Grandfather's Alzheimer's Was Linked to a Buildup of Iron in His Brain. Years Later, He Proved It," Globe and Mail, 2004년 1월 31일.

혈색증 검사

혈색증 검사의 일환으로 도입부에서 언급한 혈액검사로는 TIBC(total iron binding capacity), 혈청 철분, 페리틴, % 트랜스페린 포화 등이다. 시중에 나와 있는 유전검사(꽤 고가의 테스트임)를 통해 혈색증 돌연변이의 존재를 검사할 수는 있으나, 개인의 유전적 차별을 금지하는 법제가 제대로 마련될 때까지는 이러한 검사를 추천하지 않는다.

진화와 의학

E.R. Stiehm. 2006. Disease versus disease: how one disease may ameliorate another. Pediatrics 117(1):184~191; Randolph M. Nesse and George C. Williams, "Evloution and the Origins of Disease," Scientific American, 1998년 11월; R. M. Nesse. 2001. On the difficulty of defining disease: a Darwinian perspective. Med Health Care Philos 4(1):27~46; E. E. Harris, A. A. Malyango 2005. Evolutionary explanations in medical and health profession courses: are you answering your students' "why" questions? BMC Med Educ 5(1):16.

당신은 혼자가 아니다

S. R. Gill, M. Pop, R. T. Debo, et al. 2006. Metagenomic analysis of the human distal gut microbiome. Science 312(5778):1355~1359.

DNA는 운명이 아니다

Lenny Moss, What Genes Can't Do (Cambridge, MA: MIT Press, 2003), 183~198; Michael Morange, The Misunderstood Gene (Cambridge, MA: Harvard University Press, 2001), 8~47; H. Pearson. 2006. Genetics: what is a gene? Nature 441(7092):398~401쪽을 참조하도록 한다.

제1장: 철鐵 들면 죽는 병

애런 고든과 혈색증

Kathleen Johnston Jarboe, "Baltimore Business Executive Runs for His Life and Lives of Others," The Daily Record, 2005년 4월 22일. 혈색증에 관한 좋은 참고도서로는 C.D. Garrison, Iron Disorders Institute, The Iron Disorders Institute Guide to Hemochromatosis (Nashville, TN: Cumberland House, 2001)가 있다. 고든의 새로운 NBC 뉴스 인터뷰를 보려면 www.irondisorders.orga/Arana/에 접속하면 된다.

제리톨 솔루션

F.M. Morel, N. M Price 2003. The biogeochemical cycles of trace metals in the oceans. Science 300(5621):944~947; D.J. Erickson III, J.L. Hernandez 2003. Atmospheric iron delivery and surface ocean biological activity in the Southern Ocean and Patagonian region. GeoPhys Res Lett 30(12):1609~1612; J. H. Martin, K. H. Coale, K. S. Johnson, et al. 2002. Testing the iron hypothesis in ecosystems of the equatorial Pacific Ocean. Nature 371:123~129; Richard Monastersky, "Iron versus the Greenhouse," Science News, 1995년 9월 30일; Charles Graeber, "Dumping Iron," Wired, 2000년 11월.

유진 D. 와인버그의 평생에 걸친 철분 사랑

출처에서 직접 보려면 E. D. Weinberg, C.D. Garrison, Exposing the Hidden Dangers of Iron: What Every Medical Professional Should Know about the Impact of Iron on the Disease Process (Nashville, TN: Cumberland House, 2004)를 참고한다.

가래톳흑사병

N.E. Cantor, In the Wake of the Plague: The Black Death and the World It Made (New York: Perennial/HarperCollins, 2002); J. Kelly, The Great Mortality: An Intimate History of the Black Death, the Most Devastating Plague of All Time (New York: HarperCollins, 2005).

"맙소사! 우리 배가 입항하는데"

Gabriele de'Mussi, Istoria de morbo siue mortalitate que fuit de 1348, G. Deaux, The Black Death, 1347 (New York: Weybright and Talley, 1969), 76. 문학적 주제로서의 역병에 대한 자세한 내용은 www.brown.edu/Departments/Italian_Studies/dweb/plague/perspectives/de_mussi.shtml을 참고한다.

유월절과 역병

유대인의 유월절 지키기와 역병 예방의 상관관계를 재미있게 다룬 이야기를 보려면 M. J. Blaser. 1998. Passover and plague. Perspect Biol Med 41(2):243~256쪽을 참조한다.

아버지는 자식을 버리고

Angelo di Tura, Seina Chronicle, 1354, W. M. Bowsky, The Black Death: A Turning Point in History (New York: Holt, 1971), 13~14.

"철분 상태는 사망률의 거울이(었)다"

최근의 발병 사례 중 일부에서는 남성과 여성이 똑같이 감염된 것으로 보인다. 그 이유는 곡물 강화와 가공식품 때문에 우리의 식생활에서 철분이 더 "풍부"해졌기 때문으로 볼 수 있다. 가래톳흑사병과 청년들이 가장 걸리기 쉬웠던 이유를 자세히 다룬 S. R. Ell. 1985. Iron in two seventeenth-centruy plague epidemics. J Interdiscip Hist 15(3):445~457쪽을 참고한다.

런던의 역병

런던의 역병 당시 교구의 지도가 담긴 그래험 트위그의 훌륭한 기사는

www.history.ac.kr/cmh/epitwig.html을 참고한다. 원본은 Plague in London: Spatial and Temporal Aspects of Mortality라는 제목으로 Epidemic Disease in London, ed.J.A.I. Champion, Center for Metropolitan History Working Papers Series, No.1 (1993)에서 출판되었다.

혈색증과 역병

혈색증과 역병의 상관관계를 제안하고 이를 설명한 최초의 논문은 S.Moalem, M.E. Percy, T.P.Kruck, R.R. Gelbart 2002. Epidemic pathogenic selection: an explanation for hereditary hemochromatosis? Med Hypothesis 59(3):325~329쪽을 참조한다. 박테리아 감염에서 철분의 중요성에 대한 자세한 내용은 S. Moalem, E. D. Weinberg, M.E. Percy 2004. Hemochromatosis and the enigma of misplaced iron: implications for infectious disease and survival. Biometals 17(2):135~139쪽을 참고한다.

면역계의 이소룡

연구원들은 아직 혈색증이 있는 사람의 대식세포가 갖고 있는 전투 능력을 직접 시험해보지 못했다. 그러나 최근 연구에서 결핵을 일으키는 세균(Mycobacterium tuberculosis)이 혈색증 있는 사람의 세포로부터 철분을 획득하는 데 훨씬 더 어려움을 겪는 것으로 밝혀졌다. 대부분의 병원성 박테리아(예: 가래톳흑사병을 일으킨 것으로 여겨지는 Yersinia pestis)와 균류는 철분이 있어야 감염 가능하다는 점을 감안하면, 이런 특성은 아닌 게 아니라 서유럽에 혈색증 돌연변이가 광범위하게 퍼지는 데 이점으로 작용했을 수도 있다. 언급된 실험에 대한 참고문헌: O. Olakanmi, L.S. Schlesinger, B.E. Britigan 2006. Hereditary hemochromatosis results in decreased iron acquisition and growth by Mycobacterium tuberculosis with human macrophages. J Leokoc Biol (Epub 2006년 10월 12일); C. Olakanmi, L.S. Schelesinger, A. Ahmed, B.E. Britign 2002. Intraphagosomal Mycobacterium tuberculosis acquires iron from both extracellular transferrin and intracellular iron pools: impact of interferon-gamma and hemochromatosis. J Biol Chem 277(51):49727~49734. 혈색증이 있는 사람이 감염에 완전히 면역돼 있다는 생각은 한 순간도 해서는 안 된다. 특히 철분이 과다한 사람의 체내에서 난장판을 만들 수 있는 Vibrio vulnificus라는 미생물이 있다. 이 미생물은 주로 해산물과 해수에서 발견되며 독특한 방법으로 철분을 획득하기 때문에 혈색증 있는 사람이 특히 쉽게 감염된다. Vibrio vulnificus에 대한 자세한 내용은 J.J. Bullen, P.B. Spalding, C. G. Ward, J.M.

Gutteridge 1991. Hemochromatosis, iron and septicemia caused by Vibrio vulnificus. Arch Intern MEd 151(8):1606~1609쪽을 참고한다. 비브리오 균에 대한 보다 재미있는 사실은 CDC 사이트(www.cdc.gov/ncidod/dmbd/diseaseinfo/vibriovulnificus_g.htm)와 FDA 사이트(www.cfsan.fda.gov/~mow/chap10.html)를 참고한다.

바이킹과 혈색증

혈색증 기원에 관한 논쟁에 대한 자세한 참고 문헌: N. Milman, P.Pedersen 2003. Evidence that the Cys282Tyr mutation of the HFE gene originated from a population in Southern Scandinavia and spread with the Vikings. Clin Genet 64(1):36~47; A. Pietrangelo. 2004. Hereditary hemochromatosis-a new look at an old disease. N Engl J Med 350(23):2383~2397; G. Lucotte, F. Dieterlen 2003. A European allele map of the C282Y mutation of hemochromatosis: Celtic versus Viking origin of the mutations? Blood Cells Mol Dis 31(2):262~267.

방혈의 역사

고대 방혈 시행에 숨은 과학에 대하여 재미있게 읽으려면 R.S. Root-Bernstein, M. Root-Bernstein, Honey, Mud, Maggots, and Other Medical Marvels: The Science behind Folk Remedies and Old Wives' Tales(Boston: Houghton Mifflin, 1997)의 제6장 "A Bloody Good Remedy"를 참고한다. 방혈의 전체 역사를 다룬 논문은 G. R. Seigworth, 1980. Bloodletting over the centuries. NY State J Med 80(13):2022~2028쪽을 참고한다. 미국 독립전쟁에서 사용된 외과의사의 방혈 기구를 보려면 http://americanhistory.si.edu/militaryhistory/exhibitioin/flash.html?path=1.3.r_70을 참고한다. 방혈과 감열에 대해 자세히 알아보려면 N.W.Kasting, 1990. A rationale for centuries of therapeutic bloodletting: antipyretic therapy for febrile disease. Perspect Biol Med 33(4):509~516쪽을 참고한다.

철분, 감염, 마오리 아기, 그리고 보툴리누스 중독

M.J. Murray, A.B. Murray, M.B. Murray, C.J. Murray 1978. The adverse effect of iron repletion on the course of certain infection. Br Med J 2(6145):1113~1115; R.J. Cantwell. 1972. Iron deficiency anemia of infancy: some clinical principles illustrated by the response of Maori infants to neonatal parenteral iron administration. Clin Pediatr (Phila) 11(8):443~449; S. S. Arnon, K. Damus, B.

Thompson, et al. 1982. Protective role of human milk against sudden death from infant botulism. J Pediatr 100(4):568~573.

제2장 : 빙하기를 이겨낸 당뇨병

당뇨병 환자 수

전 세계 당뇨병 분포에 대한 설명은 세계보건기구(WHO) 웹사이트(www.who.int)를 참고한다.

중국 의학

고대 중국의 의료 행위와 믿음에 대한 역사적 관점을 보려면 J. Veith, Ti Huang, The Yellow Emperor's Classic of Internal Medicine (Berkely: University of California Press, 1966)을 참고한다. 고대 중국 의료 행위가 중국에서 어떻게 계속되고 있는지를 개괄한 최신 내용은 V. Scheid, Chinese Medicine in Contemporary China: Plurality and Synthesis (Durham, NC: Duke University Press, 2002)를 참고한다.

피마 인디언

미국 남서부 지방의 피마 인디언에 대한 자세한 내용은 diabetes.niddk.nig.gov/dm/pubs/obesity/obesity.htm을 참고한다. 피마 인디언의 건강 상태에 대한 설명은 G.P. Nabhan, Why Some Like It Hot: Food, Genes, and Cultural Diversity (Washington, DC: Island Press/Shearwater Books, 2004)를 참고한다.

기후변화와 지구 온난화

이 주제에 관한 두 권의 좋은 책: B. M. Fagan, The Little Ice Age: How Climate Made History, 1300~1850 (New York: Basic Book, 2000); T. F. Flannery, The Weather Makers: How Man Is Changing the Climate and What It Means for Life on Earth (New York: Atlantic Monthly Press, 2005).

어린 드라이야스

S. Bondevik, J. Mangerud, H. H. Birks, et al. 2006. Changes in North Atlantic radiocarbon reservoir ages during the Allerod and Younger Dryas. Science

312(5779): 1514~1517; National Research Council (U.S.), Committee on Abrupt Climate Change, Abrupt Climate Change: Inevitable Surprises (Washington, DC: National Academies Press, 2002); L. Trarasov and W. R. Peltier. 2005. Arctic freshwater forcing of the Younger Dryas cold reversal. Nature 435(7042): 662~665; T. Correge, M.K. Gagan, J.W. Beck, et al. 2004. Interdecadal variation in the extent of South Pacific tropical waters during the Younger Dryas event. Nature 428(6986):927~929; C. Singer, J. Shulmeister, M. McLea 1998. Evidence against a significant Younger Dryas cooling event in New Zealand. Science 281(5378):812~814; Richard B. Alley, "Abrupt Climate Change," Scientific American, 2004년 11월.

20세기 내내

S. R. Weart, The Discovery of Global Warming (Cambridge, MA: Harvard University Press, 2003). 대서양 컨베이어벨트로 인한 단절의 의미에 대해 읽어보려면 Fred Pearce, "Faltering Currents Trigger Freeze Fear," New Scientist, 2005년 12월 3일자를 참고한다.

빙심에 대하여

R.B.Alley, The Two-Mile Time Machine: Ice Cores, Abrupt Climate Change, and Our Future (Princeton, NJ: Princeton University Press, 2000).

어린 드라이아스 전후 유럽의 모습

C. Gamble, W. Davies, P.Pettit, M. Richards 2004. Climate change and evolving human diversity in Europe during the last glacial. Phiols Trans R Soc Lond B Biol Sci 359(1442):243~253; 논의 253~254.

전설적인 야구선수 테드 윌리엄스

Tom Verducci, "New Details Fuel Controversy Surrounding Williams' Remains," Sports Illustrated, 2003년 8월 12일. '테드 윌리엄스 구하기' 클럽에 가입하려면 www.saveted.net에 접속하면 된다.

알코 생명연장 냉동보존연구소

알코 연구소 냉동보존술의 최신 성과에 관심이 있으신 분은 www.alcor.org를 참고한다.

갈색지방

갈색지방과 내냉성의 마법에 대한 연구 논문: B. Cannon, J. Nedergaard 2004. Brown adipose tissue: function and physiological significance. Physiol Rev 84(1): 277~359; A.L. Vallerand, J. Zamecnik, I. Jacobs 1995. Plasman glucose turnover during cold stress in humans. J Appl Physiol 78(4):1296~1302; J. Watanabe, S. Kanamura, H. Tokunaga, et al. 1987. Significance of increase in glucose 6-phosphatase activity in brown adipose cells of cold-exposed and starved mice. Anat Rec 219(1):39~44; A.L. Vallerancd, F. Perusse, L.J. Bukowieck 1990. Stimulatory effects of cold exposure and cold acclimation on glucose uptake in rat peripheral tissues. Am J Physiol 259(5, Pt 2): R1043~R1049; A. Porras, S. Zuluaga, A. Valladares, et al. 2003. Long-term treatment with insulin induces apoptosis in brown adipocytes: role of oxidative stress. Endocrinology 114(12):5390~5401.

추위에 의한 이뇨작용

추울 때의 배뇨에 대한 논쟁과 역사, 과학과 선더랜드 인용은 B. M. Marriott, S.J. Carlson, Institute of Medicine (U.S.), Committee on Military Nutrition Research, Nutritional Needs in Cold and in High-Altitude Environments: Applications for Military Personnel in Field Operations (Washington, DC: National Academics Press, 1996)의 167~176쪽을 참고한다.

고드름같이 딱딱한 개구리(Rana sylvatica)

Elizabeth Svoboda, "Waking from a Dead Sleep," Discover, 2005년 2월; K.B. Storey, J.M. Storey 1999. Lifestyles of the cold and frozen. The Sciences 39(3), 32~37; David A. Fahrenthold, "Looking to Frozen Frongs for Clues to Improve Human Medicine," Seattle Times, 2004년 12월 15일. 내냉성을 의료 행위에 적용하는 것에 대한 자세한 내용은 Boris Rubinsky 박사의 Cold Cures(www.pbs.org/wgbh/nova/sciencenow/3209/05-cures.html)를 참고한다.

당뇨와 진화

Sandra Blakeslee, "New Theory Places Origin of Diabetes in an Age of Icy Hardships," New York Times, 2005년 5월 17일. 당뇨병과 내냉성의 상관관계를 제

안하고 설명하는 원 논문은 S. Moalem, K.B. Storey, M.E. Percy, et al. 2005. The Sweet thing about Type 1 diabetes: a croyoprotective evolutionary adaptation. Med Hypotheses 65(1):8~16쪽을 참고한다. 기후변화와 인간 진화에 대한 자세한 내용은 W. H. Calvin, A Brain for All Seasons: Human Evolution and Abrupt Climate Change (Chicago: University of Chicago Press, 2002)를 읽도록 한다.

피브리노겐과 추위

R.C. Hermida, C. Calvo, D.E. Ayala, et al. 2003. Seasonal variation of fibrinogen in dipper and nondipper hypertensive patients. Circulation 108(9):1101~1106; V.L. Crawford, S.E. McNerlan, R.W. Stout 2003. Seasonal change in platelets, fibrinogen and factor VII in elderly people. Age Ageing 32(6):661~665; R. W. Stout, V. Crawfard 1991. Seasonal variations in fibrinogen concentrations among elderly people. Lancet 338(8758):9~13.

당뇨병이 있는 미국 참전 용사들

2년 가까이 28만 5705명의 참전 용사들을 추적해서 헤모글로빈 A1c의 혈중 농도를 조사한 대규모 연구였다. 헤모글로빈 A1c는 오랜 기간 포도당 농도의 표지로서 임상적으로 활용된다. 헤모글로빈 A1c 테스트는 포도당의 작용을 기반으로 한다. 포도당은 헤모글로빈에 비가역적으로 결합한다(일단 포도당이 결합된 헤모글로빈은 글리케이티드 헤모글로빈 또는 헤모글로빈 A1c라고 부른다). 헤모글로빈을 에워싸고 있는 적혈구는 최소한 2~3개월 지속 후에 교체되므로 글리케이티드 헤모글로빈을 측정하면 임상의학자들과 과학자들은 시간이 지남에 따라 개인의 당뇨병이 얼마나 잘 통제되고 있는지 훨씬 잘 들여다볼 수 있다. 이 장에서 언급된 연구는 C. L. Tseng, M. Brimacombe, M. Xie, et al. 2005. Seasonal patterns in monthly bemoglobin A1c values. Am J Epidemiol 161(6):565~574쪽을 참고한다.

제3장: 콜레스테롤의 딜레마

햇빛과 비타민D

Ingfei Chen, "Sunlight, a Cancer Protector in the Guise of a Villain?" New York Times, 2002년 8월 6일; M. F. Holic. 2004. Sunlight and vitamin D for bone health and prevention of autoimmune diseases, cancers, and cardiovascular disease. Am

J Clin Nutr 80(6 Supple):1678S~1688S; J. M. Pettifor, G. P. Moodley, F. S. Hough, et al. 1996. The effect of season and latitude on in vitro vitamin D formation by sunlight in South Africa. S Afr Med J 86(10):1270~1272; Anne Marie Owners, "Second-Guessing the Big Cover-up," National Post, 2005년 2월 14일; V. Tangpricha, A. Turner, C. Spina, et al. 2004. Tanning is associated with optimal vitamin D Status (serum 25-hydroxyvitamin D concentration) and higher bone mineral density. Am J Clin Nutr 80(6):1645~1649; P. T. Liu, S. Stenger, H. Li, et al. 2006. Toll-like receptor triggering of a vitamin D-mediated human antimicrobial response. Science 311(6758):1770~1773; A. Zitterman. 2003. Vitamin D in preventive medicine: are we ignoring the evidence? Br J Nutr 89(5):552~572; R. Roelandts. 2002. The history of phototherapy: something new under the sun? J Am Acad Dermatol 46(6):926~930.

계절별 콜레스테롤 수치의 변화

I. S. Ockene, D. E. Chiriboga, E. J. Stanek III, et al. 2004. Seasonal variation in serum cholesterol levels: treatment implications and possible mechanism. Arch Intern Med 164(8):863~870; M. Bluher, B. Hentschel, F. Rassoul, and V. Richter. 2001. Influence of dietary intake and physical activity on annual rhythm of cholesterol concentrations. Chronobial Int 18(3):541~557.

크론병과 선탠

P. Koutkia, Z. Lu, T.C. Chen, M. F. Holick 2001. Treatment of vitamin D deficiency due to Crohn's disease with tanning bed ultraviolet B radiation. Gastroenterology 121(6):1485~1488.

엽산

L. D. Botto, A. Lisi, E. Robert-Gnansia, et al. 2005. International retrospective cohort study of neural tube defects in relation to folic acid recommendations: are the recommendations working? BMJ 330(7491):571; D. B. Shurtleff. 2004. Epidemiology of neural tube defects and folic acid. Cerebrospinal Fluid Res 1(1):5; B. Kamen. 1997. Folate and antifolate pharmacology. Semi Oncol 24(5 Suppl 18):S18-30-S18-39. 본 장에서 언급된, 임신중에 태닝한 후 신경관 결함이 있는 아이를 낳은 세 엄마에 관한 보고서는 P. Lapunzina. 1996. Ultraviolet light-related neural tube defects? Am J Med Genet 67(1):106쪽을 참고한다.

피부색

N. G. Jablonski, G. Chapline 2000. The evolution of human skin coloration. J Hum Evol 39(1):57~106; H. Y. Thong, S. H. Jee, C. C. Sun, R. E. Boissy 2003. The patterns of melanosome distribution in in keratinocytes of human skin as one determining factor of skin colour. Br J Dermatol 149(3):498~505; R. L. Lamason, M. A. Mohideen, J.R. Mest, et al. 2005. SLC24A5, a putative cation exchanger, affects pigmentation in zebrafish and humans. Science 310(5755):1782~1786; A. J. Thody, E. M. Higgins, K. Wakamatsue, et al. 1991. Pheomelanin as well as eumelanin is present in human spidermis. J Invest Dermatol 97(2):340~344; Saadia Iqbal, "A New Light on Skin Color," National Geographic Magazine, 2002년 11월; Nina G. Jblonski and George Chaplin, "Skin Deep," Scientific American, 2002년 10월; Adrian Barnett, "Fair Enough," New Scientist, 2002년 10월 12일.

피부암

다양한 피부암에 관한 사실과 그림이 나와 있는 훌륭한 웹사이트: www.cancer.org/docroot/PED/content/ped_7_1_What_You_Need_To_Know_About_Skin Cancer.asp. 추가 참고자료: R. Ehrlich, Nine Crazy Ideas in Science: A Few Might Even Be True (Princeton, NJ: Princeton University Press, 2001)의 57~72쪽.

빨간 머리

P. Valverde, E. Healy, I. Jackson, et al. 1995. Variants of the melanocyte-stimulating hormone receptor gene are associated with red hair and fair skin in humans. Nat Genet 11(3):328~330; Robin L. Flanigan, "Will Rare Redheads Be Extinct by 2012?" Seattle Times, 2005년 5월 9일; T. Ha, J. L. Rees 2001. Melanocortin 1 receptor: what's red got to do with it? J Am Acad Dermatol 45(6):961~964.

대구 간유

멋진 책 R.S. Root-Bernstein, M. Root-Bernstein Honey, Mud, Maggots, and Other Medical Marvels: The Science behind Folk Remedies and Old Wives' Tales (Boston: Houghton Mifflin, 1997)의 10~11쪽을 참고한다. K. Rajakumar. 2003.

Vitamin D, cod-liver oil, sunlight, and rickets: a historical perspective. Pediatrics 112(2):e132~e135; M. Brustad, T. Sandanger, L. Aksnes, E. Lund 2004. Vitamin D status in a rural population of northern Norway with high fish liver consumption. Public Health Nutr 7(6):783~789; D. J. Holub, B. J. Holub 2004. Omega-3 fatty acids from fish oils and cardiovascular disease. Mol Cell Biochem 263(1-2):217~225.

아추 증후군의 장점

H. C. Everett. 1964. Sneezing in response to light. Neurology 14:483~490. 추가 참고자료: R. Smith. 1990. Photic sneezes. Br J Ophthalmol 74(12):705; S. J. Peroutka, L. A. Peroutka 1984. Autosomal dominant transmission of the "photic sneeze reflex." N Engl I Med 310(9):599~600; J. M. Forrester. 1985. Sneezing on exposure to bright light as an inherited response. Hum Hered 35(2):113~114; E. W. Benbow. 1991. Practical hazards of photic sneezing. Br J Ophthalmol 75(7):447.

아시아 홍조: 알코올 소비의 유전학

T. L. Wall, S. M. Horn, M. L. Johnson, et al. 2000. Hangover symptoms in Asian Americans with variations in the aldehyde dehydrogenases (ALDH2) gene. J Stud Alcohol 61(1):13~17; M. Yokoyama, A. Yokoyama, T. Yokoyama, et al. 2005. Hangover susceptibility in relation to aldehyde dehydrogenase-2 genotype, alcohol flusing, and mean corpuscular volume in Japanese workers. Alcohol Clin Exp Res 29(7):1165~1171; K. A. Veverka, K. L. Johnson, D. C. Mays, et al. 1997. Inhibition of aldehyde dehydrogenase by disulfiram and its metabolite methyl diethylthiocarbamoyl-sulfoxide. Biochem Pharmacol 53(4):511~518; Janna Chan, "Asian Flush: The Silent Killer," AsianAvenue.com, 2004년 11월 18일.

코언 유전자

M. Z. Wahrman, Brave New Judaism: When Science and Scripture Collide (Hanover, NH: University Press of New England for Brandeis University Press, 2002)의 140~165; K. Skorecki, S. Selig, S. Blazer, et al. 1997. Y chromosomes of Jewish priests. Nature 385(6611):32; M. G. Thomas, K. Skorecki, H. Ben-Ami, et al. 1998. Origins of Old Testament priests. Nature 394(6689):138~140. 종전의 연구

결과에 도전하는 최근 논문: A. Zoossmann-Diskin. 2006. Ashkenazi Levites' "Y modal haplotype" (LMH)-an ariticially created phenomenon? Homo 57(1):87~100.

"개체 군단"

헨리 루이스 게이츠 박사에 대한 자세한 내용은 www.pbs.org/wnet/aalives/science_dna2.html을 참고한다. 추가 참고자료: Editorial 2001. Genes, drugs and rats. Nat Genet 29(3):239~240; Emma Daly, "DNA Tells Students They Aren't Who They Thought," New York Times, 2005년 4월 13일; Marek Kohn, "This Racist Undercurrent in the Tide of Genetic Research," Guardian, 2006년 1월 17일; Richard Willing, "DNA Tests to Offer Clues to Suspect's Race," USA Today, 2005년 8월 17일.

아프리카 노예무역과 고혈압

R. Cooper, C. Rotimi 1997. Hypertension in blacks. Am J Hypertens 10(7 Pt 1):804~812; M. P. Blaustein, C. E. Grim 1991. The pathogenesis of hypertension: black-white differences. Cardiovasc Clin 21(3):97~114. "흑인인 점이 혈압에 영향을 미치는 방식"에 대한 자세한 내용은 www.mayoclinic.com/health/high-blood-pressure/HI00067을 참고한다. '중간항해'에 대한 자세한 내용은 N. I. Painter, Creating Black Americans: African-American History and Its Meanings, 1619 to the Present (New York: Oxford University Press, 2006)의 33쪽을 참고한다. 추가 참고자료: J. Postma, The Atlantic Slave Trade (Gainesville: University Press of Florida, 2005); Harold M. Schmeck Jr., "Study of Chimps Strongly Backs Salt's Link to High Blood Pressure," New York Times, 1995년 10월 3일; Richard S. Cooper, Charles N. Rotimi, Ryk Ward, "The Puzzle of Hypertension in African-Americans," Scientific American, 1999년 2월. 구체적인 인종적 통계는 미 정부의 소수인종보건사무소 웹사이트(www.omhrc.gov)를 참고한다.

중간항해 중 사망률

J. Postma, The Atlantic Slave Trade (Gainesville: University Press of Florida, 2005).

비딜(BiDil)

Stephanie Saul, "F.D.A. Approves a Heart Drug for African-Americans," New

York Times, 2005년 6월 24일; Kai Wright, "Death by Racism," Dallas Morning News, 2006년 6월 25일; 논란이 되고 있는 이 약물에 대한 자세한 내용은 www.bidil.com을 참고한다.

HIV에 대한 면역: CCR5-Δ32

타 개체군, 특히 인도 개체군에서 CCR5-Δ32가 전혀 없는 것과 HIV 감염 위험의 증가에 대한 자세한 내용은 다음을 참고한다. Seema Singh Bangalore, "'Wrong' Genes May Raise AIDS Risk for Millions," New Scientist, 2005년 4월 16일; Julie Clayton, "Beating the Odds," New Scientist, 2003년 2월 8일; J. Novembre, A. P. Galvani, M. Slatkin 2005. The geographic spread of the CCR5-Delta32 HIV-resistance allele. PLoS Biol 3(11):e339.

약물 신진대사가 빠른 사람과 느린 사람

I. Johansson, E. Lundqvist, L. Bertilsson, et al. 1993. Inherited amplification of an active gene in the cytochrome P450 CYP2D locus as a cause of ultra-rapid metabolism of debrisoquine. Proc Natl Acad Sci U S A 90(24):11825~11829.

기침약 과다 투약: CYP2D6 상관관계

Y. Gasche, Y. Daali, M. Fathi, et al. 2004. Codeine intoxication associated with ultrarapid CYP2D6 metabolism. N Engl J Med 351(27):2827~2831.

다수의 유전자 사본

본 주제에 대한 자세한 내용 참고자료: Bob Holms, "Magic Numbers," New Scientist, 2006년 4월 8일; R. Tubbs, J. Pettay, D. Hicks, et al. 2004. Novel bright field molecular morphology methods for detection of HER2 gene amplification. J Mol Histol 35(6):589~594.

약물유전체학

T.A. Clayton, J. C. Lindon, C. Cloarec, et al. 2006. Pharmaco-metabonomic phenotyping and personalized drug treatment. Nature 440(7087):1073~1077; S. K. Tate, D. B. Goldstein 2004. Will tomorrow's medicine work for everyone? Nat Genet 36(11 Suppl):S34~S42; I. Roots, T. Gerloff, C. Meisel, et al. 2004. Pharmacogenetics-based new therapeutic concepts. Drug Metab Rev 36(3-

4):617~638; R. E. Cannon. 2006. A discussion of gene-environment interactions: fundamentals of ecogenetics. Environ Health Perspect 114(6):a382; C.G.N. Mascie-Taylor, J. Peters, S. McGarvey, Society for the Study of Human Biology, The Changing Face of Disease: Implications for Society (Boca Raton, FL: CRC Press, 2004); Jo Whelan, "Where's the Smart Money Going in Biotech?" New Scientist 2005년 6월 18일; 추가 참고자료: 미 질병통제 및 예방센터 웹사이트 (www.cdc.gov/PCD/issues/2005/apr/04_0134.htm.

맞춤형 의료: 약물유전체학 또는 약물유전학

"미래의 암 치료 모델"은 2006년 5월 26일자 특별판 Science 312(5777):1157~1175쪽을 참고한다.

제4장: 말라리아를 부탁해

피타고라스와 잠두

J. Meletis, K. Konstantopoulos 2004. Favism-from the "avoid fava beans" of Pythagoras to the present. Haema 7(1):17~21.

잠두, 일명 넓은 콩

M. Toussaint-Samat, A History of Food (Cambridge, MA: Blackwell Reference, 1993)의 40~41쪽을 참고한다. D. Zohary, M. Hopf Domestication of Plants in the Old Wolrd: The Origin and Spread of Cultivated Plants in West Asia, Europe, and the Nile Valley (New York: Oxford University Press, 2000); J. Goleneser, J. Miller, D. T. Spira, et al. 1983. Inhibitory effect of a fava bean component on the in vitro development of Plasmodium falciparum in normal and glucose-6-phosphate dehydrogenase deficient erythrocytes. Blood 61(3);507~510.

자제하는 것이 좋다

R. Parsons, "The Long History of the Mysterious Fava Bean," Los Angeles Times, 1996년 5월 29일자에 인용.

잠두중독증

K. Iwai, A. Hirono, H. Matsuoka, et al. 2001. Distribution of glucose 6-phosphate dehydrogenase mutations in Southeast Asia. Hum Genet 106(6):445~449; A. K. Roychoudhury, M. Nei, Human Polymorphic Genes: World Distribution (New York: Oxford University Press, 1988); S. H. Katz, J. Schall 1979. Fava bean consumption and biocultural evolution. Med Anthro 3:459~476; S. A. Tishkoff, R. Varkonyi, N. Cahinhinan, et al. 2001. Haplo-type diversity and linkage disequilibrium at human G6PD: recent origin of alleles that confer malarial resistance. Science 293(5529):455~462.

한국전쟁과 잠두중독증

본 주제에 관한 자세한 내용 참고자료: G. P. Nabhan, Why Some Like It Hot: Food, Genes, and Cultural Diversity (Washington, DC: Island Press/Shearwater Books, 2004), 70~91; C. F. Ockenhouse, A. Magill, D. Smith, W. Milhous 2005. History of U.S. military contributions to the study of malaria. Mil Med 170(4 Suppl):12~16; A. S. Alving, P.E. Carson, Cl. L. Flanagan, C. E. Ickes 1956. Enzymatic deficiency in primaquine-sensitive erythrocytes. Science 124(3220):484~485.

G6PD와 말라리아

E. Barnes, Diseases and Human Evolution (Albuquerque: University of New Mexico Press, 2005); H. Ginsburg, H. Atamna, G. Shalmiev, et al. 1996. Resistance of gluecose-6-phosphate dehydrogenase deficiency to malaria: effects of fava bean hydroxypyrimidine glucosides on Plasmodium falciparum growth in culture and on the phagocytosis of infected cells. Parasitology 113(Pt 1):7~18.

성 염색체

성 염색체 숫자에는 여러 가지 조합이 가능하다. 한 예로 터너 증후군은 기능이 완전한 X염색체가 한 개만 있기 때문에 생기고 클리네펠터 증후군은 남성에게 X염색체가 하나 더 있는 경우이다.

먹는 음식에 들어 있는 '천연' 독물과 예방보호제

원 연구 참고자료: A. Fugh-Berman, F. Kronenberg 2001. Red clover (Trifolium pratense) for menopausal women: current state of knowledge. Monopause 8(5): 333~337; H. W. Bennetts, E. J. Underwood, F. L. Shier. 1946. A specific breeding problem of sheep on subterranean clover pastures in Western Australia. Aust J Agric Res 22:131~138; S. M. Heinonen, K. Wahala, H. Adlercruetz. 2004. Identification of urinary metabolites of the red colver isoflavones formononetin and biochanin A in human subjects. J Agric Food Chem 52(22):6802~6809; M. A. Walling, K. M. Heinz-Taheny, D. L. Epps, T. Gossman 2005. Synergy among phytochemicals within crucifers: does it translate into chemoprotection? J Nutr 135(12 Suppl): 2972S~2977S. 먹는 음식에 들어 있는 '천연' 독물에 대한 자세한 참고자료: K. F. Lampre, M. A. McCann, Amercian Medical Association, AMA Handbook of Poisonous and Injurious Plants (Chicago: American Medical Association, Chicago Review Press 배포, 1985); M. Stacewicz-Sapuntzakis, P. E. Bowen 2005. Role of lycopene and tomato products in prostate health. Biochim Biophys Act 1740(2):202~205; National Research Council (U.S.), Food Protection Committee, Toxicants Occurring Naturally in Food (Washington, DC: National Academy of Sciences, 1973); D. R. Jacobs Jr., L. M. Steffen 2003. Nutrients, foods, and dietary patterns as exposures in research: a framework for food synergy. Am J Clin Nutr 78(3 Suppl):508S~513S; M. Kingsbury, Poisonous Plants of the United States and Canada (Englewwod Cliffs, NJ: Princeton-Hall, 1964). 카사바 독성에 대한 참고자료: M. Ernesto, A. P. Cardoso, D. Nicala, et al. 2002. President konzo and cyanogen toxicity from cassava in northern Mozambique. Acta Trop 82(3):357~362; M. L. Mlingi, M. Bokanga, F. P. Kavishe, et al. 1996. Milling reduces the goitrogenic potential of cassava. Int J Food Sci Nutr 47(6):445~454. 병아리콩 독물 참고자료: P. Smironoff, S. Khalef, Y. Birk, S. W. Applebaum. 1976. A trypsin and chymotrypsin inhibitor from chickpeas (Cicer arietinum). Biochem J 157(3):745~751.

칼 드 제라시와 피임약

피임약의 탄생에 대한 개인적인 이야기 참고자료: C. Djerassi, This Man's Pill: Reflections on the 50th Birthday of the Pill (New York: Oxford University Press, 2001), C. Djerassi, The Pill, Pygmy Chimps, and Degas' Horse: The Autobiography of Carl Djerassi (New York: Basic Books, 1992).

인도 야생완두

Leigh Dayton, "Australia Exports Poisonous 'Lentils,'" New Scientist, 1992년 10월 3일; 자세한 내용은 www.cropscience.org.au/icsc2004/poster/3/2/1/769_vetch.htm 참조.

치명적인 가지 속

J. L. Muller. 1998. Love potions and the ointment of witches: historical aspects of the nightshade alkaloids. J Toxicol Clin Toxicol 36(6):617~627.

이들 중 몇 명은 그것을 많이 먹었는데

R. Beverley, L. B.. The History and Present State of Virginia (Charlottesville, VA: Dominion Books, 1968); S. Berkov, R. Zayed, T. Doncheva 2006. Alkaloid patterns in some varieties of Datura stramonium. Fitoterapia 77(3):179~182.

캡사이신의 민족성

P450 효소군에는 민족 집단의 차이에 따라 변화가 상당히 많다. 이는 각 민족이 상이한 '화학적 환경'에서 거주한 결과일 가능성이 크다. 이 시토크롬 체계는 처방약 등 체내 화학물질을 처리하거나 '해독'하는 데 사용된다. 다음 기사는 시토크롬 P450에 의해 고추에 매운 맛을 넣는 캅사이신 분자의 신진대사를 살펴본다는 점에서 중요하다. C. A. Reily, W. J. Ehlhardt, D. A. Jackson, et al. 2003. Metabolism of capsaicin by cytochrome P450 produces novel dehydrogenated metabolites and decreases cytotoxicity to lung and liver cells. Chem Res Toxicol 16(3):336~349. 이러한 차이점은 유전자를 바탕으로 한 맞춤형 의료, 즉 약물유전체학 또는 약물유전학의 기반이기도 하다. 참고자료: P. Gazerani, L. Arendt-Nielsen 2005. The impact of ethnic differences in response to capsaicin-induced trigeminal sensitization. Plain 117(1-2):223~229.

캅사이신: 신경 퇴화와 위암을 일으킬 수 있는 향신료

A. Mathew, P. Gangadharan, C. Varghese, M. K. Nair 2000. Diet and stomach cancer: a case-control study in South India. Eur J Cancer Prev 9(2):89~97; G. Jancso, S. N. Lawson 1990. Transganglionic degeneration of capsaicin-sensitive C-fiber primary afferent terminals. Neuroscience 39(2):501~511; D. H. Wang, W. Wu, K. J. Lookingland 2001. Degeneration of capsaicin-sensitive sensory nerves leads to increased salt sensitivity through enhancement of sympathoexcitatory response. Hypertension 37(2 Pt 2):440~443.

캡사이신의 장점에 관한 수많은 기사 중 일부: E. Pospisilova, J. Paleck 2006. Post-operative pain behavior in rats is reduced after single high-concentration capsaicin application. Pain [Epub 2006년 1월 21일]; A. L. Mounsey, L. G. Matthew, D. C. Slawson 2005. Herpes zoster and postherpetic neuralgia: prevention and management. Am Fam Physician 72(6):1075~1080; Mary Ann Ryan, "Capsaicin Chemistry Is Hot, Hot, Hot!" American Chemicl Society, 2003년 3월 24일자, 온라인 출처: www.chemistry.org/portal/a/c/s/1/feature_ent.html?id=b90b964c5ade11d7e3d26ed9fe800100.

쓴맛

N. Soranzo, B. Bufe, P. C. Sabeti, et al. 2005. Positive selection on a high-sensitivity allele of the human bitter-taste receptor TAS2R16. Curr Biol 15(14):1257~1265; B. Bufe, T. Hofmann, D. Krautwurst, et al. 2002. The human TAS2R16 receptor mediates bitter taste in response to beta-glucopyranosides. Nat Genet 32(3):397~401.

수퍼테이스터

A. Drewnowski, S. A. Henderson, A. B. Shore, A. Barratt-Fornell 1997. Nontasters, tasters, and supertasters of 6-n-propylthiouracil (PROP) and hedonic response to sweet. Physiol Behav 62(3):649~655; G. L. Goldstein, H. Daun, B. J. Tepper 2005. Adiposity in middle-aged women in associated with genetic taste blindness to 6-n-propylthiouracil. Obes Res 13(6):1017~1023. G. P. Nabhan, Why Some LikeIt Hot: Food, Genes, and Cultural Diversity (Washington, DC: Island Press/Shearwater Books, 2004), 118~123쪽을 참고한다.

감자역병

감자역병의 멋진 초소형 이미지는 http://helios.bto.ed.ac.uk/bto/microbes/blight.htm을 참고한다.

솔라린에 대한 민감도

셀러리 뿌리(Apium graveolens)를 다량 먹고 태닝장에 간 후 심각한 피부병 반응을 일으킨 65세 여성에 관한 논문: B. Ljunggren. 1990. Severe phototoxic burn following celery ingestion. Arch Dermatol 126(10):1334~1336. 추가 참고자료: L. Wang, B. Sterling, P. Don 2002. Berloque dermatitis induced by "Florida water." Cutis 70(1):29~30; Institute of Medicine (U.S.). Committee on Identifying and Assessing Unintended Effects of Genetically Engineered Foods on Human Health, Safety of Genetically Engineered Foods: Approaches to Assessing Unintended Health Effects (Washington, DC: National Academies Press, 2004), 22.

G6PD와 말라리아

A. Yoshida, E. F. Roth Jr. 1987. Glucose-6-phosphate dehydrogenase of malaria parasite Plasmodium falciparum. Blood 69(5):1528~1530; C. Ruwende, A. Hill 1998. Glucose-6-phosphate dehydrogenase deficiency and malaria. J Mol Med 76(8):581~588; F. P. Mockenhaupt, J. Mandelkow, H. Till, et al. 2003. Reduced prevalence of Plasmodium falciparum infection and of concomitant anaemia in pregnat women with heterozygous G6PD deficiency. Trop Med Int Health 8(2):118~124; C. Ruwende, S. C. Khoo, R. W. Snow, et al. 1995. Natural selection of hemi- and heterozygotes for G6PD deficiency in Africa by resistance to severe malaria. Nature 376(6537):246~249.

말라리아

E. Barnes, Diseases and Human Evolution (Albuquerque: University of New Mexico Press, 2005), 69~83; K. J. Ryan, C. G. Ray, J. C. Sherris, Sherris Medical Microbiology: An Introduction to Infectious Diseases (New York: McGraw-Hill, 2004), 715~722쪽을 참고한다. 말라리아의 경이롭도록 풍부한 역사는 K. F. Kiple, The Cambridge World History of Human Disease (New York: Cambridge University Press, 1993)를 참고한다. 말라리아와 임신의 문제를 훌륭하게 설명한 세계보건기구(WHO)의 웹사이트(www.who.int/features/2003/04b/en/)를 참고한다. 전 세계 말라리아의 분포와 여행자에게 미치는 위험에 대한 내용과 지도는 www.ncid.cdc.gov/travel/yb/utils/ybGet.asp?section=dis&obj=index.htm을 참고한다.

히포크라테스

히포크라테스의 On Airs, Waters, and Places는 MIT 웹사이트(classics.mit.edu/Hippocrates/airwatpl.html)에 접속하면 무료로 볼 수 있다.

미아즈마에 대하여

M. Susser. 2001. Glossary: causality in public health science. Epidemiol Community Health 55:376~378.

냉방과 말라리아

이 흥미로운 이야기를 심도 깊게 다룬 내용은 James Burke, "Cool Stuff," Scientific American, 1997년 7월자와 J. Burke, Connections (Boston: Little, Brown, 1995) 제10장을 참고한다.

J. B. S. 헬데인

J. Lederberg. 1999. J. B. S. Haldane (1949) on infectious disease and evolution. Genetics 153(1):1~3. 헬데인의 일대기와 사상은 M. Kohn, A Reason for Everything: Natural Selection and the English Imagination (London: Faber and Faber, 2004)의 141~223쪽을 참고한다.

음식 속의 유익한 화학물질

P. R. Mayeux, K. C. Agrawal, J. S. Tou, et al. 1988. The pharmacological effects of allicin, a constituent of garlic oil. Agents Actions 25(1-2):182~190; M. Zanolli. 2004. Phototherapy arsenal in the treatment of psoriasis. Dermatol Clin 22(4):397~406, viii; M. Heinrich, P. Bremner 2006. Ethnobotany and ethnopharmacy-their role for anticancer drug development. Curr Drug Targets 7(3):239~245;X. Sun, D. D. Ku 2006. Allicin in garlic protects against coronary endothelial dysfunction and right heart hypertrophy in pulmonary hypertensive rats. Am J Physiol Heart Circ Physiol (Epub 2006년 5월 26일).

제5장: 세균과 인간

작은 용: 기니충

Donald G. McHeil Jr., "Does of Tenacity Wears Down a Horrific Disease," New York Times, 2006년 3월 26일. 카터 센터의 박멸 사업에 대한 심도 깊은 기사는 E. Ruiz-Tiben, D. R. Hopkins 2006. Dracunculiasis (Guinea worm disease) eradication. Adv Parasitol 61:275~309쪽을 참고한다. 본 주제에 관한 독창적인 리뷰

는 R. Muller. 1971. Studies on Dracunculus medinensis (Linneaeus). II. Effect of acidity on the infective larva. J Helminthol 45(2):285~288쪽을 참고한다. "The parasite on attaining maturity, makes for the legs and feet," 등 정말 재미있는 내용은 P. Manson, P. H. Manson-Bahr, Manson's Tropical Diseases: A Manual of the Diseases of Warm Climates (Baltimore: W. Wood and Co. 1936), 788~795쪽을 참고한다. 카터 센터가 기울이는 훌륭하고 광범위한 노력에 대한 자세한 내용은 www.cartercenter.org를 참고한다. 기니충에 대한 추가 내용(예: 기니충의 라틴식 이름을 제대로 발음하는 방법)은 미 질병통제센터 웹사이트(www.cdc.gov/Ncidod/dpd/parasites/dracunculiasis/factsht_dracunculiasis.htm)를 참고한다. 마지막으로 기록된 역사 전체에 걸친 기니충에 대한 이야기는 K. F. Kiple, The Cambridge World History of Human Disease (New York: Cambridge University Press, 1993), 687~689쪽을 참고한다.

섹시한 면역성

"서로 다른 면역체계"란 주조직 적합성 복합체(MHC: major histocompatibility complex)를 가리킨다. 이식 매칭을 위해 처음으로 확인, 사용되었기 때문에 이러한 이름이 붙었다. MHC는 신체가 피아 구별을 위해 사용하는 세포 바코드에 비길 수 있다. 본문에서 언급된 연구 논문은 C. Wedekin, T. Seebeck, F. Bettens, A. J. Paepke 1995. MHC-dependent mate preferences in humans. Proc Biol Scie 260(1359): 245~249이며 이 현상을 보다 친절하게 설명한 기사는 Martie G. Haselton, "Love Special: How to Pick a Perfect Mate," New Scientist, 2006년 4월 29일자를 참고한다.

어딜 가나 세균, 세균

F. Backhed, R. E. Ley, J. L. Sonnenburg, et al. 2005. Host-bacterial mutualism in the human intestine. Science 307(5717):1915~1920; S. R. Gill, M. Pop, R. T. Deboy, et al. 2006. Matagenomic analysis of the human distal gut microbiome. Science 312(5778):1355~1359; Rick Weiss, "Legion of Little Helpers in the Gut Keeps Us Alive," Washington Post, 2006년 6월 5일; C. L. Sears. 2005. A dynamic partnership: celebrating our gut flora. Anaerobe 11(5):247~251; F. Guarner, J. R. Malagelada 2003. Gut flora in health and disease. Lancet 361(9356):512~519; M. Heselmans, G. Reid, L. M. Akkermans, et al. 2005. Gut flora in health and disease: potential role of probiotics. Curr Issues Intest Microbiol 6(1):1~7; E. D. Weinberg.

1997. The Lactobacillus anomaly: total iron abstinence. Perspect Biol Med 40(4):578~583; S. Moalem, E. D. Weinberg, M. E. Percy 2004. Hemochromatosis and the enigma of misplaced iron: implications for infectious disease and survival. Biometals 17(2):135~139.

호랑거미

W. G. Eberhard. 2000. Spider manipulation by a wasp larva. Nature 406(6793): 255~256; W. G. Eberhard. 2001. Under the influence: webs and building behavior of Plesiometa argyra (Araneae, Tetragnathidae) when parasitized by Hymenoepimecis argyraphaga (Hymenoptera, Ichneumonidae). Journal of Arachnology 29:354~366; W. G. Eberhard. 2000. The natural history and behavior of Hymenoepimecis argyraphaga (Hymenoptera, Ichneumonidae) a parasitoid of Plesiometa argyra (Araneae, Tetragnathidae). Journal of Hymenoptera Research 9(2):220~240. 이보다 약간 일반적인 내용은 Nicholas Wade, "Wasp Works Its Will on a Captive Spider," New York Times, 2000년 7월 25일자를 참고한다.

"유충이 어떻게든"

BBC 기사에서 인용, "Parasite's Web of Death," 2000년 7월 19일자; 기사 원본은 news.bbc.co.uk/2/hi/science/nature/841401.htm을 참고한다.

간 기생충(Dicrocoelium dentriticum)

D. Otranto, D. Traversa 2002. A review of dicrocoeliosis of ruminants including recent advances in the diagnosis and treatment. Vet Parasitol 107(4):317~335. 이 기생충의 복잡한 생명 주기를 도표로 표현해 주는 웹사이트는 www.parasitology.informatik.uniwuerzburg.de/login/b/me14249.png.php에서 볼 수 있다.

기생 털선충

Shaoni Bhattacharya, "Parasites Brainwash Grasshoppers into Death Dive," New Scientist, 2005년 8월 31일; 원 연구에 대한 참고자료: D. G. Biron, L. Marche, F. Ponton, et al. 2005. Behavioural manipulation in a grasshopper harbouring hairworm: a proteomics approach. Proc Biol Sci 272(1577):2177~2126; F. Thomas, A. Schimidt-Rhaesa, G. Martin, et al. 2002. Do hairworms (Nematomorpha) manipulate the water seeking behaviour of their terrestrial hosts? J Evol Biol

15:356~361. 다행히 아직 링크가 살아 있다면 익사하는 숙주를 빠져나오는 털선충의 생생한 모습을 온라인 (www.canal.ird.fr/canal.php?url=/prgrammes/recherches/grillons_us/index.htm)에서 볼 수 있다.

광견병 물어뜯기

광견병에 대한 모든 것은 K. J. Ryan, C. G. Ray, J. C. Sherris, Sherris Medical Microbiology: An Introduction to Infectious Diseases (New York: McGraw-Hill, 2004), 597~600쪽을 참고한다.

기생생물에게 점령당한 동물은

J. Moore. 1995. The behavior of parasitized animals-when an ant is not an ant. Bioscience 45:89~96. 기생충 조종에 관한 자세한 내용은 J. Moore, Parasites and the Behavior of Animals (New York: Oxford University Press, 2002)를 참고한다. 기타 자료는 무어 교수와의 개인적인 면담을 통해 얻었다.

고양이 마니아

T. gondii의 현미경 사진은 http://ryoko.biosci.ohio-state.edu/~parasite/toxoplasma.html을 참고한다. Y. Sukthana. 2006. Toxoplasmosis: beyond animals to humans. Trends Parasitol 22(3):137~142; E. F. Torrey and R. H. Yolken. 2003. Toxoplasma gondii and schizophrenia. Emerg Infect Dis 9(11):1375~1380; S. Bachmann, J. Schroder, C. Bottmer, et al. 2005. Psychopathology in first-episode shizophrenia and antibodies to Toxoplasma gondii. Psychopathology 38(2):87~90; J. P. Webster, P. H. Lamberton, C. A. Donnelly, E. F. Torrey 2006. Parasites as causative agents of human affective disorders? The impact of anti-psychotic, mood-stabilizer and anti-parasite medication on Toxoplasma gondii's ability to alter host behaviour. Proc Biol Sci 273(1589):1023~1030.

[감염된 여성들] 성격이 더 무난하고

Jennifer D'Angelo, "Feeling Sexy? It Could Be Your Cat," Fox News, 2003년 11월 4일자에 인용. 추가 참고자료: A. Skallova, M. Novotna, P. Kolberkova, et al. 2005. Decreased level of novelty seeking in blood donors infected with Texoplasma. Neuro Endocrinol Lett 26(5):480~486; J. Flegr, M. Preiss, J. Klose, et al. 2003. Decreased level of psychobiological factor novelty seeking and lower intelligence in men latently infected with the protozoan parasite Toxoplasma gondii: dopamine, a missing link between schizophrenia and toxoplasmosis? Biol Psychol 63(3):253~268; J. Flegr, J. Havlicek, P. Kodym, et al. 2002. Increased risk of traffic accidents in subjects with latent toxoplasmosis: a retrospective case-control study. BMC Infect Dis 2:11; M Novotna, J. Hanusova, J. Klose, et al. 2005. Probable neuroimmunological link between Toxoplasma and cytomegalovirus infections and personality changes in the human host. BMC Infect Dis 5:54; R. H. Yolken, S. Bachmann, I. Ruslanova, et al. 2001. Antibodies to Toxoplasma gondii in individuals with first-episode schizophrenia. Clin Infect Dis 32(5):842~844; L. Jones-Brando, E. F. Torrey, R. Yoken 2003. Drugs used in the treatment of schizophrenia and bipolar disorder inhibit the replication of Toxoplasma gondii. Schizophr Res 62(3):237~244. 대중적 과학 언론에 소개된 몇몇 기사 참고: James Randerson, "All in the Mind?" New Scientist, 2002년 10월 26일; David Adam, "Can a Parasite Carried by Cats Change Your Personality? Guardian Unlimited, 2003년 9월 25일; New Scientist Editorial Staff, "Antipsychotic Drug Lessens Sick Rats' Suicidal Tendencies," New Scientist, 2006년 1월 28일; Jill Neimark, "Can the Flue Bring on Psychosis?" Discover, 2005년 10월.

감기에 걸리면 재채기를 하는 이유

R. M. Nesse, G. C. Williams, Why We Get Sick: The New Science of Darwinian Medicine (New York: Times Books, 1994), 46, 57쪽을 참고한다.

요충

미국에서 감염된 아이들 수는 CDC 웹사이트(www.cdc.gov/ncidod/dpd/parasites/pinworm/factsht_pinworm.htm)를 참고한다.

조종성이 있는 말라리아

Carl Zimmer, "Manipulative Marlaria Parasites Makes You More Attractive (to Mosquitoes)," New York Times, 2005년 8월 9일.

연쇄상구균 감염에 의한 소아 자가면역 신경정신장애

S. E. Swedo, H. L. Leonard, M. Garvey, et al. 1998. Pediatric autoimmune neuropsychiatric disorders associated with streptococcal infections: clinical description of the first 50 cases. Am J Psychiatry 155(2):264~271; L. A. Snider, S. E. Swedo 2004. PANDAS: current status and directions for research. Mol Psychiatry 9(10):900~907; R. C. Dale, I. Heyman, G. Giovannoni, A. W. Church 2005. Incidence of anti-brain antibodies in children with obsessive-compulsive disorder. Br J Psychiatry 187:134~319; S. E. Swedo, P. J. Grant. 2005. Annotation: PANDAS: a model for human autoimmune disease. J Child Psychol Psychiatry 46(3):227~234; C. Heubi, S. R. Shott 2003: PANDAS: pediatric autoimmune neuropsychiatric disorders associated with streptococcal infections-an uncommon, but important indication for tonsillectomy. Int J Pediatr Otrohinolaryngol 67(8):837~840; Anahad O'Conner, "Can Strep Bring On an Anxiety Disorder?" New York Times, 2005년 12월 14일; Lisa Belkin, "Can You Catch Obsessive-Compulsive Disorder?" New York Times, 2005년 5월 22일; Nicholas Bakalar, "Tonsil-Adenoid Surgery May Help Behavior, Too," New York Times, 2006년 4월 4일

추측은 흥미롭다

N. E. Beckage, Parasites and Pathogens: Effects on Host Hormones and Behavior (New York: Chapman & Hall, 1997) 205쪽에서 인용.

아프고 외로운 대하

D. C. Behringer, M. J. Butler, J. D. Shields. 2006. Ecology: avoidance of disease by social lobsters. Nature 441(7092):421.

낯선 사람을 두려워하는 이유

J. Faulkner, M. Schaller, J. H. Park, L. A. Duncan. 2004. Evolved disease-avoidance mechanisms and contemporary xenophobic attitudes. Group Processes & Intergroup Relations 4:333~353; L. Rozsa. 2000. Spite, xenophobia, and collaboration between hosts and parasites. Oikos 91:396~400; R. Kurzban, M. R. Leary 2001. Evolutionary origins of stigmatization: the functions of social exclusion. Psychol Bull 127(2):187~208.

"'수퍼버그' 공포 확산"

Anita Manning, "'Superbugs' Spread Fear Far and Wide," USA Today, 2006년

5월 10일; "Rising Deadly Infections Puzzle Experts," Associated Press, 2006년 10월 12일; Abigail Zuger, "Bacteria Run Wild, Defying Antibiotics," New York Times, 2004년 3월 2일.

포도상구균의 귀환

포도상구균에 관한 모든 사실은 K. J. Ryan, C. G. Ray, J. C. Sherris, Sherris Medical Microbiology: An Introduction to Infectious Diseases (New York: McGraw-Hill, 2004)를 참고한다. 페니실린의 발견에 관한 내용은 T. Rosebury, Microbes and Morals: The Strange Story of Venereal Disease (New York: Viking Press, 1971); M. C. Enright, D. A. Robinson, G. Randle, et al. 2002. The evolutionary history of methicillin-resistant Staphylococcus aureus (MRSA). Proc Natl Acad Sci 99(11):7687~7692의 216쪽을 참고한다. L. B. Rice. 2006. Antimicrobial resistance in gram-positive bacteria. Am J Med 119(6 Suppl 1): S11~S19, discussion S62~S70; K. Hiramatsu, H. Hanaki, T. Ino, et al. 1997. Methicillin-resistant Staphylococcus aureus clinical strain with reduced vancomycin suseptibility. J Antimicrob Chemother 40(1):135~136; Allison George, "March of the Super Bugs," New Scientist, 2003년 7월 19일.

우리는 통제해야 한다

에왈드의 인용문과 콜레라의 병원성 진화에 대한 자세한 내용은 PBS 웹사이트 (www.pbs.org/wgbh/evolution/library/01/6/text_pop/1_016_06.html)를 참고한다. Roger Lewin, "Shock of the Past for Modern Medicine: A Radical Approach to Medicine Seeks to Explain Diseases and Their Symptoms as a Legacy of Our Evolution: Can Darwinism Lead to Better Treatments?" New Scientist, 1993년 10월 23일; P. W. Ewald, Evolution of Infectious Disease (New York: Oxford University Press, 1994); P. W. Ewald. 2004. Evolution of virulence. Infect Dis Clin North Am 18(1):1~15; Paul Ewald, "The Evolution of Virulence," Scientific American, 1993년 4월. 온라인으로 제공되는 에왈드 교수와의 재미있는 인터뷰는 www.findarticles.com/p/articles/mi_m1430/is_n6_v17/ai_16595653을 참고한다. 다른 좋은 기사도 온라인(www.cdc.gov/ncidod/eid/wol2no4/ewald.htm)에서 볼 수 있다.

제6장: 바이러스의 재발견

에드워드 제너와 천연두

A.J. Steward, P.M. Devlin 2006. The history of the smallpox vaccine. J Infect 52(5):329~334; 천연두 역사에 대한 자세한 내용은 K.F.Kiple의 The Cambridge World History of Human Disease (New York: Cambridge University Press, 1993)를 참고한다.

인간이 갖고 있는 유전자는 몇 개인가?

L.D. Stein. 2004. Human genome: end of the beginning. Nature 431(7011): 915~916.

쓰레기 DNA

"The word: Junk DNA," New Scientist, 2005년 11월 19일; Wayt Gibbs, "The Unseen Genome: Gems among the Junk," Scientific America, 2003년 11월. 약간 오래되었지만 여전히 좋은 기사: Natalie Angier, "Kyes Emerge to Mystery of 'Junk' DNA," New York Times, 1994년 6월 28일. 쓰레기 DNA가 마침내 격상되는 기사는 P. Andolfatto. 2005. Adaptive evolution of non-coding DNA in Drosophila. Nature 437(7062): 1149~1152; James Kingsland, "Wonderful Spam," New Scientist, 2004년 5월 29일.

미토콘드리아

사랑스러운 조그만 세포기관인 미토콘드리아의 재미있는 뒷얘기를 읽으려면 Philip Cohen의 "The Force," New Scientist, 2000년 2월 26일을 참고한다.

태양 복사

D.S. Smith, J. Scalo, J.C. Wheeler 2004. Importance of biologically active aurora-like ultraviolet emission: stochastic irradiation of Earth and Mars by flares and explosions. Orig Life Evol Biosph 34(5): 513~532; K.G. McCracken, J. Beer, F. B. McDonald 2004. Variations in the cosmic radiation, 1890~1986, and the soloar and terrestrial implications. Ad Space Res 34:397~406; T. I. Pulkkinen, H. Nevanlinna, P.J. Pulkkinen, M. Lockwood 2001. The Sun-Earth connection in time scales from years to decades and centuries. Space Science Reviews

95(1/2):625~637; H.S. Hudson, S. Silva, M. Woodard 1982. The effects of sunspots on solar radiation. Solar Physics 76:211~219; Malcom W. Browne, "Flu Time: When the Sunspots Are Jumping?" New York Times, 1990년 1월 25일; F. Hoyle, N.C. Wickramasinghe 1990. Sunspots and influenza. Nature 343(6256):304; J. W. Yeung. 2006. A hypothesis: sunspot cycles may detect pandemic influenza A in 1700~2000 A.D. Med Hypotheses 67(5):1016~1022.

뒤섞이는 유전자

유전자의 놀라운 자체 재배열 능력은 디스캠(Dscam)이라는 초파리 유전자에서 찾아볼 수 있다. 유전자는 스플라이스좀(spliceosome)이라는 카드 섞기 효소를 통해 재배열된다. Dscam 유전자는 3만 8106가지의 서로 다른 단백질을 만들어내는 실로 놀라운 능력을 갖고 있다. 디스캠에 대한 대표적인 논문: J.M. Kreahling, B. R. Graveley 2005. The iStem, a long-range RNA secondary structure element required for efficient exon inclusion in the Drosophila Dscam pre-mRNA Mol Cell Biol 25(23):10251~10260; A. M. Celotto, B.R. Graveley 2001. Alternative splicin of the Drosophila Dscam pre-mRNA. Genetics 159(2):599~608; G. Parra, A. Reyond, N. Dabbouseh, et al. 2006. Tandem chimerism as a means to increase protein complexity in the human genome. Genome Res 16(1):37~44.

생물학적 개선

비즈니스 관점에서 지속적 개선의 사조를 바라본 책: M. Ima, Kaizen (Ky'zen), the Key to Japan's Competitive Success (New York: Random House Business Division, 1986).

놀라운 "KO": 유전자가 없어진 동물도 정상임

M. Moragne, The Misunderstood Gene (Cambridge, MA: Harvard University Press, 2001), 64~82쪽을 참고한다.

게놈 끝에서의 생명

I. Moss, What Genes Can't Do (Cambridge, MA: MIT Press, 2003), 183~198쪽을 참고한다. H. Pearson. 2006. Genetics: what is a gene? Nature 441(7092):398~401.

장 밥티스트 라마르크

소련 과학자들이 유전성을 연구했던 상당히 묘한 시기는 주로 트로핌 데니소비치 리센코(Trofim Denisovich Lysenko)가 이끌었다. 소위 리센코 학설은 획득형질을 극도로 뒤튼 것이었다. 이 흥미로운 시기에 대한 자세한 내용은 M. Kohn의 A Reason for Everything: Natural Selection and the English Imagination (London: Faber and Faber, 2004), 183~187쪽을 참고한다. C. Darwin, The Origin of the Species (New York: Fine Creative Media, 2003).

틀림없이 관심이 집중될 것

"The Significance of Responses of the Genome Challenge," 1983년 12월 8일 (www.nobelprize.org/nobel_prizes/medicine/laureates/1983/mcclintock-lecture.pdf) 매클린톡에 관한 미 해군 의학도서관의 훌륭한 온라인 자료를 보려면 www.profiles.nlm.nih.gov/LL/Views/Exhibit/narrative/biographical.html을 참고한다. 추가 참고자료: Vidyanand Nanjundiah, "Barbara McClintock and the Discovery of Jumping Genes," Resonance, 1996년 10월.

'므두셀라'라는 이름의 파리

Y.J.Line, L. Seroude, S. Benzer 1998. Extended life-span and stress resistance in the Drosophila mutant methuselah. Science 282(5390):943~946; 여러분이 제2의 므두셀라가 될 수 있는 가능성에 대한 재미있는 기사는 Kate Douglas, "How to Live to 100…… and Enjoy It," New Scientist, 2006년 6월 3일자를 참고한다.

치환 가능 세상의 스타들: 집시, 므랑가, 난파자, 이블크니블, 선원

J. Modolell, W. Bender, M. Meselson 1983. Drosophila melanogaster mutations suppressible by the suppressor of Hairy-wing are insertions of a 7.3 kilobase mobile element. Proc Natl Acad Sci U S A 80(6):1678~1682; C.J. Rohr, H. Ranson, X. Wang, N.J. Besansky 2002. Structure and evolution of mtanga, a retrotransposon actively expressed on the Y chromosome of the African malaria vector Anopheles gambiae. Mol Biol Evol 19(2):149~162; T.E. Bureau, P.C. Ronald, S. R. Wessler 1996. A computer-based systematic survey reveals the predominance of small inverted-repeat elements in wild-type rice genes. Proc Natl Acad Sci U S A 93(16):8524~8529; S. Henikoff, L. Comai 1998. A DNA methyltransferase homolog with a chromodomain exists in multiple polymorphic forms in Arabidopsis. Genetics 149(1): 307~318; J.W. Jacobson, M. M. Medhora, D. L. Harl 1986. Molecular structure of a somatically unstable transposable element in Drosophila. Proc Natl Acad Sci U S A 83(22):8684~8688; S. M. Miller, R. Schmitt, D.L. Kirk 1993. Jordan, an active Volvox transposable element similar to higher plant transposon. Plant Cell 5(9):1125~1138.

오랫동안 게놈은 이렇게 여겨졌다

G. G. Dimijian. 2000. Pathogens and parasites: strategies and challenges. Proc (Bayl Univ Med Cent) 13(1):19~29.

변종 만들기

연구에서 언급된 논문: J. Cairns, J. Overbaugh, S. Miller 1988. The origin of mutants. Nature 335(6186):142~145; B. G. Hall. 1990. Spontaneous point mutations that occur more often when advantageous than when neutral. Genetics 126(1):5~16;S. M. Rosenberg. 1997. Mutation for survival. Curr Opin Genet Dev 7(6):829~834; J. Torkelson, R. S. Harris, M. J. Lombardo, et al. 1997. Genome-wide hypermutation in a subpopulation of stationary-phase cells underliefs recombination-dependent adaptive mutation. Embo J 16(11):3303~3311; P. L. Foster. 1997. Nonadaptive mutations occur on the F'episome during adaptive mutation conditions in Eschericia coli. J Bacteriol 179(5):1550~1554; O. Tenaillon, E. Denamur, I. Matic 2004. Evolutionary significance of stress-induced mutagenesis in bacteria. Trends Microbiol 12(6):264~270. 본 장에 언급된 매틱의 연구는 I. Bjedov, O. Tenaillon, B. Gerard, et al. 2003. Strees-induced mutagenesis in bacteria. Science 300(5624):1404~1409쪽을 참고한다.

암 위험을 높이는 유전자: BRCA1과 BRCA2

여러 가지 흔한 질병과 관련 유전학에 대해 다룬 좋은 참고자료는 P.Reilly, Is It in Your Genes? The Influence of Genes on Common Disorders and Diseases That Affect You and Your Family (Cold Spring Harbor, NY:Cold Spring Harbor Laboratory Press, 2004)를 참고한다.

"심장의 개성이 강해지는 것은 바라지 않을 것"

보도자료(genome.wellcome.ac.uk/doc_WTD020792.html)에서 인용한 프레드 게이지 교수의 말. 뇌 기사 중 튀는 유전자에 대한 것은 A. R. Muotri, V.T. Chu, M. C. Marchetto, et al. 2005. Somatic mosaicism in neuronal precursor cells mediated by LI retrotransposition. Nature 435(7044):903~910쪽을 참고한다.

헤르메스의 행동은……

보도자료(www.hopkinsmedicine.org/Press_releases/2004/12_23_04.html)에서 인용한 낸시 크레그의 말. 크레그가 언급하는 연구 L. Zhou, R. Mitra, P. W. Atkinson, et al. 2004. Transposition of hAT elements links transposable elements and V(D)J recombination. Nature 432(7020):995~1001. 추가 참고자료: M. Bogue, D. B. Roth 1996. Mechanism of V(D)J recombination. Curr Opin Immunol 8(2):175~180.

튀는 유전자 조짐을 보이는 우리 유전자

이 흥미로운 발상에 대한 자세한 내용은 James Kingsland, "Wonderful Spam," New Scientist, 2004년 5월 29일자를 참고한다.

리모델링이 진행중

www.eurekalert.org/pub_releases/2002-08/jhmigc081502.php에 인용된 제프 뵈케의 말. 뵈케 교수가 언급하는 최초의 논문: D. E. Symer, C. Connelly, S.T. Szak, et al. 2002. Human 11 retrotransposition is associated with genetic instability in vivo. Cell 110(3):327~338.

튀는 유전자에서 온 게놈의 절반

P. Medstrand, L. N. van de Lagemaat, C. A. Dunn, et al. 2005. Impact of transposable elements on the evolution of mammalian gene regulation. Cytogenet Genome Res 110(1-4):342~352; W. Makalowski. 2001. The human genome structure and organization. Acta Biochim Pol 48(3):587~598.

인간 게놈 중 최소한 8퍼센트가 레트로바이러스

J. F. Huges, J. M. Coffin 2004. Human endogenous retrovirus K solo LTR formation and insertional polymorphism: implications for human and viral evolution. Proc Natl Acad Sci U S A 101(6):1668~1672; S. Mi, X. Lee, X. Li, et al. 2000. Syncytin is a captive retroviral envelope protein involved in human placental morphogenesis. Nature 403(6771):785~789; J. P. Moles, A. Tesniere, J. J. Guilhou 2005. A new endogenous retroviral sequence is expressed in skin of patients with psoriasis. Br J Dermatol 153(1):83~89.

"성공적인 유전 패턴"

Salvador E. Luria, Virus Growth and Variations, B. Lacey, I. Isaacs, eds. (Cambridge University Press, 1959), 1~10쪽을 참고한다.

매우 강한 부정적 반응

루이 빌라레알(Luis Villarreal), 개인 대화. 그의 추가 연구 참고자료: L. P. Villarreal. 2004. Can viruses make us human? Proc Am Phil So 148(3):296~323. L. P. Villarreal, Viruses and the Evolution of Life (Washington, DC: ASM Press, 2005); L. P. Villareal. 1997. On viruses, sex, and motherhood. J Virol 71(2):859~865.

생명과 진화의 전조로서의 바이러스에 대한 추가 참고자료

Charles Siebert, "Unintelligent Design," Discover, 2006년 3월; M. Syvanen. 1984. The evolutionary implications of mobile genetic elements. Annu Rev Genet 18:271~293; D.J. Hedges, M.A. Batzer 2005. From the margins of the genome: mobile elements shape primate evolution. Bioessays 27(8):785~794; M. G. Kidwell, D.R. Lisch 2001. Perspective: transposable elements, parasitic DNA, and genome evolution. Evolution Int J Org Evolution 55(1):1~24; J. Brosius. 2005. Echoes from the past-are we still in an RNP world? Cytogenet Genome Res 110(1-4):8~24; C. Biemont, C. Vieira 2005. What transposable elements tell us about genome organiation and evolution: the case of Drosophila. Cytogenet Genome Res 110(1-4):25~34; P. Medstrand, L. N. van de Lagemaat, C. A. Dunn, et al. 2005. Impact of transposable elements on the evolution of mammalian gene regulation. Cytogenet Genome Res 110(1-4):342~352.

제7장: 콩 심은 데 팥 나는 사연

과체중이거나 비만한 미국 아동

관련 주제를 다룬 도서로는 F.M.Berg, Underage & Overweight: The Childhood Obesity Crisis: What Every Family Needs to Know (Long Island City, NY: Hatherleigh Press, 2005)가 있다. 아동 대상의 패스트푸드 마케팅에 관한 도서로는 청소년과 성인이 모두 읽을 수 있는 E. Scholsse와 C. Wilson, Chew on This: The Unhappy Truth about Fast Food (Boston: Houghton Mifflin Company, 2006)가 있다. 캘리포니아 주립대학의 짤막한 온라인 기사는 유용한 참고자료가 많 (news.ucanr.org/mediakits/Nutrition/nutritionfactsheet.shtml). CDC에서는 "행동 위험 요소 관찰"을 심도 있게 다뤘다(www.cdc.gov/mmwr/preview/mmwrhtml/ss4906a1.htm). 추가 참고자료: W.H.Dietz와 T.N. Robison 2005 Clinical practice: overweight children and adolescents. N Engl J Med 352(20):2100~2109; D.S. Freedman, W.H. Dietz, S.R. Srinivasan, G.S. Berenson. 1999. The relation of overweight to cardiovascular risk factors among children and adolescents: the Bogalusa Heart Study. Pediatrics 103(6 Pt 1):1175~1182. S.J. Olshansky, D.J. Passaro, R.C. Hershow, et al. 2005. A potential decline in life expectancy in the United States in the 21st century. N Engl J Med 352(11):1138~1145; Philip Cohen, "You Are What Your Mother Ate, Suggests Study,"New Scientist, 2003년 8월 4일. New Scientist에서 언급하는 연구 논문은 2003년 R. A. Waterland, R.L. Jirtle, "Transposable elements: targets for early nutritional effects on epigenetic gene regulation" Mol Cell Biol 23(15):5293~5300; Alison Motluk, "Life Sentence," New Scientist, 2004년 10월 30일.

스위치 조작: 환경 요인

Rowan Hooper, "Mendel's Laws of Inheritance Challenged," New Scientist, 2006년 5월 27일; Rowan Hooper, "Men Inherit Hidden Cost of Dad's Vices," New Scientist, 2006년 1월 6일; E. Jablonka, M.H. Lamb, Evolution in Four Dimensions: Genetics, Epigenetic, Behavioral, and Symbolic Variation in the History of Life (Cambridge, MA: MIT Press, 2005); R. A. Waterland, R.L. Jirtle 2003. Transposable elements: targets for early nutritional effects on epigenetic gene regulation. Mol Cell Biol 23(15):5293~5300; Gaia Vince, "Pregnant Smokers Increase Grandkids' Asthma Risk," New Scientist, 2005년 4월 11일; Q. Li, S. Guo-Ross, D.V. Lewis, et al. 2004. Dietary prenatal choline supplementation alters postnatal hippocampal structure and function. J Neurophysiol 91(4):1545~1555; Shaoni Bhattacharya, "Nutrient During Pregnancy Super-Charges' Brain," New Scientist, 2004년 3월 12일; Leslie A. Pray, "Dieting for the Genome Generation," The Scientist, 2005년 1월 17일; Anne Underwood, Jerry Adler, "Diet and Genes," Newsweek, 2005년 1월 24일.

오랫동안 알려져 있다

듀크 대학교 의료센터 보도자료에 인용된 Randy Jirtle 다운로드: www.dukemednews.org/news/article.php?id=6804. 기사 전문: R. A. Waterland, R.L. Jirtle 2003. Transposable elements: targets for early nutritional effects on epigenetic gene regulation" Mol Cell Biol 23(15):5293~5300;Leslie A. Pray, "Epigenetics: Genome, Meet Your Environment: As the Evidence Accumulates for Epigenetics, Researchers Reacquire a Taste for Lamarkism," The Scientist, 2004년 7월 5일; I.C. Weaver, N.Cervoni, F.A. Champagne, et al. 2004. Epigenetic programming of stress responses through variations in maternal care. Nat Neurosci 7(8):847~854; E. W. Fish, D.Shahrokh, R. Bagot, et al. 2004. Epigenetic programming of stress responses through variations in maternal care. Ann N Y Acad Sci 1036:167~180; A. D. Riggs, Z. Xiong. 2004. Methylation and epigenetic fidelity. Proc Natl Acad Sci U S A 101(1):4~5.

아기 들쥐

C.R. Camargo, E. Colares, A. M. Castrucci 2006. Seasonal pelage color change: news based on a South American rodent. An Acad Bras Cienc 78(1):77~86.

다프니아가 태아에게 헬멧을 갖춰줌

J.L. Brooks. 1965. Predation and relative helmet size in cyclomorphic Daphnia. Proc Natl Acad Sci U S A 53(1):119~126; J. Pijanowska, M. Kloc 2004. Daphnia response to prediction threat involves heat-shock proteins and the actin and tubulin cytoskeleton. Genesis 38(2):81~86.

몸 색깔을 바꾸는 곤충들

M. Enserink. 2004. Entomology: an insect's extreme makeover. Science

306(5703):1881.

엄마 도마뱀이 맡은 냄새

R. Richard Shine, S. J. Downes. 1999. Can pregnant lizards adjust their offspring phenotypes to environmental conditions? Oecologia 119(1):1~8.

모계 효과

P.D. Gluckman, M. Hanson, The Fetal Matrix: Evolution, Development, and Disease (New York: Cambridge University Press, 2005).

바커 가설

Shanoi Bhattacharya, "Fattening Up Skinny Toddlers Risks Heart Health," New Scientists, 2005년 10월 27일; C. N. Hales, D. J. Barker 2001. The thrifty phenotype hypothesis. Br Med Bull 60:5~20.

임신 첫 4일

W. Y. Kwong, A.E. Wild, P. Roberts, et al. 2000. Maternal undernutrition during the preimplantation period of rat development causes blastocyst abnormalities and programming of postnatal hypertension. Development 127(19):4195~4202. 이 주제에 관한 훌륭한 리뷰 내용은 V.M. Vehaskari, L.L. Woods 2005. Prenatal programming of hypertension: lessons from experimental models. J Am Soc Hephrol 16(9):2545~2556쪽을 참고한다.

사춘기 이전에 흡연한 남성

Rowan Hooper, "Men Inherit Hidden Cost of Dad's Vices," New Scientist, 2006년 1월 6일; M.E. Pembrey, L.O. Bygeren, G. Kaati, et al. 2006. Sex-specific male-line transgenerational response in humans. Eur J Hum Genet 14(2):159~166. The quote from Marcus Pembrey is from E. Pennisi. 2005. Food, tobacco, and future generations. Science 310(5755):1761.

임신중에 흡연한 할머니들

Gaia Vince, "Pregnant Smokers Increase Grandkids' Astma Risk," New Scientist, 2005년 4월 11일.

"기아의 겨울"
L. H. Lumey, A. C. Ravelli, L.C. Wiessing, et al. 1993. The Dutch Famine Birth Cohort Study: design, validation of exposure, and selected characteristics of subjects after 43 years follow-up. Paediatr Perinat Epidemiol 7(4):354~367;A.D. Stein, A.C. Ravelli, L.H. Lumey 1995. Famine, third-trimester pregnancy weight gain, and intrauterine growth: the Dutch Famine Birth Cohort Study. Hum Biol 67(1):135~150; L. H. Lumey, A.D. Stein, A.C. Ravelli 1995. Timing of prenatal starvation in women and birth weight in their first and second born offspring: the Dutch Famine Cohort Study. Eur J Obstet Gynecol Reprod Biol 61(1):23~30; L. H. Lumey, A.D. Stein. 1997. In utero exposure to famine and subsequent fertility: the Dutch Famine Birth Cohort Study. Am J Public Health 87(12):1962~1966; A. D. Stein, L. H. Lumey 2000. The relationship between maternal and offspring birth weights after maternal prenatal famine exposrue: the Dutch Famine Birth Cohort Study. Hum Biol 72(4):641~654.

이러한 여러 가지 후생유전적 패턴은
Christen Brownlee, "Nurture Takes the Spotlight," Science News, 2006년 1월 24일.

우리의 연구결과가 밝힌 것
R.A. Waterland, R. L. Jirtle 2003. Transposable elements: targets for early nutritional effects on epigenetic gene regulation. Mol Cell Biol 23(15):5293~5300.

에피제노믹스
회사 웹사이트: www.epigenomics.de/en/Company/ 후생유전학에 관한 자세한 내용 참고자료: G. Riddihough, E. Pennisi 2001. The evolution of epigenetics. Science 293(5532):1063; E. Jablonka, M.J. Lamb 2002. The changing concept of epigenetics. Ann N Y Acad Sci 981:82~96; V.K. Rakyan, J. Presis, H.D. Morgan, E. Whitelaw 2001. The marks, mechani는 and memory of epigenetic states in mammals. Biochem J 356(Pt 1):1~10.

흡연과 메틸화
D. H. Kim, H.H. Nelson, J.K. Wiencke, et al. 2001. p16(INK4a) and histology-

specific methylation of CpG islands by exposure to tobacco smoke in non-small cell lung cancer. Cancer Res 61(8):3419~3424; H. Enokida, H. Shiina, S. Urakami, et al. 2006. Smoking influences aberrant CpG hypermethylation of multiple genes in human prostate carcinoma. Cancer 106(1):79~86.

"메틸화 정도를 예측 표지로 활용하고자 한다"

다난자야 사라나스 박사의 말 인용: www.telegraphindia.com/1050214/asp/knowhow/story_4376851.asp.

엽산과 신경관 결함

이 주제에 관해서는 방대한 참고문헌이 있다. 그중 견본 논문(약간 오래되기는 했으나 여전히 훌륭함)은 MRC Vitamin Study Research Group. 1991. Prevention of neural tube defects: results of the Medical Research Council Vitamin Study. Lancet 338(8760):131~137쪽을 참고한다. 보다 핵심을 찌르는 논문은 C. M. Ulrich, J.D. Potter 2006. Folate supplementation: too much of a good thing? Cancer Epidemiol Biomarkers Prev 15(2):189~193쪽을 참고한다.

베타메타존과 활동 과다

본 장에서 언급된 토론토 대학교 연구 논문: A. Kapoor, E. Dunn, A. Kostaki, et al. 2006. Fetal programming of hypothalamo-pituitary-adrenal function: prenatal stress and glucocorticoids. J Physiol 572(Pt 1):31~44; P. Erdeljan, M. H. Andrews, J. F. MacDonald, S.G. Matthews 2005. Glucocorticoids and serotonin alter glucocorticoid receptor mRNA levels in fetal guinea-pig hippocampal neurons, in vitro. Reprod Fertil Dev 17(7):742~749. 본 장에서 사용된 "상상을 초월하도록 끔찍하다"는 인용문의 출처: Alison Motluk, "Pregnancy Drug Can Affect Grandkids Too," New Scientist, 2005년 12월 3일.

승인받은 최초의 약물

Lori Oliwensten에 인용된 Peter Jones, "USC Cancer Research Examine Potential of Epigenetics in Nature," HSC Weekly, 2004년 5월 28일.

"분명하다"

G. Egger, G. Liang, A. Aparicio, P.A. Jones 2004. Epigenetics in human disease and prospects for epigenetic therapy. Nature 429(6990):457~463.

존스 홉킨스 대학 연구팀과 아자시티딘

D. Gius, H. Cui, C. M. Bradbury, et al. 2004. Distinct effects on gene expression of chemical and genetic manipulation of the cancer epigenome revealed by a multimodality appraoch. Cancer Cell 6(4):361~371; R. S. Tuma. 2004. Silencing the critics: studies move closer to answering epigenetic questions. J Natl Cancer Inst 96(22):1652~1653; M. Z. Fang, Y. Wang, N. Ai, et al. 2003. Tea polyphenol (-)-epigallocatechin-3-gallate inhibits DNA methyltransferase and reactivates methylation-silenced genes in cancer cell lines. Cancer Res 63(22):7563~7570.

소량일 때는 이로운 것

Dana Dolinoy, 보도자료에서 인용(www.dukemednews.org/news/article.php?id=9584). D. C. Dolinoy, J. R. Weidman, R. A. Waterland, R.L. Jirtle 2006. Maternal genistein alters coat color and protects Avy mouse offspring from obesity by modifying the fetal epigenome. Environ Health Perspect 114(4):567~572. 추가 참고자료: M. Z. Fang, D. Chen, Y. Sun, et al. 2005. Reverseal of hypermethylation and reactivation of p16INK4a, RARbeta, and MGMT genes by genistein and other isoflavones from soy. Cline Cancer Res 11(19 Pt 1):7033~7041.

임신과 스트레스

9/11에 관한 연구 논문: R. Catalano, T. Bruckner, J. Gould, et al. 2005. Sex ratios in California following the terrorist attackes of September 11, 2001. Hum Reprod 20(5):1121~1127; 통일 과정 중 동독 산모가 받았던 스트레스에 관해 언급된 연구 논문: R. A. Catalano. 2003. Sex ratios in the two Germanies: a test of the economic stress hypothesis. Hum Reprod 18(9):1972~1975; 슬로베니아 전후 연구 논문: B. Zorn, V. Sucur, J. Strare, H. Meden-Vrtovec 2002. Decline in sex ratio at birth after 10-day war in Slovenia: brief communication. Hum Reprod 17(12):3173~3177; 고베 지진이 성비에 미치는 영향에 관한 참고자료: M. Fukuda, K. Fukuda, T. Shimizu, H. Moller 1998. Decline in sex ratio at birth after Kobe earthquake. Hum Reprod 13(8): 2321~2322; Hazel Muir, "Women Who Believe in Long Life Bear Sons," New Scientist, 2004년 8월 4일; 최초의 연구 논문: S. E. John. 2004. Subjective life expectancy predicts offspring sex in a contemporary British population. Proc Biol Sci 271(Suppl 6): S474~S476; Will Knight, "9/11 Babies Inherit Stress from Mothers," New Scientist, 2005년 5월 3일.

"설명서 전체"

National Human Genome Research Institute, www.genome.gov/11006943.

인간 에피게놈 프로젝트

Shaoni Bhattacharya, "Human Gene On/Off Switches to Be Mapped," New Scientist, 2003년 10월 7일; P.A. Jones, R. Martienssen 2005. A blueprint for a Human Epigenome Project: the AACR Human Epigenome Workshop. Cancer Res 65(24):11241~11246. 전미암연구협회에서 제공하는 간략한 온라인 기사 주소: www.aacr.org/Default.aspx?p=6336&d=562.

제8장: 죽어야 사는 생명의 대원칙

세스 쿡

Carol Smith, "Lessons from a Boy Growing Old before His Time," Seattle Post-Intelligencer Reporter. 2004년 9월 16일. 세스에 관한 ABC 뉴스 기사도 있다(abcnews.go.com/GMA/Health/story?id=1445002). 이 질병에 관한 자세한 내용을 볼 수 있는 웹사이트로는 허친슨-길포드 조로증 네트워크(www.hgps.net)가 있다. 조로증연구재단의 훌륭한 웹사이트에도 다양한 정보가 제공되고 있다(www.progeriaresearch.org/progeria_101.html).

조로증을 일으키는 돌연변이 발견을 발표하는 연구원들

M. Eriksson, W.T Brown, L.B Gordon, et al. 2003. Recurrent de novo point mutations in lamin A cause Hutchinson-Gilford progeria syndrome. Nature 423(6937):293~298.

〈사이언스〉 지에 보고됨

P.Scaffidi and T. Misteli. 2006. Lamin A-dependent nuclear defects in human aging. Science 312(5776):1059~1063.

레너드 헤이플릭과 그 숫자

L. Hayflick. 1965. The limited in vitro lifetime of human diploid cell strains. Exp Cell Res 37:614~616; D. Josefson. 1998. US scientists extend the life of human cells. BMJ 316:247~252; L. Hayflick. 2000. The illusion of cell immortality. Br J Cancer 83(7):841~846.

암과 다른 질병의 비교

전미암학회 웹사이트(http://www.cancer.org/downloads/STT/CAFF2006PWSecured.pdf)의 Cancer Facts and Figures-2006을 참고한다. 추가 참고자료: T. Thom, N. Haase, W. Rosamond, et al. 2006. Heart disease and stroke statistics-2006 update: a report from the American Heart Association Statistics Committee and Stroke Statistics Subcommittee. Circulation 113(6):e85~151.

대부분 암세포는 텔로메라아제 사용

화이트헤드 연구소 웹사이트의 온라인 기사를 참고한다(www.wi.mit.edu/news/archives/1997/rw_0814.html).

줄기세포

이 주제에 대한 기사는 풍부하다. 약간 오래되었으나 좋은 기사: Nicholas Wade, "Experts See Immortality in Endlessly Dividing Cells," New York Times, 1998년 11월 17일.

긴 수명과 DNA 복구

G.A. Cortopassi와 E. Wang. 1996. There is substantial agreement among interspecies estimates of DNA repair activity. Mech Ageing Dev 91(3): 211~218.

생명유지에 필수적인 구식화

'계획적 구식화'를 흥미롭게 설명한 G. Salde, Made to Break: Technology and Obsolescence in America(Cabridge, MA: Harvard University Press, 2006)를 참조한다. 애플 사가 효자 상품 아이 포드를 설계할 때 사용하는 계획적 구식화를 재미있는 시각으로 바라본 논문(www.cerge.cuni.cz/pdf/events/papers/060410_t.pdf)을 참조한다.

조로증을 치료하는 분자 반창고?

"Breakthrough in Premature Ageing," New Scientist, 2005년 3월 12일; P.Scaffidi, T. Misteli 2005. Reversal of the cellular phenotype in the premature aging disease Hutchison-Gilford progeria syndrome. Nat Med 11(4):440~445.

큰 아기, 작은 골반

진화론 관점에서 본 출산에 대한 자세한 내용 참고자료: W. Trvathan, E.O. Smith, J.J. McHenna, Evolutionary Medicine (New York: Oxford University Press, 1999) 183~202페이지; K. R. Rosenberg, W. R. Trevathan, "The Evolution of Human Birth," Scientific American, 2001년 11월; H. Nelson, R. Jurmain, L. Kilgore, Essentials of Physical Anthropology (St. Paul, MN: West Publishing, 1992).

"인간의 조상들이 선신세기에 진입"

Elaine Morgan, 개인적인 대화. The Descent of Woman (New York: Sten and Day, 1972); E. Morgan, The Aquatic Ape Hypothesis (London: Souvenir Press, 1997)l E. Morgan, The Aquatic Ape: A Theory of Human Evolution (London: Souvenir Press, 1982); E. Morgan, The Scars of Evolution (New York: Oxford University Press, 1994); E. Morgan, The Descent of Child: Human Evolution from a New Perspective (New York: Oxford University Press, 1995); A. C. Hardy, "Was Man More Aquatic in the Past? New Scientist, 1960년 3월 17일; F. W. Jones, Man's Place among the Mammals (New York, London: Longmans, E. Arnolds & Co., 1929); Kate Douglas, "Taking the Plunge," New Scientist, 2000년 11월 25일. 엘레인 모건과의 인터뷰는 Kate, Douglas, "Interview: The Natural Optimist," New Scientist, 2005년 4월 23일자를 참고한다.

그 가설이 무엇인지조차 제대로 '이해'하지 못했다

A. Kuliukas. 2002. Wading for food the driving force of the evolution of bipedalism? Nutr Health 16(4):267~289. 추가 참고자료: Libby Brooks, "Come on in-the Water's Loverly," Guardian, 2003년 5월 1일.

수중 아기들

본 장에서 언급된 연구: R. E. Gilbert, P.A. Tookey 1999. Perinatal mortality and morbidity among babies delivered in water: surveillance study postal survey. BMJ

319(7208):483~487. 수중분만하는 산모와 아기와 함께 수영하는 산모의 모습을 많이 담은 아름다운 화보집: J. Johnson, M. Odent, We Are All Water Babies (Berkely, CA: Celestial Arts Publishing, 1995); E. R. Cluett, R. M. Pickering, K. Getliffe, J. N. St George Saunders. 2004. Randomised controlled trial of labouring in water compared with standards of augmentation for management of dystocia in first stage of labour. BMJ 328(7435):314, E.R. Cluett, V.C. Nikodem, R.E. McCandlish, E.E. Burns 2004. Immersion in water in pregnancy, labour and birth. Cochrane Database Syst Rev (2):CD000111. 본문에 언급된 이탈리아 연구: A. Theoni, N. Zech, L. Moroder, F. Ploner 2005. Review of 1600 water births: does water birth increase the risk of neonatal infection? J Matern Fetal Neonatal Med 17(5):357~361. 수중분만에 논란이 없는 것은 아니다. 확실한 상관관계를 찾지 못한 연구: K. Eckert, D. Turnbull, A. MacLennan 2001. Immersion in water in the first stage of labor: a randomized controlled trial. Birth 28(2): 84~93.

회음절개술

모든 의술이 그러하듯이 회음절개술 역시 국가별로 시술 횟수가 크게 다르다. 예를 들어 미국의 회음절개술 비율은 30퍼센트 이상인 데 반해 북유럽에서는 약 10퍼센트이다. 자세한 내용은 S.B. Thacker, H.D. Banta 1983. Benefits and risks of episiotomy: an interpretative review of the English language literature, 1860~1980. Obstet Gynecol Surv 38(6):322~338를 참고한다. 회음절개술의 대안은 M.M Beckmann, A. J. Garret 2006. Antenatal perineal massage for reducing perineal trauma. Birth 33(2):159쪽을 참고한다.

머틀 맥그로 박사와 '물 친화적' 행동

M.B. McGraw, The Neuromuscular Maturation of the Human Infant (New York: Columbia University Press, 1943)

옮긴이의 글

이 책을 처음 만난 것은 몇 년 전 여름 홍콩에서였다. 더위도 식힐 겸 시내의 한 대형서점에 들어가 재미있는 책을 찾던 중이었다. 찰스 다윈의 적자생존Survival of the Fittest을 패러디한 것인가 싶은 책 제목 Survival of the Sickest: A Medical Maverick Discovers Why We Need Disease이 눈에 띄었다. 질병이 필요하다? 고개를 갸우뚱했다. 이게 무슨 소리지? '병에 안 걸리는 법'이라면 몰라도. 호기심이 발동했다. 책장을 넘겨보니 과연 들어가는 말부터 흥미진진했다.

그러나 그것은 저자가 즐겨 쓴 표현을 빌자면 '시작에 불과'했다. 혈색증이라는 다소 생소하지만 저자 개인에게 특별한 의미가 있는 병부터 시작해서 주변에서 흔히 들어본 당뇨병과 비만, 고혈압, 말라리아, 바이러스 감염에 이르는 각종 질병의 원인이 시공간을 넘나들며 파헤쳐졌다. 평소에 그냥 무심코 스쳐지나갔던 여러 가지 문제에 대해 예상치 못했던 해답이나 새로운 시각도 제시됐다. 처음 세상을 배우는 어린아이처럼 고개를 끄덕였다.

흑사병에서 용케 살아남은 사람들은 그 대신 자손들이 고생하는구나, 미국 흑인들이 콜레스테롤 수치와 혈압이 높은 것은 소금 뿌린 프렌치프라이를 좋아해서 그런 줄 알았더니 꼭 그런 것은 아니구나, 왜 나는 술만 먹으면 얼굴이 빨개지나 했더니 조상 탓이었구나, 잘못된 과학 이론의 대명사인 라마르크의 용불용설이 뒤늦게 빛을 보는구나, 수중분만이 좋다던데 일리가 있는 이야기였구나…….

결론적으로 질병이란 인간이 생존을 걸고 벌였던 치열한 사투가 남긴 안타까운 부산물이라는 것이다. 약한 자의 상징이 아닌 강한 자의 상징인 셈이다. 상처투성이지만 그래서 살아남은 인간. 누군가의 말처럼 '강한 자가 살아남는 것이 아니라 살아남는 자가 강한 것'인가 보다.

'알아야 산다.' '앓아야 산다.' '아파야 산다.'

'알아야 산다'로 읽고 '아파야 산다'로 새기지만 읽은 그대로 새겨도 어긋남이 없다. 질병의 원인에 그치지 않고 치료법까지 '알아야' 살 수 있기 때문이다. 혈색증을 물려받은 저자가 그랬던 것처럼.

모쪼록 독자들도 이 책 곳곳에 숨어 있는 재미와 더불어 그동안 미처 몰랐지만 건강에 중요할지도 모르는 사실을 요모조모 발견하는 기쁨을 누리시길 바란다. 살아있다는 것의 의미를 되새겨보는 시간도 되리라 믿는다.

2010년 여름
김소영

찾아보기

ㅇ

직립보행 71, 241, 243~244, 248, 250~251
진화생물학 151

ㅊ

찰스 다윈 172
창시자 효과(founder effect) 34
창형간흡충(lancet liver fluke) 135
철분 33, 84, 87
초돌연변이(hypermutation) 180
초메틸화(hypermethylation) 216~217
출생률, 전후 224
침투도(penetrance) 21

ㅋ

카사바(cassava) 110
칼 드제라시(Carl Djerassi) 109
칼슘 76
캡사이신(capsaicin) 113, 124
캐럴라인 G. 하탈스키(Carolyne G. Hatalski) 147
콘비신(convicine) 105
콜레라 144, 152~155, 157
콜레스테롤 76~77, 83, 87, 93~94, 96~97
퀴닌(quinine) 123
크론병(Crohn's disease) 77~78
킬레이터(chelators) 26~27

ㅌ

탁솔(Taxol) 124
탄저균 156
탈라세미아(thalassemia) 121
탈수증 46, 69, 144
텔로메라아제(telomerase) 234~235, 238
텔로미어(telomere) 232, 234~235
토끼풀 108~109
톡소플라즈마 곤디(Toxoplasma Gondii), T. 곤디 138~142, 145
톰 미스텔리(Tom Misteli) 231
튀는 유전자 174~178, 183~187, 190, 193, 218

ㅍ

파올라 스카피디(Paola Scaffidi) 231
팻 투키(Pat Tookey) 251
페니실린 150
폐렴구균(Streptococcus pneumoniae) 131
포르모노네틴(formononetin) 109
폰세 데 레온(Ponce de Leon) 238
폴 에왈드(Paul Ewald) 151
프레드 게이지(Fred Gage) 183
프로테아제 억제제(protease inhibitor) 112
프로필티오우라실(propylthiouracil) 115
프리마퀸(primaquine) 103, 104~106
피임약 109
피타고라스 101~103
피터 존스(Peter Jones) 220
피토에스트로겐(phytoestrogen) 109~110, 123

ㅎ

항말라리아 약물 103~104
항생제 24~25, 130~131, 141, 149~151, 155~156, 168~169
항원소변이(antigenic drift) 167~168
항체 32, 145~146, 162, 168, 183~185, 235
행동표현형(behavioral phenotype) 148
허친슨-길포드 선천성 조로 증후군(Hutchinson-Gilford progeria syndrome) 229
혈당 45~47, 59~60, 68~71, 255
혈색소침착증(hemochromatosis) 20
혈압 61, 91
황담즙, 4대 체액 이론 35
황색포도상구균(Staphylococcus aureus) 131, 150
회음절개술(episiotomy) 252~253
획득형질 172~173, 178~179
후생유전학(epigenetics) 198~199, 201~206, 208~210, 217~221, 224~225
흑담즙, 4대 체액 이론 35
흑사병(Black Death) 27~28, 34, 70
흰독말풀(jimson-weed) 111~112, 116